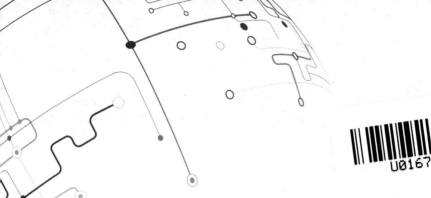

普通高等学校"十四五"规划电子信息类专业特色教材

微机与单片机

原理及应用

主　编：阮承治　邵海龙　高　强

副主编：张　昭　叶希梅　陈　镔　范有机

参　编：兰振兴　张汉良　马永凌　黄涵娟

厦门大学出版社　国家一级出版社
XIAMEN UNIVERSITY PRESS　全国百佳图书出版单位

图书在版编目（CIP）数据

微机与单片机原理及应用 / 阮承治，邵海龙，高强
主编. -- 厦门：厦门大学出版社，2023.6
ISBN 978-7-5615-8956-4

Ⅰ．①微… Ⅱ．①阮… ②邵… ③高… Ⅲ．①微控制
器 Ⅳ．①TP368.1

中国版本图书馆CIP数据核字(2023)第051713号

出 版 人	郑文礼
责任编辑	眭　蔚
封面设计	李嘉彬
技术编辑	许克华

出版发行　厦门大学出版社

社　　　址	厦门市软件园二期望海路 39 号
邮政编码	361008
总　　　机	0592-2181111　0592-2181406(传真)
营销中心	0592-2184458　0592-2181365
网　　　址	http://www.xmupress.com
邮　　　箱	xmup@xmupress.com
印　　　刷	厦门市明亮彩印有限公司

开本	787 mm×1 092 mm　1/16
印张	20
字数	500 千字
版次	2023 年 6 月第 1 版
印次	2023 年 6 月第 1 次印刷
定价	55.00 元

厦门大学出版社
微信二维码

厦门大学出版社
微博二维码

内容简介

　　本书阐述了微型计算机的相关基础知识，并以 51 单片机为开发平台，详细讲解了 51 系列单片机的内部工作原理、各个内部功能模块及相关接口电路的应用技术。全书利用 Keil μVision5 开发环境，以工具软件 Proteus 为仿真工具，以 C 语言为编程语言完成相关硬件应用。这些都将帮助读者更快掌握 51 单片机的相关理论知识，提高实际应用能力。

　　本书可作为高等学校电子信息工程、通信工程、电子类专业和机电一体化专业等学生教材和教师参考用书，也可作为电子爱好者自学参考书。

前　言

习近平总书记在党的二十大报告中指出:"教育、科技、人才是全面建设社会主义现代化国家的基础性、战略性支撑。"这一重要论断,阐释了新时代实施科教兴国战略、强化现代化建设人才支撑的重大战略意义,明确了建设教育强国、科技强国、人才强国的出发点。为深入贯彻落实党的二十大精神,切实将教材建设转化为教育优势、科技优势和人才优势,提高微机与单片机类教材质量,我们编写了本书。

本书从微型计算机8088开始,让读者从最基础了解微型计算机的工作机理和相关接口电路的应用,然后以智能控制单片机应用平台51单片机为主体详细讲解单片机的工作原理及应用技术。对于51单片机的每个知识点、应用点,全书都配以相关案例,从而让读者能够明白理论,懂得应用,接近工程。

本书总共分为9章,第1章、第2章主要介绍微型计算机的相关概念和基本结构;第3章主要介绍微型计算机存储结构和常用接口电路的应用;第4章介绍51单片机C程序设计;第5章介绍80C51单片机的内部结构和工作原理;第6章介绍51单片机的中断系统、定时/计数器和串行通信;第7章介绍矩阵键盘、显示接口及A/D与D/A常用接口电路;第8章介绍常规单片机应用系统的开发流程;第9章介绍51单片机开发环境和Proteus软件仿真。

本书由阮承治编写第1~4章,邵海龙编写第5、6章,高强编写第7、9章,张昭编写第8章,阮承治对全书进行了统稿。校企合作单位福建源光亚明电器有限公司兰振兴、南平太阳电缆股份有限公司张汉良及课程组叶希梅、陈镔、范有机、马永凌和黄涵娟老师提供了许多帮助,在此深表感谢。

本书出版得到了厦门大学出版社、武夷学院相关领导及老师的大力支持和帮助,在此表示衷心感谢!本书在编写过程中参考了很多学者的著作,在此一并感谢!

由于编者水平有限,时间仓促,书中难免存在错误和不妥之处,敬请读者批评指出,我们将修订完善。

编　者
2023年5月

目 录

第 1 章 微型计算机概述

知识目标与能力目标

- 了解微型计算机的发展。
- 了解计算机数值表示形式。
- 掌握不同数值的转换和计算。

思政目标

- 通过学习微型计算机的发展,传播辩证唯物主义思想,培养学生科学态度,引导学生用发展的眼光看待问题。
- 激发学生爱国热情和学习兴趣,鼓励学生瞄准世界科技前沿,树立远大理想,为我国芯片事业的发展添砖加瓦。

微型计算机简称微型机、微机,由于其具备人脑的某些功能,也称其为微电脑。微型计算机是由大规模集成电路组成的、体积较小的电子计算机。它是以微处理器为基础,配以内存储器及输入输出(I/O)接口电路和相应的辅助电路而构成的裸机。

 ## 1.1 引言

微型计算机自 20 世纪诞生以来,以自动、高速、精确处理信息的能力而被应用在各个领域,极大地方便了人们的生活、工作和学习。

随着电子技术发展,微型计算机主要向三大方向发展:

(1)高性能化。第一代电子管数字计算机(1946—1958 年):主要应用在军事和科学计算领域。机体体积庞大,功耗高,可靠性差,速度慢(一般为每秒数千次至数万次),价格昂贵。

第二代晶体管数字计算机(1958—1964 年):以科学计算和事务处理为主,开始进入工业控制领域。伴随体积缩小、能耗降低,可靠性提高,运算速度提高(一般为每秒数十万次,可高达每秒 300 万次)。

第三代集成电路数字计算机(1964—1970年):产品走向了通用化、系列化和标准化,开始进入文字处理和图形图像处理领域。速度更快(一般为每秒数百万次至数千万次),而且可靠性有了显著提高,价格进一步下降。

第四代大规模集成电路计算机(1970年至今):开创了微型计算机的新时代。应用领域从科学计算、事务管理、过程控制逐步走向家庭。

第五代人类追求的一种更接近人的人工智能计算机:它能理解人的语言以及文字和图形,不仅能进行一般信息处理,还能面向知识处理,具有形式化推理、联想、学习和解释的能力,将能帮助人类开拓未知的领域,获得新的知识。

(2) 低功耗化。伴随微型计算机应用走向更多领域,其能耗成为大家关心的焦点。微型计算机的更新换代,从开始的全天带电到定时带电到现在的低功耗模式,这些大大降低了微型计算机控制系统的能量消耗,为其进入便携式、进行野外设备控制提供了可能。

(3) 低价格化。要使微型计算机应用普遍化,价格将决定其应用的广度。从第一代微型计算机的动辄上万美元到如今的几百美元,微型计算机价格平民化加快了其在各行各业的应用速度。

1.2　计算机中的数制与编码技术

数制也称为计数制,是用一组固定的符号和统一的规则来表示数值的方法。任何一种数制都包含两个基本要素:基数和位权。

人们日常生活使用的是十进制,但是计算机无法识别。1944年,美籍匈牙利数学家冯·诺依曼提出计算机利用二进制进行计数,即利用0和1两个数进行排列组合完成计算机数制表示。为了计算机操作人员写与读方便,二进制与十进制可以利用一定的规则进行转换。

▶▶ 1.2.1　常用计数制 ▶▶▶

数码:数制中表示基本数值大小的不同数字符号。例如,十进制有10个数码:0、1、2、3、4、5、6、7、8、9。

基数:数制所使用数码的个数。例如,二进制的基数为2,十进制的基数为10。

位权:数制中某一位上的1所表示数值的大小(所处位置的价值)。例如,十进制的123,1的位权是100,2的位权是10,3的位权是1;二进制中的1011(一般从左向右开始),第一个1的位权是8,0的位权是4,第二个1的位权是2,第三个1的位权是1。

1. 十进制

十进制数就是以10为基础的数字系统,由0、1、2、3、4、5、6、7、8、9十个基本数字组成,按照满十进一原则完成计数。

例如:$(12345)_D = 1 \times 10^4 + 2 \times 10^3 + 3 \times 10^2 + 4 \times 10^1 + 5 \times 10^0$。

2. 二进制

二进制是以0或1为基数,2^{n-1}为位权,按照逢二进一原则的一种计数方式。

例如:$(111.01)_B = 1 \times 2^2 + 1 \times 2^1 + 1 \times 2^0 + 0 \times 2^{-1} + 1 \times 2^{-2}$。

3. 十六进制

以 16 作为基数，逢 16 进 1。通常用数字 0、1、2、3、4、5、6、7、8、9 和字母 A、B、C、D、E、F (a、b、c、d、e、f)表示，其中 A～F 表示 10～15。

例如：$(43AE)_H = 4 \times 16^3 + 3 \times 16^2 + 10 \times 16^1 + 14 \times 16^0$。

1.2.2 三种进制之间的转换

在日常生活中，人们使用的都是十进制数，但是计算机又无法识别十进制数，为了人们使用的方便，就需要进行进制间的转换，根据不同的对象采用不同进制形式。

1. 非十进制数转换为十进制数

对于非十进制数转换为十进制数，只需要按照相应的基数乘以对应的权，然后相加即可。

（1）二进制数转换为十进制数

例如：

$$(101.11)_B = 1 \times 2^2 + 0 \times 2^1 + 1 \times 2^0 + 1 \times 2^{-1} + 1 \times 2^{-2}$$
$$= 4 + 0 + 1 + 0.5 + 0.25$$
$$= 5.75$$

（2）十六进制数转换为十进制数

例如：

$$(12DF)_H = 1 \times 16^3 + 2 \times 16^2 + D \times 16^1 + F \times 16^0$$
$$= 4096 + 512 + 208 + 15$$
$$= 4831$$

2. 十进制数转换为非十进制数

十进制数转换为非十进制数，整数位按照除 N 取余法，小数位按照乘 N 取整法。此处的 N 为进制数。

（1）十进制数转换为二进制数

例如：$(45.25)_D = (101101.01)_B$。

	商	余数	整数		小数	
45/2=	22	……1	（最低位）	0.25×2=0.5 ……0		（最高位）
22/2=	11	……0		0.5×2=1.0 ……1		
11/2=	5	……1				（最低位）
5/2=	2	……1				
2/2=	1	……0				
1/2=	0	……1	（最高位）			

（2）十进制数转换为十六进制数

例如：$(230.6875)_D = (E6.B)_H$。

	商	余数	整数	小数	
230/16=	14	……6	（最低位）	0.6875×16=11 ……B	（最高位）
14/16=	0	……E	（最高位）		（最低位）

3. 二进制数转换为十六进制数

二进制数转换为十六进制数时,二进制数整数部分从左向右,四位二进制表示一位十六进制数,高位不够四位的向上用 0 补充;小数部分以小数点向右四位二进制表示一位十六进制数,位数不够的向下用 0 补充。

例如:

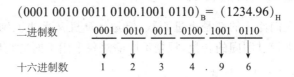

$(0001\ 0010\ 0011\ 0100.1001\ 0110)_B = (1234.96)_H$

二进制数	0001	0010	0011	0100	.1001	0110
十六进制数	1	2	3	4	. 9	6

▶▶▶ 1.2.3 二进制编码 ▶▶▶

计算机中的数为二进制,但是计算机除此之外还要处理其他一些符号,如键盘的英文字符、标点符号、四则运算符号等。这些又是如何处理的呢?由于计算机物理硬件只能完成两个状态的处理,这些符号、字符等只能用若干二进制码组合来表示,这就是我们所说的二进制编码。

1. ASCII 字符编码

ASCII(American standard code for information interchange,美国信息交换标准码,又称 ASCII 码)是基于拉丁字母的一套计算机编码系统,主要用于显示现代英语和其他西欧语言。它是通用的信息交换标准,等同于国际标准 ISO/IEC 646。ASCII 第一次以规范标准的类型发表是在 1967 年,最后一次更新则是在 1986 年,到目前为止共定义了 128 个字符。

ASCII 码使用指定的 7 位或 8 位二进制数组合来表示 128 或 256 种可能的字符。标准 ASCII 码也叫基础 ASCII 码,使用 7 位二进制数(剩下的 1 位二进制为 0)来表示所有的大写和小写字母、数字 0 到 9、标点符号以及在美式英语中使用的特殊控制字符。其中,0~31 及 127(共 33 个)是控制字符或通信专用字符(其余为可显示字符),如控制符 LF(换行)、CR(回车)、FF(换页)、DEL(删除)、BS(退格)、BEL(响铃)等,通信专用字符 SOH(标题开始)、EOT(传输结束)、ACK(确认)等;ASCII 值 8、9、10 和 13 分别转换为退格、制表、换行和回车字符。它们并没有特定的图形显示,但会依不同的应用程序对文本显示有不同的影响。32~126(共 95 个)是字符(32 是空格),其中 48~57 为 0 到 9 十个阿拉伯数字,65~90 为 26 个大写英文字母,97~122 为 26 个小写英文字母,其余为一些标点符号、运算符号等。

同时还要注意,在标准 ASCII 中,其最高位(b7)用作奇偶校验位。所谓奇偶校验,是指在代码传送过程中用来检验是否出现错误的一种方法,一般分奇校验和偶校验两种。奇校验规定:正确的代码一个字节中 1 的个数必须是奇数,若非奇数,则在最高位 b7 添 1;偶校验规定:正确的代码一个字节中 1 的个数必须是偶数,若非偶数,则在最高位 b7 添 1。

后 128 个称为扩展 ASCII 码。许多基于 x86 的系统都支持使用扩展(或"高")ASCII。扩展 ASCII 码允许将每个字符的第 8 位用于确定附加的 128 个特殊符号字符、外来语字母和图形符号。

ASCII 码如表 1-1 所示。

表 1-1   ASCII 码细表

Bin （二进制）	Oct （八进制）	Dec （十进制）	Hex （十六进制）	缩写/字符	解释
0000 0000	00	0	0x00	NUL(null)	空字符
0000 0001	01	1	0x01	SOH(start of headline)	标题开始
0000 0010	02	2	0x02	STX(start of text)	正文开始
0000 0011	03	3	0x03	ETX(end of text)	正文结束
0000 0100	04	4	0x04	EOT(end of transmission)	传输结束
0000 0101	05	5	0x05	ENQ(enquiry)	请求
0000 0110	06	6	0x06	ACK(acknowledge)	确认
0000 0111	07	7	0x07	BEL(bell)	响铃
0000 1000	010	8	0x08	BS(backspace)	退格
0000 1001	011	9	0x09	HT(horizontal tab)	水平制表符
0000 1010	012	10	0x0A	LF(NL line feed, new line)	换行
0000 1011	013	11	0x0B	VT(vertical tab)	垂直制表符
0000 1100	014	12	0x0C	FF(NP form feed, new page)	换页
0000 1101	015	13	0x0D	CR(carriage return)	回车
0000 1110	016	14	0x0E	SO(shift out)	移出
0000 1111	017	15	0x0F	SI(shift in)	移入
0001 0000	020	16	0x10	DLE(data link escape)	数据链路转义
0001 0001	021	17	0x11	DC1(device control 1)	设备控制 1
0001 0010	022	18	0x12	DC2(device control 2)	设备控制 2
0001 0011	023	19	0x13	DC3(device control 3)	设备控制 3
0001 0100	024	20	0x14	DC4(device control 4)	设备控制 4
0001 0101	025	21	0x15	NAK(negative acknowledge)	拒绝接收
0001 0110	026	22	0x16	SYN(synchronous idle)	同步空闲
0001 0111	027	23	0x17	ETB(end of transmission block)	结束传输块
0001 1000	030	24	0x18	CAN(cancel)	取消
0001 1001	031	25	0x19	EM(end of medium)	媒体结束
0001 1010	032	26	0x1A	SUB(substitute)	替换
0001 1011	033	27	0x1B	ESC(escape)	换码(溢出)
0001 1100	034	28	0x1C	FS(file separator)	文件分隔符

Bin （二进制）	Oct （八进制）	Dec （十进制）	Hex （十六进制）	缩写/字符	解释
0001 1101	035	29	0x1D	GS（group separator）	分组符
0001 1110	036	30	0x1E	RS（record separator）	记录分隔符
0001 1111	037	31	0x1F	US（unit separator）	单元分隔符
0010 0000	040	32	0x20	（space）	空格
0010 0001	041	33	0x21	!	叹号
0010 0010	042	34	0x22	"	双引号
0010 0011	043	35	0x23	#	井号
0010 0100	044	36	0x24	$	美元符
0010 0101	045	37	0x25	%	百分号
0010 0110	046	38	0x26	&	和号
0010 0111	047	39	0x27	'	闭单引号
0010 1000	050	40	0x28	(	开括号
0010 1001	051	41	0x29	)	闭括号
0010 1010	052	42	0x2A	*	星号
0010 1011	053	43	0x2B	+	加号
0010 1100	054	44	0x2C	,	逗号
0010 1101	055	45	0x2D	—	减号/破折号
0010 1110	056	46	0x2E	.	句号
0010 1111	057	47	0x2F	/	斜杠
0011 0000	060	48	0x30	0	字符 0
0011 0001	061	49	0x31	1	字符 1
0011 0010	062	50	0x32	2	字符 2
0011 0011	063	51	0x33	3	字符 3
0011 0100	064	52	0x34	4	字符 4
0011 0101	065	53	0x35	5	字符 5
0011 0110	066	54	0x36	6	字符 6
0011 0111	067	55	0x37	7	字符 7
0011 1000	070	56	0x38	8	字符 8
0011 1001	071	57	0x39	9	字符 9
0011 1010	072	58	0x3A	:	冒号

续表

Bin (二进制)	Oct (八进制)	Dec (十进制)	Hex (十六进制)	缩写/字符	解释
0011 1011	073	59	0x3B	;	分号
0011 1100	074	60	0x3C	<	小于
0011 1101	075	61	0x3D	=	等号
0011 1110	076	62	0x3E	>	大于
0011 1111	077	63	0x3F	?	问号
0100 0000	0100	64	0x40	@	电子邮件符号
0100 0001	0101	65	0x41	A	大写字母 A
0100 0010	0102	66	0x42	B	大写字母 B
0100 0011	0103	67	0x43	C	大写字母 C
0100 0100	0104	68	0x44	D	大写字母 D
0100 0101	0105	69	0x45	E	大写字母 E
0100 0110	0106	70	0x46	F	大写字母 F
0100 0111	0107	71	0x47	G	大写字母 G
0100 1000	0110	72	0x48	H	大写字母 H
0100 1001	0111	73	0x49	I	大写字母 I
01001010	0112	74	0x4A	J	大写字母 J
0100 1011	0113	75	0x4B	K	大写字母 K
0100 1100	0114	76	0x4C	L	大写字母 L
0100 1101	0115	77	0x4D	M	大写字母 M
0100 1110	0116	78	0x4E	N	大写字母 N
0100 1111	0117	79	0x4F	O	大写字母 O
0101 0000	0120	80	0x50	P	大写字母 P
0101 0001	0121	81	0x51	Q	大写字母 Q
0101 0010	0122	82	0x52	R	大写字母 R
0101 0011	0123	83	0x53	S	大写字母 S
0101 0100	0124	84	0x54	T	大写字母 T
0101 0101	0125	85	0x55	U	大写字母 U
0101 0110	0126	86	0x56	V	大写字母 V
0101 0111	0127	87	0x57	W	大写字母 W
0101 1000	0130	88	0x58	X	大写字母 X
0101 1001	0131	89	0x59	Y	大写字母 Y
0101 1010	0132	90	0x5A	Z	大写字母 Z
0101 1011	0133	91	0x5B	[	开方括号
0101 1100	0134	92	0x5C	\	反斜杠
0101 1101	0135	93	0x5D	]	闭方括号

续表

Bin （二进制）	Oct （八进制）	Dec （十进制）	Hex （十六进制）	缩写/字符	解释
0101 1110	0136	94	0x5E	^	脱字符
0101 1111	0137	95	0x5F	_	下划线
0110 0000	0140	96	0x60	`	开单引号
0110 0001	0141	97	0x61	a	小写字母 a
0110 0010	0142	98	0x62	b	小写字母 b
0110 0011	0143	99	0x63	c	小写字母 c
0110 0100	0144	100	0x64	d	小写字母 d
0110 0101	0145	101	0x65	e	小写字母 e
0110 0110	0146	102	0x66	f	小写字母 f
0110 0111	0147	103	0x67	g	小写字母 g
0110 1000	0150	104	0x68	h	小写字母 h
0110 1001	0151	105	0x69	i	小写字母 i
0110 1010	0152	106	0x6A	j	小写字母 j
0110 1011	0153	107	0x6B	k	小写字母 k
0110 1100	0154	108	0x6C	l	小写字母 l
0110 1101	0155	109	0x6D	m	小写字母 m
0110 1110	0156	110	0x6E	n	小写字母 n
0110 1111	0157	111	0x6F	o	小写字母 o
0111 0000	0160	112	0x70	p	小写字母 p
0111 0001	0161	113	0x71	q	小写字母 q
0111 0010	0162	114	0x72	r	小写字母 r
0111 0011	0163	115	0x73	s	小写字母 s
0111 0100	0164	116	0x74	t	小写字母 t
0111 0101	0165	117	0x75	u	小写字母 u
0111 0110	0166	118	0x76	v	小写字母 v
0111 0111	0167	119	0x77	w	小写字母 w
0111 1000	0170	120	0x78	x	小写字母 x
0111 1001	0171	121	0x79	y	小写字母 y
0111 1010	0172	122	0x7A	z	小写字母 z
0111 1011	0173	123	0x7B	{	开花括号
0111 1100	0174	124	0x7C	|	垂线
0111 1101	0175	125	0x7D	}	闭花括号
0111 1110	0176	126	0x7E	~	波浪号
0111 1111	0177	127	0x7F	DEL(delete)	删除

1.2.4 带符号二进制数的表示方法

表示一个带符号的二进制数有 3 种方法。

1. 原码法

例如,8 位二进制符号数 $(+45)_{10}$ 和 $(-45)_{10}$,可以如下写出:

$$(+45)_{10} = (0 \quad 0101101)_2$$

符号 位数值

$$(-45)_{10} = (1 \quad 0101101)_2$$

符号 位数值

2. 反码法

在计算机应用的早期,曾采用反码法来表示带符号的数。对于正数,其反码与其原码相同。

例如:

$$(+45)_{反码} = (00101101)_2$$

也就是说正数用符号位与数值凑到一起来表示。对于负数,用相应正数的原码各位取反来表示,包括将符号位取反,取反的含义就是将 0 变为 1,将 1 变为 0。

例如,$(-45)_{10}$ 的反码表示就是将上面 $(+45)_{10}$ 的二进制数各位取反:

$$(-45)_{反码} = (11010010)_2$$

同样,可以写出如下几个数的反码表示,以便对照:

$$(+4)_{反码} = (00000100)_2$$
$$(-4)_{反码} = (11111011)_2$$
$$(+7)_{反码} = (00000111)_2$$
$$(-7)_{反码} = (11111000)_2$$
$$(+122)_{反码} = (01111010)_2$$
$$(-122)_{反码} = (10000101)_2$$

3. 补码法

在微处理器中,符号数是用补码(对 2 的补码)来表示的。用补码法表示带符号数的法则是:正数的表示方法与原码法和反码法一样,负数的表示方法为该负数的反码表示加 1。

例如:$(+4)_{10}$ 的补码表示为 $(00000100)_2$,而 $(-4)_{10}$ 用补码表示时,可先求其反码表示 $(11111011)_2$,而后再在其最低位加 1,变为 $(11111100)_2$。这就是 $(-4)_{10}$ 的补码表示,即 $(-4)_{10} = (11111100)_2$。同样,可以把前面提到的几个数的补码表示列在下面:

$$(+7)_{补码} = (00000111)_2$$
$$(-7)_{补码} = (11111001)_2$$
$$(+122)_{补码} = (01111010)_2$$
$$(-122)_{补码} = (10000110)_2$$

1.2.5 补码的运算

例如,有两个二进制数 10000100 和 00001110,当规定它们是不带符号的数时,则它们分

别表示$(132)_{10}$和$(14)_{10}$,将这两个二进制数相加,计算如下:

$$
\begin{array}{r}
10000100 \\
+\ 00001110 \\
\hline
10010010
\end{array}
$$

在微处理器中,一般都不设置专门的减法电路。遇到两个数相减时,处理器就自动地将减数取补,而后将被减数和减数的补码相加来完成减法运算。

例如:

$$(69)_{10}-(26)_{10}=(69)_{10}+(-26)_{10}$$

利用$(69)_{10}$的原码和$(-26)_{10}$的补码相加,即可以得到正确的结果。

例如,两个带符号数$(01000001)_2$(十进制数$+65$)与$(01000011)_2$(十进制数$+67$)相加:

$$
\begin{array}{r}
01000001 \\
+\ 01000011 \\
\hline
10000100
\end{array}
$$

再来看两个负数$(10001000)_2$(十进制数-8)和$(11101110)_2$(十进制数-110)相加情况:

$$(-8)_{10}+(-110)_{10}=(-118)_{10}$$
$$=(11110110)_2$$

但是如果直接相加:

$$
\begin{array}{r}
10001000 \\
+\ 11101110 \\
\hline
①\ 01110110 \longrightarrow (+118)_{10}
\end{array}
$$

溢出

利用补码技术完成两个负数相加:

$$
\begin{array}{r}
11111000 \longleftarrow -8的补码\\
-\ 10010010 \longleftarrow -110的补码\\
\hline
110001010 \longrightarrow 补码累加和=(10001010)_2
\end{array}
$$

逆运算,累加和的反码$=(10001010)_2-1=(10001001)_2$
累加和的源码$=(10001001)_2 \longrightarrow (11110110)_2$
除符号位,其他位
按位取反

此外,在微处理机中还会遇到不带符号数的运算。

例如,两个无符号数$(11111101)_2$和$(00000011)_2$相加:

$$
\begin{array}{r}
11111101 \\
+\ 00000011 \\
\hline
100000000
\end{array}
$$

结果溢出。

▶▶▶ ▌ 1.2.6 数的定点表示和浮点表示 ▶▶▶ ▶

计算机不仅需要存储整数,还需要存储小数。因为计算机中没有专门的部件对小数中的小数点进行存储和处理,所以需要一种规范来使用二进制数据表示小数。

这种规范分两种:定点数表示方式和浮点数表示方式。

注意:定点数并不是只能表示整数,也可以表示小数。浮点数同样可以表示小数和整数。定点数和浮点数只是计算机表示数据的两种不同方式而已。

1. 定点数

定点数:小数点的位置在计算机中的存储是约定好的、固定的。一个小数的整数部分和小数部分分别转化为二进制表示。

例如,十进制 25.125,整数部分 25 使用二进制表示为 11001;小数部分 0.125 使用二进制表示为 .001。所以合起来用 11001.001 表示十进制的 25.125:

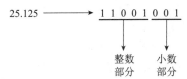

所以在一个 8 位的计算机中,前 5 位表示一个小数的整数部分,后 3 位表示小数部分,小数点默认是第五位后的位置(实际上计算机不会存储小数点,只是大家这么约定)。

使用 11001001 表示十进制的 25.125,看起来很完美,也很容易理解,但是这么表示有没有问题呢?

问题在于:一台 8 位的计算机,整数部分 11111 十进制最大只能表示为 31;小数部分 0.111 最大只能表示 0.875,表示的数据范围太小了。当然在 16 位的计算机中,可以通过增加整数部分位数表示更大的数,增加小数部分的位数提高小数精度。但是这种方式对计算机来说开销非常大,所以大多数计算机并没有选择使用定点数表示小数,而是采用浮点数表示小数。

2. 浮点数

计算机中使用浮点数表示小数类似于数学中用科学计数法表示较大的数。例如:$352.47 = 3.5247 \times 10^2$。

178.125 转化为二进制为 10110010.001,又可表示为 1.0110010001 乘以 2 的 111 次方(111 是 7 的二进制表示)。

10110010001 这部分被称作尾数(M);

111 这部分被称作阶码(P);

正负被称作数符(S):0 表示正数,1 表示负数。

所以一个浮点数可以用三部分表示:数符(S)、阶码(P)、尾数(M)。

根据 IEEE 754 标准,64 位计算机的长实数浮点表示如下:

数符(1 位)	阶码(11 位)	尾数(52 位)

178.125 在计算机中使用浮点数表示如下:

0	00000000111	000…00010110010001

3.浮点数与定点数的比较

（1）相同位数的计算机表示数据（比如 64 位）时，浮点数能表示的数据范围远远大于定点数。

（2）相同位数的计算机表示数据（比如 64 位）时，浮点数的相对精度比定点数高。

（3）浮点数在计算时，要分阶码部分的计算和尾数部分的计算，而且运算结果要求规格化，故浮点数运算步骤比定点数多，运算速度比定点数慢。

（4）目前大多数计算机使用浮点数表示小数。

 习题一

1. 微型计算机的发展趋势是什么？

2. 二进制、十六进制、十进制之间的转换关系是怎样的？

3. 什么是无符号数？什么是带符号数？

4. 数的原码、反码、补码如何表述？举一个带符号数的原码、反码、补码的例子，说明它们的转换过程。

5. 什么是定点数？什么是浮点数？

第2章

微型计算机的结构

知识目标与能力目标

- 了解微型计算机的内部结构及工作原理。
- 了解微处理器 8088 内部寄存器的配置关系。
- 了解总线的概念、分类及主要功能。
- 掌握微处理器 8088 存储器的配置。
- 掌握微处理器 8088 的时序。

思政目标

- 让学生认识到 CPU 是微型计算机的核心部件,培养学生有条不紊、协调工作的能力。
- 通过对总线、内部寄存器的配置和时序的讲解,培养学生大局观。

2.1　微型计算机基本结构

▶▶▶ 2.1.1　微型计算机的组成及各部分的功能 ▶▶ ▶

1. 硬件系统

微型计算机主要由如下几部分组成:微处理器(或称中央处理单元、CPU)、内部存储器(简称内存)、输入输出接口(简称接口)及系统总线。

(1) CPU

CPU 是一个复杂的电子逻辑元件,它包括早期计算机中的运算器、控制器及其他部件,能进行算术、逻辑及控制操作。

(2) 内存

顾名思义,内存就是指微型计算机内部的存储器。

(3) 接口

微型计算机广泛地应用于各个部门和领域,所连接的外部设备是各式各样的,需要各种不同的接口。

(4) 系统总线

系统总线就是用来传送信息的一组通信线。由图 2-1 可以看到,系统总线将构成微型计算机的各个部件连接到一起,实现微型计算机内部各部件间的信息交换。

微型计算机硬件系统如图 2-1 所示。

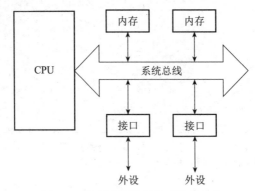

图 2-1　微型计算机硬件系统的结构

2. 软件系统

微型计算机软件系统包括系统软件和应用软件两大类。

（1）系统软件

系统软件用来对构成微型计算机的各部分硬件，如 CPU、内存、各种外设进行管理和协调，使它们有条不紊高效率地工作。

（2）应用软件

应用软件是针对不同应用，实现用户要求的功能软件，例如，Internet 网点上的 Web 页、各部门的 MIS 程序、CIMS 中的应用软件以及生产过程中的监测控制程序等。

▶▶▶ 2.1.2　微型计算机的工作过程 ▶▶▶

CPU 进行简单的算术运算或逻辑运算，或从存储器取数，将数据存放于存储器，或由接口取数或向接口送数，这些都是一些基本动作，也称为 CPU 的操作。

例如，用微型计算机求解"1＋2＝?"这样一个简单的问题，必须利用指令告诉计算机该做的每一个步骤，先做什么，后做什么。具体步骤如下：

1→AL

AL＋2→AL

其含义就是把 1 这个数送到 AL 里面，然后将 AL 中的 1 和 2 相加，把获得的结果存放在 AL 里。把它们变成计算机能够直接识别并执行的机器原码如下：

10110000

00000001 第一条指令

00000100

00000010 第二条指令

11110100 第三条指令

利用助记符加上操作数来表示指令就方便多了。上面的机器原码可写成：

MOV AL,1

ADD AL,2

HLT

程序中第一条指令将 1 放在 AL 中;第二条指令将 AL 中的 1 加上 2 并将相加之和放在 AL 中;第三条指令是停机指令。顺序执行完上述指令,AL 中就存放着要求的结果。

 ## 2.2 微型机 8088 CPU 内部结构

1979 年,英特尔公司开发出 8088。8086 和 8088 在芯片内部均采用 16 位数据传输,所以都称为 16 位微处理器,但 8086 每周期能传送或接收 16 位数据,而 8088 每周期只采用 8 位。最初大部分的设备和芯片是 8 位的,8088 的外部 8 位数据传送、接收能与这些设备相兼容。8088 采用 40 针的 DIP 封装,工作频率为 6.66 MHz、7.16 MHz 或 8 MHz,微处理器集成了大约 29000 个晶体管。

8086 和 8088 问世后不久,英特尔公司就开始对它们进行改进。他们将更多功能集成在芯片上,这样就诞生了 80186 和 80188。这两款微处理器内部均以 16 位工作,在外部输入输出上 80186 采用 16 位,而 80188 和 8088 一样采用 8 位工作。

1981 年,IBM 公司将 8088 芯片用于其研制的 PC 机中,从而开创了全新的微机时代。也正是从 8088 开始,个人电脑(PC)的概念开始在全世界范围内发展起来。从 8088 应用到 IBM PC 机上开始,个人电脑真正走进了人们的工作和生活之中,也标志着一个新时代的开始。

▶▶ | 2.2.1 8088 内部结构 ▶▶ ▶

8088/8086 都是 16 位微处理器,内部运算器和寄存器都是 16 位,同样具有 20 位地址线;8088 的外部数据总线为 8 位,而 8086 为 16 位。

8088 微处理器内部分为两个部分:执行单元(execution unit,EU)和总线接口单元(bus interface unit,BIU),如图 2-2 所示。EU 单元负责指令的执行,包括算术逻辑单元(arithmetic logic unit,ALU)、通用寄存器和状态寄存器等,主要进行 16 位的各种运算及有效地址的计算。总线接口单元(BIU)主要负责取指令、取操作数和写结果。

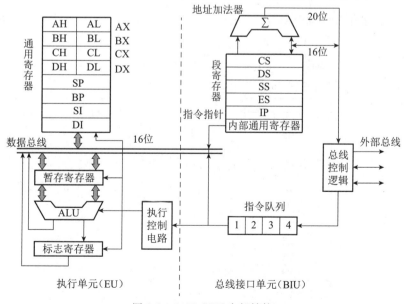

图 2-2 8088 CPU 内部结构

计算机的精髓就在于取指执行。8088 取指采用并行流水线结构,可以让取指令操作和执行指令操作重叠执行。其流程如图 2-3 所示。

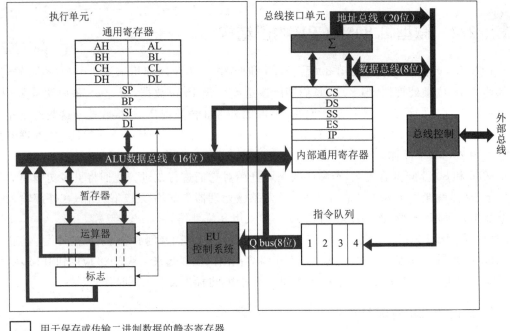

用于保存或传输二进制数据的静态寄存器

用于执行算术或逻辑功能的逻辑门电路

为处理器提供内部控制的逻辑门电路

用于在组件之间传递信息的内部数据总线

图 2-3　8088 CPU 内部取指过程

▶▶|2.2.2　8088 内部寄存器 ▶▶▶

在 8088 处理器中,用户能用指令改变其内容的主要是一组内部寄存器,其结构如图 2-4 所示。

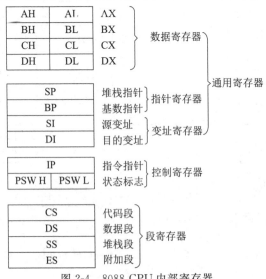

图 2-4　8088 CPU 内部寄存器

1. 通用寄存器

（1）数据寄存器

数据寄存器一般用于存放参与运算的操作数或运算结果或其他信息。每个数据寄存器都是 16 位的，又可将高、低八位分别作为两个独立的 8 位寄存器来用。高 8 位分别记为 AH、BH、CH、DH，低 8 位分别记为 AL、BL、CL、DL（H 表示高字节，L 表示低字节）。

AX（accumulator）：累加器。用该寄存器存放运算结果，可提高指令的执行速度。此外，所有的 I/O 指令都使用该寄存器与外设端口交换信息。

BX（base）：基址寄存器。8086/8088 CPU 中有两个基址寄存器 BX 和 BP。BX 用来存放操作数在内存中数据段内的偏移地址，BP 用来存放操作数在堆栈段内的偏移地址。

CX（counter）：计数器。在设计循环程序时，使用该寄存器存放循环次数，可使程序指令简化，有利于提高程序的运行速度。

DX（data）：数据寄存器。在寄存器间接寻址的 I/O 指令中存放 I/O 端口地址；在做双字长乘除法运算时，DX 与 AX 一起存放一个双字长操作数，其中 DX 存放高 16 位数。

数据寄存器在多数指令中要求指明使用，但也可隐含或特定使用，具体如表 2-1 所示。

表 2-1 数据寄存器在指令中的使用

寄存器	隐含使用/特定使用的用途	使用
AX	（1）在乘法指令中存放乘数	隐含使用
	（2）在除法指令中存放被除数和商	隐含使用
	（3）用在非组合型 BCD 码运算的调整中	隐含使用
	（4）用在某些串操作指令（LODS，STOS，SCAS）中	隐含使用
	（5）在 I/O 指令中作数据寄存器	特定使用
AH	在 LAHF 指令中作目的寄存器	隐含使用
AL	（1）用在组合型 BCD 码的加减调整指令中	隐含使用
	（2）在 XLAT 指令中作目的寄存器	隐含使用
BX	在 XLAT 指令中作基址寄存器	隐含使用
CX	在循环指令中作循环次数计数器	隐含使用
CL	在位移指令中作位移次数计数器（位移指令执行后，CL 中内容不变）	特定使用
DX	在字乘法和除法指令中作辅助累加器（即存放乘积或被除数的高 16 位）	隐含使用
SP	在堆栈操作指令中作堆栈指针（即在 PUSH，POP，PUSHF，POPF 指令中）	隐含使用
SI	在串操作指令中作源变址寄存器（即用在 MOVS，LODS，CMPS 指令中）	隐含使用
DI	在串操作指令中作目的变址寄存器（即用在 MOVS，STOS，SCAS，CMPS 指令中）	隐含使用

（2）指针寄存器

SP（stack pointer）：堆栈指针寄存器。在使用堆栈操作指令（PUSH 或 POP）对堆栈进行操作时，每执行一次进栈或出栈操作，系统会自动将 SP 的内容减 1 或加 1，以使其始终指向栈顶。

BP（base pointer）：基数指针寄存器。作为通用寄存器，它可以用来存放数据，但更经常更重要的用途是存放操作数在堆栈段内的偏移地址。

（3）变址寄存器

SI（source index）：源变址寄存器。

DI(destination index):目的变址寄存器。

这两个寄存器通常用在字符串操作时存放操作数的偏移地址,其中 SI 存放源串在数据段内的偏移地址,DI 存放目的串在附加数据段内的偏移地址。

2.控制寄存器

IP(instruction pointer):指令指针寄存器(16 位),用来存放下一条要读取的指令在代码段内的偏移地址。CS 提供指令地址的段基值,IP 提供偏移量,CS 的内容左移 4 位,与 IP 中偏移量相加,形成下一指令首字节的存储单元地址。用户程序不能直接访问 IP。

标志寄存器 FLAGS(FR、PSW,程序状态字):标志寄存器设计 16 位,实际使用中只用到 9 位,其中 6 位用于存放算术逻辑单元运算后的结果特征,称为状态标志;另外 3 位通过人为设置,用以控制 8086 的三种特定操作,称为控制标志。标志寄存器如表 2-2 所示。

表 2-2 标志寄存器(FLAGS/PSW)

15	14	13	12	11	10	9	8	7	6	5	4	3	2	1	0
				OF	DF	IF	TF	SF	ZF		AF		PF		CF

CF——进位标志(carry flag)。若 CF=1,表示算术运算时产生进位或借位,否则 CF=0。移位指令会影响 CF。

PF——奇偶标志(parity flag)。若 PF=1,表示操作结果中"1"的个数为偶数,否则 PF=0。这个标志位主要用于检查数据传送过程中的错误。

AF——辅助进位标志(auxiliary carry flag)。若 AF=1,表示字节运算时产生低半字节向高半字节的进位或借位,否则 AF=0。辅助进位也称半进位标志,主要用于 BCD 码运算的十进制调整。

ZF——全零标志(zero flag)。若 ZF=1,表示操作结果全为零,否则 ZF=0。

SF——符号标志(sign flag)。若 SF=1,表示符号数运算后的结果为负数,否则 SF=0。

TF——单步标志(trace flag)。又称跟踪标志。该标志位在调试程序时可直接控制 CPU 的工作状态。当 TF=1 时为单步操作,CPU 每执行一条指令就进入内部的单步中断处理,以便对指令的执行情况进行检查;若 TF=0,则 CPU 继续执行程序。

IF——中断允许标志(interrupt enable flag)。若 IF=1,则 CPU 可以响应外部可屏蔽中断请求;若 IF=0,则 CPU 不允许响应中断请求。IF 的状态可由中断指令设置。

DF——方向标志(direction flag)。若 DF=1,表示执行字符串操作时按从高地址向低地址的方向进行,否则 DF=0。DF 位可由指令控制。

OF——溢出标志(overflow flag)。若 OF=1,表示当进行算术运算时,结果超过了最大范围,否则 OF=0。

3.段寄存器

CS(code segment):代码段寄存器,用来存储程序当前使用的代码段的段地址。CS 的内容左移 4 位再加上指令指针寄存器 IP 的内容就是下一条要读取的指令在存储器中的物理地址。

DS(data segment):数据段寄存器,用来存储程序当前使用的数据段的段地址。DS 的内容左移 4 位再加上按指令中存储器寻址方式给出的偏移地址即得到对数据段指定单元进行读写的物理地址。

SS(stack segment)：堆栈段寄存器,用来存储程序当前使用的堆栈段的段地址。堆栈是在存储器中开辟的按先进后出原则组织的一个特殊存储区,主要用于调用子程序或执行中断服务程序时保护断点和现场。

ES(extra segment)：附加段寄存器,用来存储程序当前使用的附加数据段的段地址。附加数据段用来存放字符串操作时的目的字符串。

段寄存器的设立为信息按特征分段存储带来了方便。在存储器中,按信息特征可分为程序代码、数据、微处理器状态等。段寄存器的基本使用约定如表 2-3 所示。

表 2-3　段寄存器使用的基本约定

访问存储器类型	默认段寄存器	可指定段寄存器	段内偏移地址来源
取指令码	CS	无	IP
堆栈操作	SS	无	SP
串操作源地址	DS	CS、ES、SS	SI
串操作目的地址	ES	无	DI
BP 用作基地址寄存器	SS	CS、DS、ES	根据寻址方式求得有效地址
一般数据存取	DS	CS、ES、SS	根据寻址方式求得有效地址

(1) 在各种类型的存储器访问中,其段地址要么由"默认"的段寄存器提供,要么由"指定"的段寄存器提供。

(2) 段寄存器 DS、ES 和 SS 的内容是用传送指令送入的,但任何传送指令都不能向段寄存器 CS 送数。

(3) 表中"段内偏移地址来源"一栏指明,除了有两种类型访问存储器是"根据寻址方式求得有效地址"外,其他都指明使用一个 16 位的指针寄存器或变址寄存器。

2.3　微型机 8088 CPU 存储器组织

8088 有 20 根地址线,可以寻址的最大内存空间为 $2^{20} = 1$ MB,则地址范围为 00000H～FFFFFH。每个存储单元对应一个 20 位的地址,这个地址称为存储单元物理地址。每个存储单元对应唯一一个物理地址。

8088 系统中,为了便于存储器的管理采用存储器分段方式,因而可以用 16 位寄存器来寻址 20 位的内存空间。一个段最大为 64 KB,最小为 16 B。

存储器一般用来保存程序的中间结果,为随后的指令快速提供操作数,从而避免把中间结果存入内存再读取内存的操作。

因为存储器的个数和容量都有限,不可能把所有中间结果都存储在存储器中,所以,要对存储器进行适当的调度,根据指令的要求安排适当的寄存器,避免操作数过多的传送操作。

8088 CPU 可直接寻址 1 MB 的存储器空间,直接寻址需要 20 位地址码,而所有内部寄存器都是 16 位的,只能直接寻址 64 KB,因此采用分段技术来解决,将 1 MB 的存储空间分成若干逻辑段,每段最长 64 KB,最短 16 B。这些逻辑段在整个存储空间中可浮动。

8088 CPU 内部设置了 4 个 16 位段寄存器,它们分别是代码段寄存器 CS、数据段寄存器 DS、堆栈段寄存器 SS、附加段寄存器 ES,由它们给出相应逻辑段的首地址,称为段基址。段基址与段内偏移地址组合形成 20 位物理地址,段内偏移地址可以存放在寄存器中,也可以存放在存储器中。如图 2-5 所示。

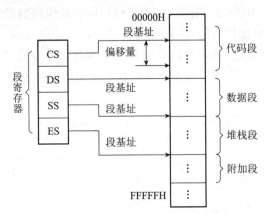

图 2-5   8088 存储器分布关系

程序较小时,代码段、数据段、堆栈段可放在一个段内,即包含在 64 KB 之内;而当程序或数据量较大超过了 64 KB 时,可以定义多个代码段或数据段、堆栈段、附加段。

分段管理要求每个段都由连续的存储单元构成,并且能够独立寻址,而且段和段之间允许重叠。根据 8088 CPU 分段原则,1 MB 的存储空间中有 $2^{16}=64$ K 个地址符合要求,这使得在理论上程序可以位于存储器空间的任何位置。

程序中使用的存储器地址由段基址和偏移地址组成,这种在程序中使用的地址称为逻辑地址。

逻辑地址即是思维性的表示,由于 8088 的寄存器最大为 16 位,地址在寄存器中按 16 位大小存放,由段基址和偏移地址联合表示的地址类型叫逻辑地址,例如 2000H:1000H,这里的 2000H 表示段的起始地址,即段地址,而 1000H 则表示偏移地址,表示逻辑地址时总是书写成段地址:偏移地址。

逻辑地址:XXXXH:YYYYH,其中 XXXXH 为段基址,YYYYH 为段内偏移量地址。

物理地址:段基址×10H＋段内偏移量。物理地址等于段基址乘以 10H,相当于把 16 位的段基址左移 4 位,然后加上段内偏移量得到。

例如:逻辑地址＝A562H:9236H

物理地址＝A562H×10H＋9236H＝A5620H＋9236H＝AE856H

逻辑地址是 16 位的,因此范围是 2 的 16 次方,即 64 K。

物理地址是 20 位的,因此范围是 2 的 20 次方,即 1 M。

设当前(CS)＝1000H,(DS)＝2A0FH,(SS)＝A000H,(ES)＝BC00H,8088 存储器分布如图 2-6 所示。

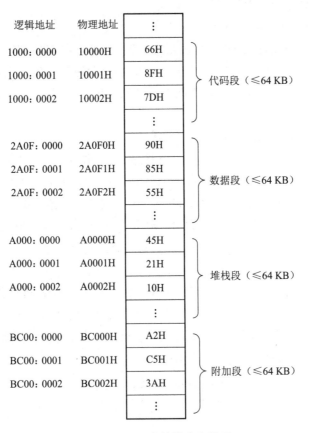

图 2-6　8088 存储器分布关系

 ## 2.4　微型机 8088 总线与时序

 ### 2.4.1　总线

　　总线(bus)是计算机各种功能部件之间传送信息的公共通信干线,它是由导线组成的传输线束。根据计算机所传输的信息种类,计算机的总线可以分为数据总线、地址总线和控制总线,分别用来传输数据、数据地址和控制信号。总线是一种内部结构,它是 CPU、内存、输入/输出设备传递信息的公用通道,主机的各个部件通过总线相连接,外部设备通过相应的接口电路再与总线相连接,从而形成计算机硬件系统。

1. 总线的发展史

(1) ISA(industry standard architecture)总线

　　最早的 PC 总线是 IBM 公司 1981 年在 PC/XT 电脑采用的系统总线,它是基于 8 位的8088 处理器,称为 PC 总线或者 PC/XT 总线。

　　1984 年,IBM 推出基于 16 位 Intel 80286 处理器的 PC/AT 计算机,系统总线也相应地扩展为 16 位,并称为 PC/AT 总线。为了开发与 IBM PC 兼容的外围设备,行业内便逐渐确

立了以 IBM PC 总线规范为基础的 ISA 总线。

（2）PCI(peripheral component interconnect)总线

由于 ISA/EISA 总线速度缓慢，一度出现 CPU 的速度甚至还高过总线速度的情况，造成硬盘、显卡以及其他的外围设备只能通过慢速且狭窄的瓶颈来发送和接收数据，使得整机的性能受到严重的影响。为了解决这个问题，1992 年 Intel 在发布 486 处理器时，也同时提出了 32 位 的 PCI(周边组件互连)总线。

（3）AGP (accelerated graphics port)总线

PCI 总线是独立于 CPU 的系统总线，可将显卡、声卡、网卡、硬盘控制器等高速的外围设备直接挂在 CPU 总线上，打破了瓶颈，使得 CPU 的性能得到充分的发挥。可惜的是，由于 PCI 总线只有 133 MB/s 的带宽，对付声卡、网卡、视频卡等绝大多数输入/输出设备也许显得绰绰有余，但对于"胃口"越来越大的 3D 显卡力不从心，并成为制约显示子系统和整机性能的瓶颈。因此，PCI 总线的补充——AGP 总线就应运而生了。

（4）PCI-Express

经历了长达 10 年的"修修补补"，PCI 总线已经无法满足计算机性能提升的要求，必须由带宽更大、适应性更广、发展潜力更深的新一代总线取而代之，这就是 PCI-Express 总线。

相对于 PCI 总线来讲，PCI-Express 总线能够提供极高的带宽来满足系统的需求。PCI-Express 总线 2.0 标准的带宽如表 2-4 所示。

表 2-4   PCI-Express 2.0 标准带宽

PCI-Express 通道	未编码数据速率(有效的数据速率)	
	单项	双向
X1	4 Gb/s	8 Gb/s
X4	16 Gb/s	32 Gb/s
X8	32 Gb/s	64 Gb/s
X16	64 Gb/s	128 Gb/s
X32	128 Gb/s	256 Gb/s

经历三代半(AGP 总线只是一种增强型的 PCI 总线)的发展，计算机的外部总线终于发展到了 PCI-Express 4.0，提供了比以往总线大得多的带宽。

2. 工作原理

如果说主板(mother board)是一座城市，那么总线就像是城市里的公共汽车(bus)，它能按照固定行车路线，传输来回不停运作的比特(bit)。一条线路在同一时间仅能负责传输一个比特。因此，必须同时采用多条线路才能传送更多数据，而总线可同时传输的数据量就称为宽度(width)。以比特为单位，总线宽度愈大，传输性能愈佳。

总线的带宽(即单位时间内可以传输的总数据量)如下：

$$总线带宽＝频率×宽度/8(B/s)$$

当总线空闲(其他器件都以高阻态形式连接在总线上)且一个器件要与目的器件通信时，发起通信的器件驱动总线发出地址和数据，其他以高阻态形式连接在总线上的器件在收

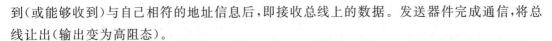

到(或能够收到)与自己相符的地址信息后,即接收总线上的数据。发送器件完成通信,将总线让出(输出变为高阻态)。

在计算机系统中按其所连接的对象,总线可分为:片总线,又称器件级总线,它是中央处理器芯片内部的总线;内总线,又称系统总线或板级总线,它是计算机各功能部件之间的传输通路,微型计算机总线通常称为内总线;外总线,又称通信总线,它是计算机系统之间或者计算机主机与外围设备之间的传输通路。

总线是一种共享型的数据传送设备。总线上虽然可连接多个设备,但任一时刻通常只能有一对设备参与数据传输。按信息传输的形式,总线可分为并行总线和串行总线两种。并行总线对 n 位二进制信息用 n 条传输线同时传送,其特点是传输速度快,但系统结构较复杂,用于计算机系统内各部件之间的连接;串行总线对多位二进制信息共用一条传输线,多位二进制信息按时间先后顺序通过总线,它的特点是结构简单,但传输速度较慢。总线必须有明确的规范——总线定时协议,即在总线上传送信息时必须遵守一定的定时规则,例如同步总线定时、异步总线定时、半同步总线定时等。总线的物理特性包括信号、电源、地址的电气特性,及连线、接插件的机械特性。总线带宽是总线所能达到的最高传输率,其单位是 MB/s。

3. 总线特性

总线是连接各个部件的一组信号线,通过信号线上的信号表示信息,通过约定不同信号的先后次序即可约定操作如何实现。总线的特性如下:

(1) 物理特性

物理特性又称为机械特性,指总线上的部件在物理连接时表现出的一些特性,如插头与插座的几何尺寸、形状、引脚个数及排列顺序等。

(2) 功能特性

功能特性是指每一根信号线的功能,如地址总线用来表示地址码,数据总线用来表示传输的数据,控制总线表示总线上操作的命令、状态等。

(3) 电气特性

电气特性是指每一根信号线上的信号方向及表示信号有效的电平范围,通常,由主设备(如 CPU)发出的信号称为输出信号(OUT),送入主设备的信号称为输入信号(IN)。通常数据信号和地址信号定义高电平为逻辑 1,低电平为逻辑 0;控制信号则没有俗成的约定,如 WE 表示低电平有效,Ready 表示高电平有效。不同总线高电平、低电平的电平范围也无统一的规定,通常与 TTL 是相符的。

(4) 时间特性

时间特性又称为逻辑特性,指在总线操作过程中每一根信号线上的信号什么时候有效。这种信号有效的时序关系约定,确保了总线操作的正确进行。为了提高计算机的可拓展性以及部件及设备的通用性,除了片内总线外,各个部件或设备都采用标准化的形式连接到总线上,并按标准化的方式实现总线上的信息传输。总线的这些标准化的连接形式及操作方式统称为总线标准,如 ISA、PCI、USB 总线标准等,相应地,采用这些标准的总线为 ISA 总线、PCI 总线、USB 总线等。

4.总线分类

总线按功能和规范可分为五大类型：

(1) 数据总线(data bus，DB)：在 CPU 与 RAM(random access memory)之间来回传送需要处理或储存的数据。

(2) 地址总线(address bus，AB)：用来指定在 RAM 中储存的数据地址。

(3) 控制总线(control bus，CB)：将微处理器控制单元的信号传送到周边设备。

(4) 扩展总线(expansion bus)：外部设备和计算机主机进行数据通信的总线，例如 ISA 总线、PCI 总线。

(5) 局部总线(local bus)：取代更高速数据传输的扩展总线。

其中的数据总线 DB、地址总线 AB 和控制总线 CB 也统称为系统总线，即通常意义上所说的总线。

有的系统中，数据总线和地址总线是复用的，即总线在某些时刻出现的信号表示数据而另一些时刻表示地址，而有的系统是分开的。51 系列单片机的地址总线和数据总线是复用的，一般计算机中的总线则是分开的。

数据总线 DB 用于传送数据信息。数据总线是双向三态形式的总线，即它既可以把 CPU 的数据传送到存储器或 I/O 接口等其他部件，也可以将其他部件的数据传送到 CPU。数据总线的位数是微型计算机的一个重要指标，通常与微处理器的字长一致。例如 Intel 8086 微处理器字长 16 位，其数据总线宽度也是 16 位。需要指出的是，数据的含义是广义的，它可以是真正的数据，也可以是指令代码或状态信息，有时甚至是控制信息，因此，在实际工作中，数据总线上传送的并不一定仅仅是真正意义上的数据。常见的数据总线为 ISA 总线、EISA 总线、VESA 总线、PCI 总线等。

地址总线 AB 是专门用来传送地址的，因为地址只能从 CPU 传向外部存储器或 I/O 端口，所以地址总线总是单向三态的，这与数据总线不同。地址总线的位数决定了 CPU 可直接寻址的内存空间大小。比如 8 位微机的地址总线为 16 位，则其最大可寻址空间为 $2^{16}=$ 64 KB；16 位微机的地址总线为 20 位，其可寻址空间为 $2^{20}=1$ MB。一般来说，若地址总线为 n 位，则可寻址空间为 2^n 字节。

控制总线 CB 用来传送控制信号和时序信号。控制信号中，有的是微处理器送往存储器和 I/O 接口电路的，如读/写信号、片选信号、中断响应信号等；也有的是其他部件反馈给 CPU 的，比如中断申请信号、复位信号、总线请求信号、设备就绪信号等。因此，控制总线的传送方向由具体控制信号而定，信息一般是双向的，控制总线的位数要根据系统的实际控制需要而定。实际上控制总线的具体情况主要取决于 CPU。

按照传输数据的方式划分，可以分为串行总线和并行总线。串行总线中，二进制数据逐位通过一根数据线发送到目的器件，并行总线的数据线通常超过 2 根。常见的串行总线有 SPI、I2C、USB 及 RS232 等。

按照时钟信号是否独立，可以分为同步总线和异步总线。同步总线的时钟信号独立于数据，而异步总线的时钟信号是从数据中提取出来的。SPI、I2C 是同步串行总线，RS232 采用异步串行总线。

5.总线操作

总线的一个操作过程是完成两个模块之间的信息传送,启动操作过程的是主模块,另外一个是从模块。某一时刻总线上只能有一个主模块占用总线。

(1)总线的操作步骤

第一步:主模块申请总线控制权,总线控制器进行裁决。

第二步:主模块得到总线控制权后寻址从模块,从模块确认后进行数据传送。

第三步:数据传送的错误检查。

(2)总线定时协议

定时协议可保证数据传输的双方操作同步,传输正确。定时协议有三种类型:

① 同步总线定时:总线上的所有模块共用同一时钟脉冲进行操作过程的控制。各模块所有动作的产生均在时钟周期的开始,多数动作在一个时钟周期中完成。

② 异步总线定时:操作的发生由源模块或目的模块的特定信号来确定。总线上一个事件的发生取决于前一事件的发生,双方相互提供联络信号。

③ 半同步总线定时:总线上各操作的时间间隔可以不同,但必须是时钟周期的整数倍,信号的出现、采样与结束仍以公共时钟为基准。ISA 总线采用此定时方法。

(3)数据传输类型

分单周期方式和突发(burst)方式。

单周期方式:一个总线周期只传送一个数据。

突发方式:取得主线控制权后进行多个数据的传输。寻址时给出目的模块首地址,访问第一个数据,数据 2、3 到数据 n 的地址在首地址基础上按一定规则自动寻址(如自动加 1)。

 2.4.2 时序

学校里什么是最重要的? 铃声。学校一日无铃声必定大乱。整个学校就是在铃声的统一指挥下,步调一致、统一协调地工作着。这个铃是按一定的时间安排来响的,我们称之为"时序"——时间的顺序。一个由人组成的单位尚且要有一定的时序,计算机当然更要有严格的时序。事实上,计算机更像一个大钟,什么时候分针动,什么时候秒针动,什么时候时针动,都有严格的规定,一点也不能乱。计算机要完成的事更复杂,所以它的时序也更复杂。

我们知道,计算机工作时是一条一条地从 ROM(read-only memory)中取指令,然后一步一步地执行。计算机访问一次存储器的时间,称为一个机器周期。这是一个时间基准,好像我们人用"秒"作为我们的时间基准一样。

要使计算机有条不紊地工作,对各种操作信号的产生时间、稳定时间、撤销时间及相互之间的关系都有严格的要求。对操作信号施加时间上的控制,称为时序控制。只有严格的时序控制,才能保证各功能部件组合成有机的计算机系统。

计算机的时间控制称为时序。指令系统中每条指令的操作均由一个微操作序列完成,这些微操作是在微操作控制信号的控制下执行的,即指令的执行过程是按时间顺序进行的,也即计算机的工作过程都是按时间顺序进行的。时序系统的功能是为指令的执行提供各种操作定时信号。

时序控制方式分为同步控制方式、异步控制方式和同异步联合控制方式 3 类。

1. 同步控制方式

同步控制方式又称固定时序控制方式或无应答控制方式。任何指令的执行或指令中每个微操作的执行都受事先安排好的时序信号的控制,每个时序信号的结束都意味着一个微操作或一条指令已经完成,随即开始执行后续的微操作或自动转向下一条指令的执行。

在同步控制方式中,每个周期状态中产生统一数目的节拍电位及时标工作脉冲。指令不同,微操作序列和操作时间也不一样。对同步控制方式,要以最复杂指令的实现为基准进行控制时序的设计。

同步控制方式设计简单,操作控制容易实现。但大多数指令实现时,会有较多空闲节拍和空闲工作脉冲,形成较大数量的时间浪费,影响和降低指令执行的速度。

2. 异步控制方式

异步控制方式又称可变时序控制方式或应答控制方式。执行一条指令需要多少节拍不做统一规定,而是根据每条指令的具体情况而定,需要多少时标信号,控制器就产生多少时标信号。这种控制方式的特点是每一条指令执行完毕后都必须向控制时序部件发回一个回答信号,控制器收到回答信号后,才开始下一条指令的执行。

这种控制方式的优点是每条指令都可以在最短的、必需的节拍时间内执行完毕,指令的运行效率高;缺点是由于各指令功能不一样,微操作序列长、短、繁、简不一致,节拍个数不同,控制器需根据情况加以控制,故控制线路比较复杂。

异步工作方式在计算机中得到了广泛的应用。例如,CPU对内存的读写操作、I/O设备与内存的数据交换等一般都采用异步工作方式,以保证执行时的高速度。

在单总线结构的计算机中,通过总线进行数据交换时一般采用主从关系、异步工作方式。占用总线控制权的设备称为主设备,与主设备进行数据交换的设备称为从设备,这种以主设备为参考点,向从设备发信息或接收从设备送来的信息的工作关系,称为主从关系。异步工作方式一般采用两条定时控制线来实现。人们把这两条控制线称为"请求线"和"回答线"。当系统中两个部件A和B进行数据交换时,若A发出"请求"信号,则必须有B的"回答"信号进行应答,这次操作才是有效的,否则无效。

3. 同异步联合控制方式

现代计算机系统中一般采用的是同步控制和异步控制相结合的方式,即同异步联合控制方式。对不同指令的各个操作实行大部分统一、小部分区别对待的方法。一般的设计思想是在功能部件内部采用同步控制方式,而在功能部件之间采用异步控制方式,并且在硬件实现允许的情况下,尽可能多地采用异步控制方式。

例如,在一般微型机中,CPU内部基本时序节拍关系采用同步控制方式,按多数指令的需要设置节拍数目与顺序,但对某些指令的控制要求可能不够用,这时采取插入节拍、延长节拍或延长周期时间的方式,使之满足各指令的需要。这些控制时序均体现了基本同步控制、局部异步协调控制的思想。再例如,当CPU要访问存储器时,在发送读/写命令后,存储器进入异步工作方式;当存储器访问完毕以后,会向CPU发回一个信号,表示解除对同步时序的冻结,机器又按同步时序运行(或发出一个WAIT信号冻结,不发信号时解除冻结)。

▶▶ 2.4.3　8088 CPU 读写总线时序 ▶▶▶▶

在 8088 CPU 中,CPU 与内存或接口间进行通信,如将一个字节写入内存一个单元(或接口),或者从内存某单元(或某接口)读一个字节到 CPU,这种读(或)写的过程称为一个总线周期。8088 CPU 的读总线周期和写总线周期分别表示在图 2-7 和图 2-8 中。

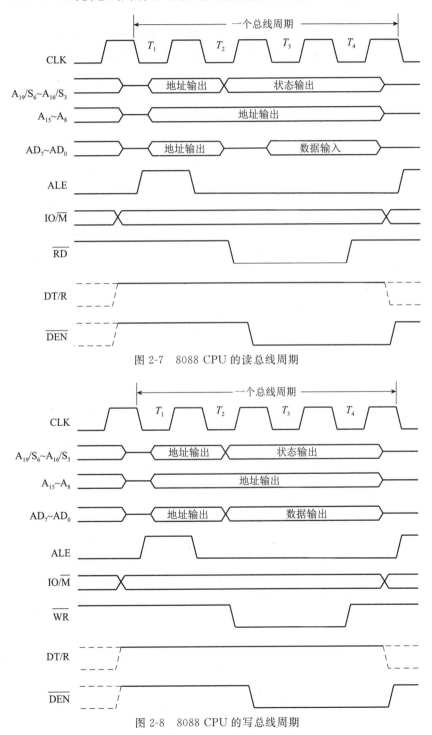

图 2-7　8088 CPU 的读总线周期

图 2-8　8088 CPU 的写总线周期

习题二

1. 微处理器内部主要由哪几部分构成?

2. 在微处理器 8088 中,标志寄存器 PSW 包含哪些标志位? 每一位的具体标志有什么含义?

3. 什么是逻辑地址? 什么是物理地址? 在微处理器 8088 中,已知逻辑地址为 2F00：28A0H,其对应的物理地址是多少? 若已知一个物理地址,其逻辑地址是否唯一?

4. 什么是时序? 微处理器系统为什么需要时序电路?

5. 什么是总线? 总线可以分为几类? 常用的总线有哪些?

第3章
存储器与接口技术

 知识目标与能力目标

- 了解存储器的分类、编址与寻址。
- 了解常规通信接口技术。
- 掌握存储器编址与寻址技术。

 思政目标

- 培养学生的细致观察能力,激发学生建功立业的激情。
- 培养学生追求真理、永攀科学高峰的精神。

 ## 3.1 存储器的分类与发展

▶▶▶ 3.1.1 存储器分类 ▶▶ ▶

构成存储器的存储介质主要采用半导体器件和磁性材料。存储器中最小的存储单位就是一个双稳态半导体电路或一个 CMOS 晶体管或磁性材料的存储元,它可存储一个二进制代码。由若干个存储元组成一个存储单元,然后再由许多存储单元组成一个存储器。

根据存储材料的性能及使用方法的不同,存储器有几种不同的分类方法。

1. 按存储介质分类

半导体存储器:用半导体器件组成的存储器。

磁表面存储器:用磁性材料做成的存储器。

2. 按存储方式分类

随机存储器:任何存储单元的内容都能被随机存取,且存取时间和存储单元的物理位置无关。

顺序存储器:只能按某种顺序来存取,存取时间与存储单元的物理位置有关。

3. 按存储器的读写功能分类

只读存储器(ROM):存储的内容是固定不变的,只能读出而不能写入的半导体存储器。

它被用于存储计算机在必要时需要的指令集。存储在 ROM 内的信息是硬接线的,即它是电子元件的一个物理组成部分,且不能被计算机改变,因此称为"只读"。可变的 ROM 称为可编程只读存储器(PROM),可以将其暴露在一个外部电气设备或光学器件(如激光)中来擦除原来的存储信息。

随机存储器(RAM):既能读出又能写入的半导体存储器。它包含计算机此刻所处理问题的信息。大多数 RAM 是"不稳定的",意味着当关闭计算机时信息将会丢失。

4. 按信息的可保存性分类

非永久记忆性存储器:断电后信息即消失的存储器。

永久记忆性存储器:断电后仍能保存信息的存储器。

▶▶▶ 3.1.2 存储器的未来趋势 ▶▶▶ ▶

存储器是计算机中数据存放的主要载体。随着近年来的发展,存储器的变化日新月异,各种新型存储器进入市场,普及针对新型存储器的维护方法已经迫在眉睫。

从 PCRAM、MRAM 到 RRAM 等,一系列全新的存储技术正不断涌向晶圆厂。推动这一进程的正是游戏和移动产品领域的技术进步,及云计算的发展。这些应用都非常重要,它们正在不断扩展当今主流存储技术能力。例如,游戏应用需要速度极快的主存储器和高容量的辅助(存储类)存储器,从而在用户浑然不觉的情况下处理数据,快速管理海量的图形数据;对于云计算,其最大的优势在于能够通过网络访问海量数据,而无需将这些数据直接存储在我们的个人设备上。同样,速度也至关重要,因为除非必要,没人愿意多等待哪怕一纳秒。

随着数据存储技术的迅猛发展,用户对存储性价比的要求也越来越高,而云存储技术无需硬件设备的支持,大大增加了存储的安全性能,用户也无需对硬件设施进行维护,减少了投入成本,提升了存储效率。

3.2 存储器编址与寻址

▶▶▶ 3.2.1 存储器编址 ▶▶▶ ▶

存储器是由一个个存储单元构成的,为了对存储器进行有效的管理,就需要给各个存储单元编上号,即给每个单元赋予一个地址码,这就是编址。经编址后,存储器在逻辑上便形成一个线性地址空间。

1. 编址的分类

(1)独立编址

独立编址方式就是 I/O 地址空间和存储器地址空间分开编址。

独立编址的优点是 I/O 地址空间和存储器地址空间相互独立,界限分明;但是,需要设置一套专门的读写 I/O 的指令和控制信号。

(2)统一编址

这种编址方式是把 I/O 端口的寄存器与数据存储器单元同等对待,统一进行编址。

统一编址的优点是不需要专门的 I/O 指令,直接使用访问数据存储器的指令进行 I/O 操作,简单、方便且功能强大。MCS-51 单片机使用的是 I/O 和外部数据存储器 RAM 统一编址的方式。

2. 存储器的地址分配和片选

CPU 要实现对存储单元的访问,首先要选择存储芯片,即进行片选;然后再为选中的芯片依地址码选中相应的存储单元,以进行数据的存取,即进行字选。

存储器片选主要分为以下几类。

(1) 线选法

线选法就是用除片内寻址外的高位地址线直接分别接至各个存储芯片的片选端,当某地址线信息为 0 时,就选中与之对应的存储芯片。这些片选地址线每次寻址时只能一位有效,不允许同时有多位有效,这样才能保证每次只选中一个芯片。线选法不能充分利用系统的存储器空间,把地址空间分成了相互隔离的区域,给编程带来了一定困难。

例如,2 片 2764(8 K×8 位)存储芯片采用线选法完成存储器外扩(图 3-1)。

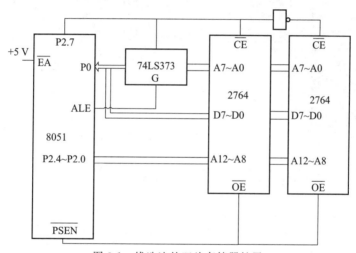

图 3-1 线选法的双片存储器扩展

P2.7:若第一片为 0,第二片一定为 1,同一个时间段只可以选择一个。

P0:数据与地址复用,低 8 位地址。

第一片:

P2.7	P2.6~P2.3	P2.4~P2.0	P0.7~P0.0
1	0000	0000	0000 0000
1	0000	1111	1111 1111

地址范围为 8000H~9FFFH。

第二片:

P2.7	P2.6~P2.3	P2.4~P2.0	P0.7~P0.0
0	0000	0000	0000 0000
0	0000	1111	1111 1111

地址范围为 0000H~0FFFH。

（2）全译码法

全译码法将除片内寻址外的全部高位地址线都作为地址译码器的输入,译码器的输出作为各芯片的片选信号,将它们分别接到存储芯片的片选端,以实现对存储芯片的选择。全译码法的优点是每片芯片的地址范围是唯一确定的,而且是连续的,也便于扩展,不会产生地址重叠的存储区。但全译码法对译码电路要求较高。

例如,4片2764(8 K×8 位)存储芯片采用全地址译码法组成 32 K×8 位存储器(图 3-2)。

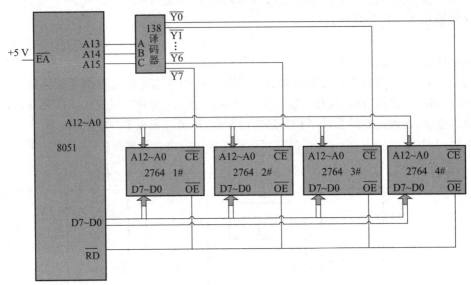

图 3-2　全地址译码法的 4 片存储器扩展

存储器芯片	A15 A14 A13	A12…A0	地址范围
1#	1　1　1	0…0 ⋮ 1…1	E000H～FFFFH
2#	1　1　0	0…0 ⋮ 1…1	C000H～DFFFH
3#	0　0　1	0…0 ⋮ 1…1	2000H～3FFFH
4#	0　0　0	0…0 ⋮ 1…1	0000H～1FFFH
	片选地址	片内地址	

（3）部分译码法

所谓部分译码法即用除片内寻址外的高位地址的一部分来译码产生片选信号。部分译码法会产生地址重叠。

例如,1 片 2764(8 K×8 位)存储芯片采用部分译码法外扩存储器(图 3-3),A13、A14 输出 0。

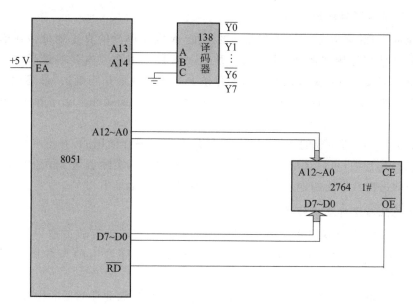

图 3-3 部分地址译码存储器扩展

存储器芯片	A15 A14 A13	A12…A0	地址范围
1#	0　0　0	0…0 ⋮ 1…1	0000H～1FFFH
1#	1　0　0	0…0 ⋮ 1…1	8000H～9FFFH

A15 可能为 0 或者 1，使得一片存储器存在两个地址范围 0000H～1FFFH 和 8000H～9FFFH。

▶▶▶ 3.2.2 存储器寻址 ▶▶▶

寻址这个概念比较抽象，简单地说就是在存储器内寻找操作数或者操作代码的过程。存储单元中存放的数据信息大致可分为两大类：一类是指令信息，另一类是操作数。两类信息的寻址方式既有相同之处，又各有特点。由于程序中的指令序列通常是按顺序排列的，对于顺序推进的指令序列，采用程序计数器 PC 加 1 的方式自动形成下一条指令的地址。但当程序发生转移时，就不能采用上述方式，此时指令地址的形成就转换为操作数地址的寻址，不把指令当指令信息，而当作操作数信息来处理，按操作数的寻址方式获得指令地址。

操作数地址的寻址方式比较复杂，主要原因是操作数本身不能像指令那样按顺序排列，很多操作数是公用的，集中放在某一划定的区域。有些操作数是原始值存放在存储器中，有些则是中间运算的结果或先前运算的结果。它们的来源并无规律，具有很大的随机性和浮动性，这样就增加了获得有效地址的难度。同时，随着程序设计技巧的发展，为了提高程序的质量也提出了很多操作数设置方法，丰富了寻址的手段。

1. 物理地址和逻辑地址

物理地址：加载到内存地址寄存器中的地址，是内存单元的真正地址。在前端总线上传输的内存地址都是物理地址，编号从 0 开始一直到可用物理内存的最高端。这些数字被北桥（northbridge chip）映射到实际的内存条上。物理地址是明确的、最终用在总线上的编号，不必转换，不必分页，也没有特权级检查（no translation，no paging，no privilege checks）。

逻辑地址：CPU 所生成的地址。逻辑地址是内部和编程使用的，并不唯一。例如，在进行 C 语言指针编程中，可以读取指针变量本身值（& 操作），实际上这个值就是逻辑地址，它是相对于当前进程数据段的地址（偏移地址），和绝对物理地址不相干。

2. 物理地址与逻辑地址的描述

物理地址是在存储器里以字节为单位存储信息，为正确地存放或取得信息，每一个字节单元给予一个唯一的存储地址，而逻辑地址是指由程序产生的与段相关的偏移地址部分。

物理地址的描述：地址从 0 开始编号，顺序地每次加 1，因此存储器的物理地址空间是呈线性增长的。它是用二进制数来表示的，是无符号整数，书写格式为十六进制数。

物理地址的计算方法：20 位物理地址＝段基址×16＋偏移量。

逻辑地址的计算方法：段地址：段内偏移地址。

例 1 由段地址、段内偏移地址确定物理地址。

如图 3-4 所示，20 位的物理地址是这样产生的：

$$物理地址＝段寄存器的内容×16＋偏移地址$$

当系统复位时，CS 的内容为 FFFFH，IP 的内容为 0000H，复位后的启动地址由 CS 段寄存器和 IP 的内容（作为偏移量）共同决定，即

$$启动地址＝CS×16＋IP$$
$$＝FFFF0H＋0000H$$
$$＝FFFF0H$$

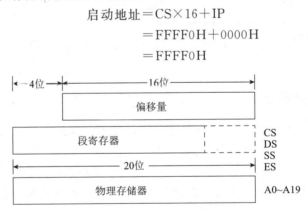

图 3-4　物理地址的形成

3. 段寄存器的使用

段寄存器的设立不仅使 8088 的存储空间扩大到 1 MB，也为信息按特征分段存储带来了方便。在存储器中，信息按特征可分为代码段、堆栈段、数据段等。其分配关系如图 3-5 所示。

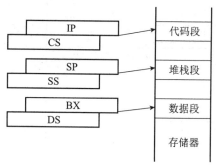

图 3-5　段寄存器分配

▶▶▶ 3.2.3　操作数寻址方式 ▶▶▶

1. 立即寻址

立即寻址这种寻址方式所提供的操作数直接包含在指令中,它紧跟在操作码的后面,与操作码一起放在代码段区域中,如图 3-6 所示。

例 2　MOV AX,im

立即数 im 可以是 8 位的,也可以是 16 位的。若是 16 位的,则 imL 在低地址字节,imH 在高地址字节。

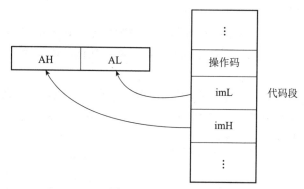

图 3-6　立即寻址

2. 直接寻址

操作数地址的 16 位段内偏移地址直接包含在指令中,它与操作码一起存放在代码段区域。操作数一般在数据段区域中,它的地址为数据段寄存器 DS 加上这 16 位的段内偏移地址,如图 3-7 所示。

例 3　MOV AX,DS:[200H]

指令中的 16 位段内偏移地址的低字节在前,高字节在后。这种寻址方法以数据段的段地址为基础,故可在多达 64 KB 的范围内寻找操作数。

本例中,取数的物理地址就是:DS 的内容×16(即左移 4 位),变为 20 位,再在其低 16 位上加上偏移地址 2000H。偏移地址 2000H 是由指令直接给出的。

3. 寄存器寻址

操作数包含在 CPU 的内部寄存器中,如 AX、BX、CX、DX 等,如图 3-8 所示。

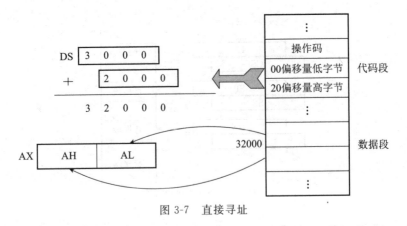

图 3-7　直接寻址

例 4　MOV DS,AX

图 3-8　寄存器寻址

虽然操作数可存放在 CPU 内部任意一个通用寄存器中,而且它们都能参与算术或逻辑运算并存放运算结果,但是 AX 是累加器,若将结果存放在 AX 中,通常指令执行时间会短一些。

4. 寄存器间接寻址

在这种寻址方式中,操作数存放在存储器中,操作数的 16 位段内偏移地址却放在 4 个寄存器 SI、DI、BP、BX 之一中。由于上述 4 个寄存器所默认的段寄存器不同,这样又可以分成两种情况:

（1）若以 SI、DI、BX 进行间接寻址,则操作数通常存放在现行数据段中。此时数据段寄存器内容加上 SI、DI、BX 中的 16 位段内偏移地址,即得操作数的地址,如图 3-9 所示。

例 5　MOV AX,[SI]

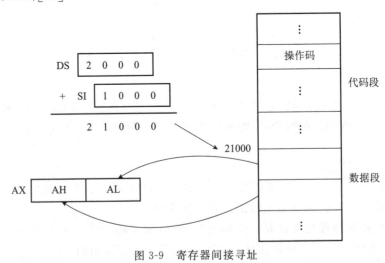

图 3-9　寄存器间接寻址

（2）若以寄存器 BP 间接寻址,则操作数存放在堆栈段区域中。此时堆栈段寄存器内容

加上 BP 中的 16 位段内偏移地址,即得操作数的地址,如图 3-10 所示。

例 6 MOV AX,[BP]

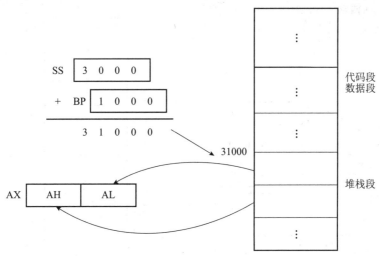

图 3-10 BP 寄存器间接寻址

5.寄存器相对寻址

在这种寻址方式中,操作数存放在存储器中。操作数的地址是由段寄存器内容加上 SI、DI、BX、BP 之一的内容,再加上由指令中所指出的 8 位或 16 位相对地址偏移量得到的,如图 3-11 所示。在一般情况下,用 SI、DI 或 BX 进行相对寻址时,以数据段寄存器 DS 作为地址基准;而用 BP 寻址时,则以堆栈段寄存器作为地址基准。

例 7 MOV AX,DISP[SI]

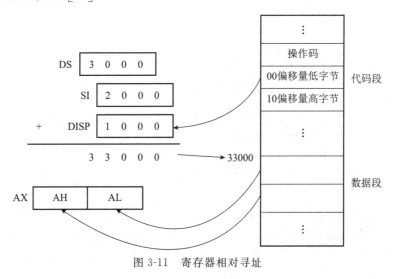

图 3-11 寄存器相对寻址

6.基址、变址寻址

在 8088 中,通常把 BX 和 BP 作为基址寄存器,而把 SI、DI 作为变址寄存器。这两种寄存器联合起来进行的寻址就称为基址、变址寻址。这时操作数的地址应该是段寄存器内容加上基址寄存器内容(BX 或 BP 内容),再加上变址寄存器内容(SI 或 DI 内容)得到的,如图

3-12 所示。

同理,若用 BX 作为基地址,则操作数应放在数据段 DS 区域中;若用 BP 作为基地址,则操作数应放在堆栈段 SS 区域中。

例 8 MOV AX,[BX][SI]

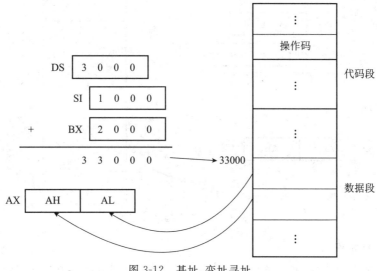

图 3-12 基址、变址寻址

7.基址、变址相对寻址

这种方式实际上是第 6 种寻址方式的扩充。即操作数的地址是由基址、变址方式得到的地址再加上由指令指明的 8 位或 16 位的相对偏移地址而得到的,如图 3-13 所示。

例 9 MOV AX,DISP [BX] [SI]

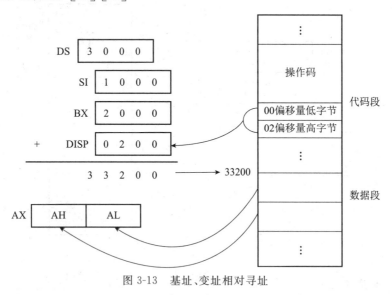

图 3-13 基址、变址相对寻址

8.隐含寻址

在有些指令的指令码中,不仅包含有操作码信息,还隐含了操作数地址的信息。例如乘法指令 MUL 的指令码中只需指明一个乘数的地址,另一个乘数和积的地址是隐含固定的。这种将操作数的地址隐含在指令操作码中的寻址方式就称为隐含寻址。

▶▶ 3.2.4 转移地址的寻址方式 ▶▶▶▶

1. 段内相对寻址

在这种寻址方式中,指令应指明一个 8 位或 16 位的相对地址位移量 DISP(它有正负符号,用补码表示)。此时,转移地址应该是代码段寄存器 CS 内容加上指令指针 IP 内容,再加上相对地址位移量 DISP,如图 3-14 所示。

例 10 JMP DISP1

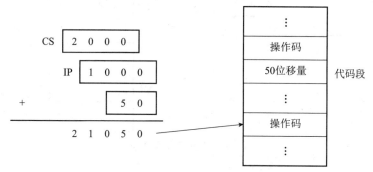

图 3-14 段内相对寻址

图 3-14 中,1000H 是 CPU 读取这条指令的位移量 50H 后 IP 的内容。因此,该指令使 CPU 转向 21050H 去执行。

2. 段内间接寻址

在这种寻址方式中,转移地址的段内偏移地址要么存放在一个 16 位的寄存器中,要么存放在存储器的两个相邻单元中。存放偏移地址的寄存器和存储器的地址将按指令码中规定的寻址方式给出。此时,寻址所得到的不是操作数,而是转移地址,如图 3-15 所示。

例 11 JMP CX

JMP WORDPTR [BX]

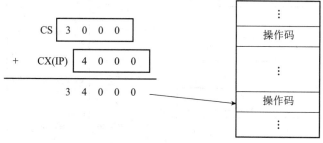

图 3-15 段内间接寻址

3. 段间直接寻址

在这种寻址方式中,指令码中将直接给出 16 位的段地址和 16 位的段内偏移地址。

例 12 JMP FAR PTR ADD1

在执行这条段间直接寻址指令时,指令操作码后的第二个字将赋予代码段寄存器 CS,第一个字将赋予指令指针寄存器 IP,最后 CS 内容和 IP 内容相加则得转移地址,如图 3-16 所示。

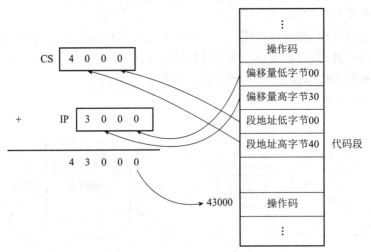

图 3-16 段间直接寻址

4. 段间间接寻址

这种寻址方式和段内间接寻址相似。但是,由于确定转移地址需要 32 位信息,只适用于存储器寻址方式。用这种寻址方式可计算出存放转移地址的存储单元的首地址,与此相邻的 4 个单元中,前两个单元存放 16 位的段内偏移地址,而后两单元存放的是 16 位的段地址,如图 3-17 所示。

例 13 JMP DWORD PTR[BP][DI]

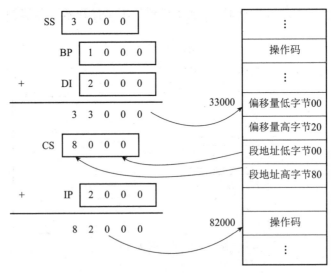

图 3-17 段间间接寻址

3.3　接口技术

▶▶▶ 3.3.1　概述 ▶▶▶

接口泛指实体把自己提供给外界的一种抽象化物体(可以为另一实体)，用以由内部操作分离出外部沟通方法，使其能被内部修改而不影响外界其他实体与其交互的方式。

人类与计算机等信息机器或人类与程序之间的接口称为用户界面。计算机等信息机器硬件组件间的接口叫硬件接口，软件组件间的接口叫软件接口。

在计算机中，接口是计算机系统中两个独立的部件进行信息交换的共享边界。这种交换可以发生在计算机软硬件、外部设备或进行操作的人之间，也可以是它们的结合。

接口是一种用来定义程序的协议，它描述可属于任何类或结构的一组相关行为。

接口是一组规则的集合，它规定了实现本接口的类或接口必须拥有的一组规则，体现了自然界"如果你是……则必须能……"的理念。

接口是在一定粒度视图上同类事物的抽象表示。"同类事物"这个概念是相对的，它因为粒度视图不同而不同。

▶▶▶ 3.3.2　常用通信与接口技术 ▶▶▶

1. 并行通信与并行接口

并行通信就是把一个字符的各位同时用几根线进行传输，传输速度快，效率高。电缆需求量大，随着传输距离的增加，电缆的开销会成为突出的问题，所以，并行通信适合用在传输速度要求较高，而传输距离较短的场合。

Intel 8255A 是一个通用的可编程的并行接口芯片，具有 3 个 8 位并行 I/O 口、3 个通道3 种工作方式(40 引脚)，可通过编程设置多种工作方式。它价格低廉，使用方便，可以直接与 Intel 系列的芯片连接使用，在中小系统中有着广泛的应用。其管脚图、内部结构图如图3-18 所示。

(1) 8255A 芯片引脚信号

① 和外设相连的信号

PA7～PA0：A 端口数据信号，用来连接外设。

PB7～PB0：B 端口数据信号，用来连接外设。

PC7～PC0：C 端口数据信号，用来连接外设或者作为控制信号。

② 和 CPU 相连的信号

RESET：复位信号，高电平有效，输入，用来清除 8255A 的内部寄存器，并置 A 口、B 口、C 口均为输入方式。

D7～D0：8 位，双向，三态数据线，用来与系统数据总线相连。

CS：片选，输入，用来决定芯片是否被选中，CS 有效时，读写信号才对 8255A 有效。

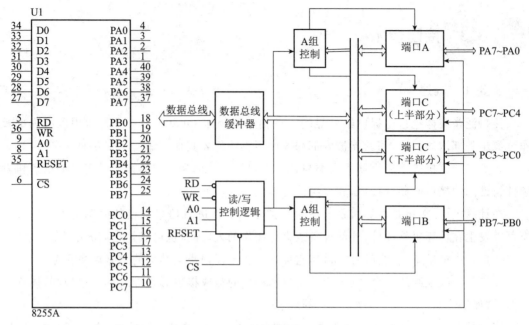

图 3-18　8255A 管脚分配与内部结构

RD:读信号,输入,控制 8255A 将数据或状态信息送给 CPU。

WR:写信号,输入,控制 CPU 将数据或控制信息送到 8255A。

A1、A0 端口:选择信号。A1、A0 为 00 时,选中 A 端口;为 01 时,选中 B 端口;为 10 时,选中 C 端口;为 11 时,选中控制口。

(2)8255A 芯片内部结构

① 数据端口 A、B、C

A 口:是一个独立的 8 位 I/O 口,它的内部对数据输入/输出有锁存功能。

B 口:是一个独立的 8 位 I/O 口,仅对输出数据有锁存功能。

C 口:可以看作是一个独立的 8 位 I/O 口,也可以看作是两个独立的 4 位 I/O 口。其功能是仅对输出数据进行锁存。

② A 组控制和 B 组控制。

③ 读/写控制逻辑电路。读/写控制逻辑电路负责管理 8255A 的数据传输过程。它接收片选信号及系统读信号、写信号、复位信号 RESET,及来自系统地址总线选择端口的信号 A0 和 A1。

④ 数据总线缓冲器。为 8 位双向三态缓冲器,8255A 正是通过它与系统总线相连。输入数据、输出数据以及 CPU 发给 8255A 的控制字都是通过这个缓冲器传递的。

(3)8255A 操作功能

见表 3-1。

表 3-1   8255A 操作功能表

$\overline{CS}$	$\overline{RD}$	$\overline{WR}$	A1	A0	操作	数据传输方式
0	0	1	0	0	读 A 口	A 口数据→数据总线
0	0	1	0	1	读 B 口	B 口数据→数据总线
0	0	1	1	0	读 C 口	C 口数据→数据总线
0	1	0	0	0	写 A 口	数据总线数据→A 口
0	1	0	0	1	写 B 口	数据总线数据→B 口
0	1	0	1	0	写 C 口	数据总线数据→C 口
0	1	0	1	1	写控制口	数据总线数据→控制口

(4) 8255A 的控制字

8255A 用指令在控制端口中设置控制字来决定其工作。方式选择控制字中,端口 A 和端口 C 的高 4 位为一组,端口 B 和端口 C 的低 4 位为一组。

第 7 位称为标识符。D7 为 1 称为方式选择控制字的标识符,D7 为 0 称为 C 端口按位置 0 置 1 的控制字的标识符。

控制字有如下两类:

① 方式选择控制字(图 3-19)

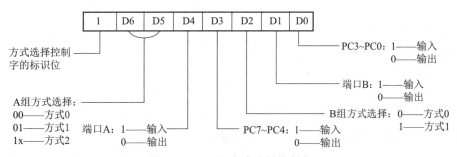

图 3-19   8255A 方式选择控制字

8255A 有三种基本工作方式:

a. 方式 0

基本的 I/O 方式。适用于无条件传送和查询方式的接口电路,A、B、C 三个端口均可作为一种简单的 I/O 方式,没有规定固定的应答联络信号,可用 A、B、C 三个口的任一位充当查询信号,其余 I/O 口仍可作为独立的端口和外设相连。

方式 0 的应用场合有两种:一种是同步传送,另一种是查询传送。任何一个端口既可作为输入口,也可作为输出口,各端口之间没有规定必然的关系。各个端口的输入或输出可以有 16 种不同的组合,所以可以适用于多种使用场合。

b. 方式 1

选通的 I/O 方式。适用于查询和中断方式的接口电路,A、B 两个端口均可。

输入:

方式 1 是一种选通 I/O 方式,A 口和 B 口仍作为两个独立的 8 位 I/O 数据通道,可单独连接外设,通过编程分别设置它们为输入或输出。C 口则要有 6 位(分成两个 3 位)分别作为 A 口和 B 口的应答联络线,其余 2 位仍可工作在方式 0,可通过编程设置为输入或输出。

方式 1 输入引脚:A 端口。

方式 1 输入引脚:B 端口。

方式 1 需借用端口 C 用作联络信号,同时还具有中断请求和屏蔽功能。

方式 1 输入联络信号:STB——选通信号,低电平有效。由外设提供的输入信号,当其有效时,将输入设备送来的数据锁存至 8255A 的输入锁存器。

IBF——输入缓冲器满信号,高电平有效。8255A 输出的联络信号,当其有效时,表示数据已锁存在输入锁存器,作为 STB 的回答信号。

STB 和 IBF 是外设和 8255A 间的一对应答联络信号,为的是可靠地输入数据。

INTR——中断请求信号,高电平有效。8255A 输出的信号,可用于向 CPU 提出中断请求,要求 CPU 读取外设数据。INTR 置位的条件是 STB 为高,且 IBF 为高,INTE 为高。

INTE——中断允许信号,8255A 的中断由中断允许触发器 INTE 控制。置位允许中断,复位禁止中断。对 INTE 的操作通过写入端口 C 的对应位实现,INTE 触发器对应端口 C 的是作应答联络信号的输入信号的那一位,只要对那一位置位/复位就可以控制 INTE 触发器。

选通输入方式下,端口 A 的 INTEA 对应 PC4 置位来实现,端口 B 的 INTEB 对应 PC2 置位来实现。

输出:

方式 1 输出引脚:A 端口。

方式 1 输出引脚:B 端口。

端口 A 的 INTEA 对应 PC6。

端口 B 的 INTEB 对应 PC2。

方式 1 输出联络信号:OBF——输出缓冲器满信号,低电平有效。8255A 输出给外设的一个控制信号,当其有效时,表示 CPU 已把数据输出给指定的端口,外设可以取走。

ACK——响应信号,低电平有效。外设的响应信号,指示 8255A 的端口数据已由外设接收。

OBF 和 ACK 是外设和 8255A 间的一对应答联络信号,为的是可靠地输出数据。

INTR——中断请求信号,高电平有效。当输出设备接收数据后,8255A 输出此信号向 CPU 提出中断请求,要求 CPU 继续提供数据。

c. 方式 2

双向传输方式。适用于双向传送数据的外设,只有 A 端口才有,适用于查询和中断方式的接口电路。方式 2 将方式 1 的选通 I/O 功能组合成一个双向数据端口,可以发送数据和接收数据。端口 A 工作于方式 2,需要利用端口 C 的 5 个信号线,其作用与方式 1 相同。

方式 2 的数据输入过程与方式 1 一样。

方式 2 的数据输出过程与方式 1 有一点不同:数据输出时 8255A 不是在 OBF 有效时向外设输出数据,而是在外设提供响应信号 ACK 时才送出数据。

端口 A 可工作在三种工作方式下的任一种,端口 B 只能工作在方式 0 或方式 1,端口 C 配合端口 A 和端口 B 工作。只有端口 A 能工作在方式 2。归为同一组的两个端口可分别工作在输入方式和输出方式。

② 端口 C 置 1/置 0 控制字(图 3-20)

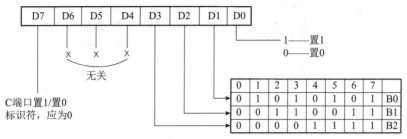

图 3-20   8255A 端口 C 控制字

C 端口置 1/置 0 控制字尽管是针对端口 C 进行操作的,但必须写入控制端口,而不是写入 C 端口。

2. 串行通信与串行接口

串行通信技术是指通信双方按位进行、遵守时序的一种通信方式。串行通信中,将数据按位依次传输,每位数据占据固定的时间长度,即使用少数几条通信线路就可以完成系统间的信息交换,特别适用于计算机与计算机、计算机与外设之间的远距离通信。

串行总线通信过程的显著特点是通信线路少,布线简便易行,施工方便,结构灵活,系统间协商协议,自由度及灵活度较高,因此在电子电路设计、信息传递等诸多方面的应用越来越多。

串行通信线路少,最少只需一根传输线即可完成;成本低但传输速度慢。串行通信的距离可以从几米到几千米。

(1) 分类

① 按信息传送方向分

根据信息的传送方向,串行通信可以进一步分为单工、半双工和全双工三种。

a. 单工制式(simplex)

单工制式是指甲乙双方通信时只能单向传送数据。单工制式如图 3-21 所示。

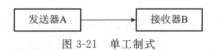

图 3-21   单工制式

b. 半双工制式(half duplex)

半双工制式是指通信双方都具有发送器和接收器,双方既可发送也可接收,但接收和发送不能同时进行,即发送时就不能接收,接收时就不能发送。半双工制式如图 3-22 所示。

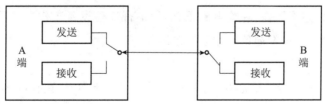

图 3-22   半双工制式

c. 全双工制式(full duplex)

全双工制式是指通信双方均设有发送器和接收器,并且将信道划分为发送信道和接收信道,两端数据允许同时收发,因此通信效率比前两种高。全双工制式如图 3-23 所示。

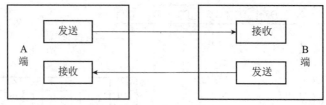

图 3-23　全双工制式

② 按通信同步方式分

根据通信同步方式分为同步通信与异步通信。

a. 同步通信

同步通信是一种连续串行传送数据的通信方式,一次通信只传送一帧信息。这里的信息帧与异步通信中的字符帧不同,通常含有若干个数据字符。它们均由同步字符、数据字符和校验字符(CRC)组成。其中同步字符位于帧开头,用于确认数据字符的开始;数据字符在同步字符之后,个数没有限制,由所需传输的数据块长度来决定;校验字符有 1 到 2 个,用于接收端对接收到的字符序列进行正确性校验。同步通信的缺点是要求发送时钟和接收时钟保持严格的同步。

b. 异步通信

在异步通信中有两个比较重要的指标:字符帧格式和波特率。数据通常以字符或者字节为单位组成字符帧传送。字符帧由发送端逐帧发送,通过传输线被接收设备逐帧接收。发送端和接收端可以由各自的时钟来控制数据的发送和接收,这两个时钟源彼此独立,互不同步。

接收端检测到传输线上发送过来的低电平逻辑"0"(即字符帧起始位)时,确定发送端已开始发送数据,只要接收端收到字符帧中的停止位,就知道一帧字符已经发送完毕。

(2) 串行通信干扰源

串行通信工作场所多处于强电、户外等复杂环境,并且通信各方间距离一般较长,因此易受干扰。串行通信波特率一定时,数据位的传输时间相对较短。由于串行通信的数据位采样、获取的特点,位信息如果受干扰,整个字节数据就是错误信息。

现实中,容易带入串行通信干扰的因素包括:

① 环境电磁

在串行通信工作设备附近,无可避免地存在强电设备、功率发射台等。在这些设备发射/感应的强电磁场感应区内,环境电磁干扰强,串行通信设备工作在这种环境下,噪声(干扰)在信号电平上叠加,引发通信双方数据错误。

② 系统噪声

串行通信依赖于串行通信芯片,芯片的设计工艺与制作水平不同,输出电平的噪声控制就参差不齐。产生输出电平噪声的因素包括数字逻辑中供电电源及器件自身的稳定性。通信中,供电电源的纹波无可避免地会加载到通信线路中,纹波较大时,容易引发串行通信错误。

③ 码率误差

串行通信双方事先约定了固定的波特率作为数据传输的步调。波特率的一致性是串行通信数据稳定可靠的基础。通信双方的波特率由各自本地产生,存在误差率的波特率导致通信双方存在码率误差。波特率误差越大,通信数据错误的概率越大。

④ 地回路与参考地电位

通信双方共地应用中,系统间参考地信号的高低电平不一致,导致传输的信号对地电压存在一定的误差。低电压供电应用系统中,两侧参考地电位误差过大会引发串行通信的数据错误。以上干扰在通信线屏蔽、线路隔离、校准波特率等不同的硬件优化措施下,可以减弱或部分消除,但仍存在数据错误的可能性。因此,在硬件抗干扰的保障之外,加入软件侦错机制尤为必要。

3. USB 接口

通用串行总线(universal serial bus,USB)是连接计算机系统与外部设备的一种串口总线标准,也是一种I/O接口的技术规范,被广泛地应用于个人电脑和移动设备等信息通信产品中,并扩展至摄影器材、数字电视(机顶盒)、游戏机等其他相关领域。

工作原理:USB 是一个外部总线标准,用于规范计算机与外部设备的连接和通信。USB 接口具有热插拔功能,可连接多种外部设备,如鼠标和键盘等。USB 在 1996 年由英特尔等多家公司联合推出后,成功替代串口和并口,已成为当今计算机与大量智能设备的必配接口。USB 经历了多年的发展,到如今已经发展到 USB 4.0 版本。对大多数工程师来说,开发 USB 2.0 接口产品的主要障碍在于:要面对复杂的 USB 2.0 协议,自己编写 USB 设备的驱动程序,熟悉单片机的编程。这不仅要求有相当的 VC 编程经验,还要能够编写 USB 接口的硬件(固件)程序,所以大多数人放弃了自己开发 USB 产品。

(1) 发展历程

① USB 1.0

USB 1.0 是在 1996 年出现的,速度只有 1.5 Mb/s;1998 年升级为 USB 1.1,速度也大大提升到 12 Mb/s。USB 1.1 是较为普遍的 USB 规范,其高速方式的传输速率为 12 Mb/s,低速方式的传输速率为 1.5 Mb/s。

② USB 2.0

USB 2.0 规范是由 USB 1.1 演变而来的。它的传输速率达到了 480 Mb/s,折算成 MB 为 60 MB/s,足以满足大多数外设的速率要求。USB 2.0 中的增强主机控制器接口(EHCI)定义了一个与 USB 1.1 相兼容的架构。它可以用 USB 2.0 的驱动程序驱动USB 1.1设备。也就是说,所有支持 USB 1.1 的设备都可以直接在 USB 2.0 的接口上使用而不必担心兼容性问题,像 USB 线、插头等附件也都可以直接使用。

使用 USB 为打印机应用带来的变化则是速度的大幅度提升。USB 接口提供了 12 Mb/s的连接速度,相比并口速度提高 10 倍以上,在这个速度之下打印文件传输时间大大缩减。USB 2.0 标准进一步将接口速度提高到 480 Mb/s,是普通 USB 速度的 20 倍,更大幅度地减少了打印文件的传输时间。

③ USB 3.0

由英特尔、微软、惠普、德州仪器、NEC、ST-NXP 等业界巨头组成的 USB 3.0 Promoter Group 宣布,该组织负责制定的新一代 USB 3.0 标准已经正式完成并公开发布。USB 3.0 的理论速度为 5.0 Gb/s,其实只能达到理论值的五成,但也接近 USB 2.0 的 10 倍了。USB 3.0 的物理层采用 8 b/10b 编码方式,这样算下来的理论速度也就是 4 Gb/s,实际速度还要扣除协议开销,在 4 Gb/s 基础上要再少些。USB 3.0 广泛用于计算机外围设备和消费电子产品。

④ USB 3.1

USB 3.1 Gen2 是最新的 USB 规范,该规范由英特尔等公司发起。数据传输速度提升至 10 Gb/s。与 USB 3.0(即 USB 3.1 Gen1)技术相比,新 USB 技术使用一个更高效的数据编码系统,并提供 1 倍以上的有效数据吞吐率。它完全向下兼容现有的 USB 连接器与线缆,兼容现有的 USB 3.0 软件堆栈和设备协议、5 Gb/s 的集线器与设备、USB 2.0 产品。

⑤ USB 4.0

USB 4.0 规范由 USB 实施者论坛于 2019 年 8 月 29 日发布。USB 4.0 基于 Thunderbolt 3 协议。它支持 40 Gb/s 吞吐量,兼容 Thunderbolt 3,并向后兼容 USB 3.2 和 USB 2.0。

(2) 主要优点

USB 设备主要具有以下优点:

① 可以热插拔。就是用户在使用外接设备时,不需要关机再开机等动作,而是可以在计算机工作时,直接将 USB 插上使用。

② 携带方便。USB 设备大多以"小、轻、薄"见长,对用户来说,随身携带大量数据很方便。

③ 标准统一。大家常见的是 IDE 接口的硬盘,串口的鼠标键盘,并口的打印机、扫描仪,可是有了 USB 之后,这些应用外设统统可以用同样的标准与计算机连接,这时就有了 USB 硬盘、USB 鼠标、USB 打印机等。

④ 可以连接多个设备。USB 在计算机上往往具有多个接口,可以同时连接几个设备,如果接上一个有 4 个端口的 USB HUB,就可以再连上 4 个 USB 设备,以此类推(最多可连接至 127 个设备)。

(3) 接口布置

USB 是一种常用的计算机接口,它只有 4 根线,两根电源线、两根信号线,故信号是串行传输的。USB 接口也称为串行口,USB 2.0 的速度可以达到 480 Mb/s,可以满足各种工业和民用需要。

USB 接口的输出电压和电流是 +5 V,500 mA。实际上有误差,最大不能超过 ±0.2 V,也就是 4.8~5.2 V。USB 接口的 4 根线一般是这样分配的(千万不要把正负极弄反,否则会烧掉 USB 设备或者计算机的南桥芯片):黑线,GND;红线,VCC;绿线,DATA+;白线,DATA-。

（4）USB 接口颜色

一般的排列方式是红白绿黑，从左到右（图 3-24）。

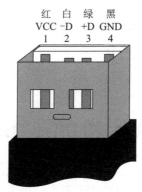

图 3-24　USB 接口布置

定义：

红色——USB 电源：标有 VCC、Power、5 V、5 VSB 字样。

白色——USB 数据线：（负）DATA－、USBD－、PD－、USBDT－。

绿色——USB 数据线：（正）DATA＋、USBD＋、PD＋、USBDT＋。

黑色——地线：GND、Ground。

 习题三

1. 存储器分哪些类？分别存储什么信息？

2. 存储器编址方式有哪些？

3. 什么是逻辑地址？什么是物理地址？两者的表示形式是什么？

4. 指令寻址方式有哪些？

5. 常用通信接口有哪些？各自具有什么特点？

6. 简述 USB 的发展历程。USB 具有什么优点？接口如何布线？

第4章

80C51 单片机的 C 语言程序设计

 知识目标与能力目标

- 了解 C 语言的特点及 C 语言程序的编辑和编译。
- 了解 C 语言常用数据类型及用法。
- 理解常用函数语言的功能和使用,及各种函数语句的用法。
- 掌握 C51 语言的数据类型、运算符和表达式,及单片机 C 语言基本指令和源程序的基本结构。
- 掌握 C51 的程序设计技巧。

 思政目标

- 通过程序设计,让学生理解软件工程规范性要求,培养学生规范意识。
- 增强学生软件知识产权保护意识,进行科技伦理和工程伦理教育。

 4.1 单片机 C 语言概述

    MCS-51 单片机系统程序编写可采用汇编语言,也可以采用 C 语言。由于汇编语言程序的可读性和可移植性都较差,采用汇编语言编写单片机应用系统程序的周期长,而且调试和排错也比较困难。为了提高计算机系统和应用程序的效率,改善程序的可读性和可移植性,最好采用高级语言编程。

    C 语言既具有一般高级语言的特点,又能直接对计算机的硬件进行操作,并且采用 C 语言编写的程序能够很容易地在不同类型的计算机之间进行移植。因此 C 语言渐渐成为大家惯用的一种程序编写语言。

▶▶▶ 4.1.1 C 语言的由来和发展 ▶▶ ▶

    C 语言诞生于 1972 年,由美国电话电报公司(AT&T)贝尔实验室的 D. M. Ritchie 设计,并首先在一台使用 UNIX 操作系统的 DEC PDP-11 计算机上实现。最初的 C 语言就是为了描述和实现 UNIX 操作系统而产生的一种工具语言。C 语言是在人们设想寻找一种既具有一般高级语言的特征，又具有低级语言特点的语言的情况下应运而生的，它集中了高级语言和低级语言的优点。

1973 年，贝尔实验室的 K. Thompson 和 D. Ritchie 两人合作使用 C 语言修改了 UNIX 操作系统。原来的 UNIX 操作系统是用汇编语言写的，改写后 UNIX 操作系统中 90% 以上使用了 C 语言。从此，C 语言与 UNIX 操作系统便有了密切的联系，随着 UNIX 操作系统的发展和推广，C 语言也被广泛地使用和发展。

C 语言出世以后，在应用中不断改进。在 1975 年 UNIX 第 6 版本公布以后，C 语言开始引起人们的注意，它的优点逐步被人们所认识。1977 年出现了与具体机器无关的 C 语言编译文本，推动了 UNIX 操作系统在各种机器上的迅速实现。随着 UNIX 日益广泛的使用，C 语言也得到了迅速推广。1978 年以后，C 语言先后被移植到大、中、小和微型机上，很快成为世界上应用最广泛的计算机语言之一。

1978 年又推出 UNIX 第 8 版本，以该版本中的 C 编译程序为基础，B. W. Kernighan 和 D. M. Ritchie 合作出版了 *The C Programming Language*（《C 程序设计语言》）一书，被称为标准 C。1983 年，ANSI（美国国家标准化协会）对 C 语言的各种版本进行了扩充，推出了新的标准，称为 ANSI。它比原来的标准 C 有了改进和扩充。1987 年，ANSI 又公布了 87ANSI C 新版本。目前流行的各种 C 语言编译系统大多数都以此版本为基础，但各有不同。当前微机上使用的 C 语言编译系统多为 Microsoft C、Turbo C、Borland C 和 Quick C 等，它们略有差异，但按标准 C 书写的程序，基本上都可运行。要了解不同版本编译系统的特点和区别可参阅有关的操作说明书。

▶▶▶ 4.1.2　C 语言的特点 ▶▶▶ ▶

C 语言是一种开发比较晚的高级语言，它吸收了早期高级语言的优点，克服了某些不足，形成了独有的特性。

以前计算机的系统软件主要是用汇编语言编写的，对于单片机应用系统来说更是如此。与其他计算机高级语言相比，C 语言具有它自身的特点：

(1) 语言简洁，使用方便灵活。

(2) 可移植性好。

(3) 表达能力强。

(4) 可进行结构化程序设计。

(5) 可以直接操作计算机硬件。

(6) 生成的目标代码质量高。

尽管 C 语言具有很多的优点，但和其他任何一种程序设计语言一样，也有其自身的缺点，如不能自动检查数组的边界，各种运算符的优先级别太多，某些运算符具有多种用途等。

模块化程序设计是 C 语言最大的特点，C 语言程序是由若干个函数单元组成的，每个函数都是完成某个特殊任务的子程序段。组成一个程序的若干个函数可以保存在一个源程序文件中，也可以保存在几个源程序中，最后再将它们连接在一起。文件名由程序设计人员根据某种约定俗成的规则自己确定，其扩展名统一为".c"。

C 语言程序的开始部分通常是预处理命令，如程序中通常遇到的"♯include"命令。这个预处理命令通知编译器在对程序进行编译时，将所需要的头文件读入后再一起进行编译。一般在头文件中包含程序在编译时的一些必要的信息，通常 C 语言编译器都会提供若干个不同用途的头文件。头文件的读入在对程序进行编译时才完成。

　　C 语言程序是由函数组成的。一个完整的 C 语言程序应包含一个主函数 main() 和若干个其他功能的函数。函数之间可以相互调用，但 main() 函数只能调用其他功能函数，而不能被其他函数所调用。功能函数可以是 C 语言编译器提供的库函数，也可以是由用户按实际需要自行编写的函数。不管 main() 函数处于程序中的什么位置，程序总是从 main() 函数开始执行。一个函数必须预先定义或声明后才能调用。

　　C 语言源程序可以采用任何一种编辑器来编写，既可以是 Windows 环境下的编辑器，如记事本(NOTEPAD)或写字板(WORDPAD)，也可以是 DOS 环境下的编辑器，如 EDIT 或 PE 等。C 语言程序的书写格式十分自由。一条语句可以写成一行，也可以写成几行，还可以在一行内写多条语句，但是需要注意的是，每条语句都必须以分号";"作为结束符。

4.2　C51 程序开发概述

　　利用 C 语言完成 51 单片机的程序开发是在标准 C 语言的基础上完成的，其开发过程与标准 C 语言一致，不同之处在于根据单片机存储器结构及内部资源定义相应的 C 语言中的数据类型和变量。

▶▶▶ 4.2.1　C51 的标识符和关键字 ▶▶▶

　　标识符是由字母、下划线和数字组成的字符序列，要求第一个字母必须是字母或下划线。标识符是用来给 C 语言程序中所使用的变量、函数、语句标号、类型定义等起名字的。C 语言本身对标识符所用字符个数不做限制，但是在具体使用中，有些计算机只识别前面 8 个字符，而其他字符不识别。另外，对大写小写字母是区分的。例如，a 和 A 分别表示不同的变量。

　　在使用标识符起名字时，要注意尽量有意义并便于阅读。一般变量名或函数名多以小写字母开始或全部用小写字母，例如，a、a6、creat_list() 等。在给变量、函数等起名字时最好能做到"见名知意"，即从标识符的字符集中可知道该变量或函数的含意。例如，year、month、day、age、sex 等，不难从英文单词中了解变量的含意。

　　关键字是一种具有特定含意的标识符。关键字又称保留字，因为这些标识符是系统已经定义过的，不能再定义了，需要加以保留。使用者不能用关键字作为所定义的标识符。

　　ANSI C 标准关键字和 C51 扩展的关键字分别如表 4-1 和表 4-2 所示。

表 4-1　ANSI C 标准关键字

关键字	用途	说明
const	存储类型说明	在程序执行过程中不可能修改的变量值
auto	存储种类说明	用以说明局部变量
extern	存储种类说明	在其他程序模块中说明了的全局变量
register	存储种类说明	使用 CPU 内部寄存器的变量

关键字	用途	说明
static	存储种类说明	静态变量
int	数据类型说明	基本整型数
long	数据类型说明	长整型数
char	数据类型说明	单字节整型数或字符型数据
float	数据类型说明	单精度浮点数
double	数据类型说明	双精度浮点数
short	数据类型说明	短整型数
signed	数据类型说明	有符号数,二进制数据的最高位为符号位
enum	数据类型说明	枚举
struct	数据类型说明	结构类型数据
typedef	数据类型说明	重新进行数据类型定义
union	数据类型说明	联合数据类型
unsigned	数据类型说明	无符号数据
void	数据类型说明	无符号数据
volatile	数据类型说明	说明该变量在程序执行中可被隐含地改变
break	程序语句	退出最后层循环
case	程序语句	switch 语句中的选择项
continue	程序语句	转向下一个循环
default	程序语句	switch 语句中的失败选择项
do	程序语句	构成 do…while 循环结构
else	程序语句	构成 if…else 选择结构
for	程序语句	构成 for 循环结构
goto	程序语句	构成 goto 转移结构
if	程序语句	构成 if…else 选择结构
return	程序语句	函数返回
while	程序语句	构成 while 和 do…while 循环结构
switch	程序语句	构成 switch 选择结构
sizeof	运算符	计算表达式或数据类型的字节数

表 4-2　C51 扩展关键字

关键字	用途	说明
bit	位变量声明	声明一个位变量或位类型的函数
sbit	位变量声明	声明一个可位寻址变量
sfr	特殊功能寄存器声明	声明一个特殊功能寄存器(8 位)
sfr16	特殊功能寄存器声明	声明一个 16 位的特殊功能寄存器
data	存储器类型说明	直接寻址单片机内部数据存储器
bdata	存储器类型说明	可位寻址的单片机内部数据存储器

续表

关键字	用途	说明
idata	存储器类型说明	间接寻址的单片机内部数据存储器
pdata	存储器类型说明	"分页"寻址的单片机外部存储器
xdata	存储器类型说明	单片机外部数据存储器
code	存储器类型说明	单片机程序存储器
interrupt	中断函数说明	定义一个中断函数
using	寄存器组定义	定义单片机工作寄存器
reentrant	再入函数声明	定义一个再入函数

▶▶▍4.2.2 数据类型 ▶▶▶

C 语言的数据结构是以数据类型出现的,数据类型可分为基本数据类型和复杂数据类型,复杂数据类型由基本数据类型构造而成。C 语言中的基本数据类型有 char、int、short、long、float 和 double。对于 C51 编译器来说,short 型与 int 型相同,double 型与 float 型相同。除了标准 C 的数据类型外,C51 还扩展出了以下几个数据类型:bit、sbit、sfr、sfr16。

1. char 字符类型

有 signed char 和 unsigned char 之分,默认为 signed char。对于 signed char 型数据,其字节中的最高位表示该数据的符号,"0"表示正数,"1"表示负数。负数用补码表示。所能表示的数值范围是 −128~127。unsigned char 型数据是无符号字符型数据,其字节中的所有位均用来表示数据的数值,所表示的数值范围是 0~255。

2. int 整型

有 signed int 和 unsigned nit 之分,默认为 signed int。signed int 是有符号整型数,字节中的最高位表示数据的符号,"0"表示正数,"1"表示负数。所能表示的数值范围是 −32768~+32767。unsigned int 是无符号整型数,所表示的数值范围是 0~65535。

3. long 长整型

有 signed long 和 unsigned long 之分,默认为 signed long。它们的长度均为 4 个字节。singed long 是有符号的长整型数据,字节中的最高位表示数据的符号,"0"表示正数,"1"表示负数。数值的表示范围是 −2147483648~2147483647。unsigned long 是无符号长整型数据,数值的表示范围是 0~4294967295。

4. float 浮点型

它是符合 IEEE-754 标准的单精度浮点型数据,在十进制中具有 7 位有效数字。float 型数据占用 4 个字节(2 位二进制数)。需要指出的是,对于浮点型数据除有正常数值之外,还可能出现非正常数值。根据 IEEE 标准,当浮点型数据取以下数值(16 进制数)时即为非正常值:FFFFFFFFH,非数(NaN);7F800000H,正溢出(+INF);FF800000H,负溢出(−INF)。另外,由于 8051 单片机不包括捕获浮点运算错误的中断向量,必须由用户自己根据可能出现的错误条件用软件来进行适当的处理。

5. 指针型

不同于以上四种基本数据类型,指针型数据本身是一个变量,但在这个变量中存放的不是普通的数据而是指向另一个数据的地址。指针变量也要占据一定的内存单元,在 C51 中指针变量的长度一般为 1～3 个字节。指针变量也具有类型,其表示方法是在指针符号" * "的前面冠以数据类型符号。如 char * Point1,表示 Point1 是一个字符型的指针变量。指针变量的类型表示该指针所指向地址中数据的类型。使用指针型变量可以方便地对 8051 单片机的各部分物理地址直接进行操作。

6. bit 位标量

这是 C51 编译器的一种扩充数据类型,利用它可定义一个位标量,但不能定义位指针,也不能定义位数组。

7. sfr 特殊功能寄存器

这也是 C51 编译器的一种扩充数据类型,利用它可以访问 8051 单片机的所有内部特殊功能寄存器。sfr 型数据占用一个内存单元,其取值范围为 0～255。

8. sfr16 16 位特殊功能寄存器

它占用两个内存单元,取值范围是 0～65535。

9. sbit 可寻址位

这也是 C51 编译器的一种扩充数据类型,利用它可以访问 8051 单片机内部 RAM 中的可寻址位或特殊功能寄存器中的可寻址位。

▶▶▶ 4.2.3　常量 ▶▶▶

常量是在程序执行过程中其值不能改变的量。常量的数据类型有整型、浮点型、字符型和字符串型等,C51 编译器还扩充了一种位(bit)标量。分别说明如下:

1. 整型常量

整型常量就是整型常数,可表示为以下几种形式:十进制整数;十六进制整数:以 0X 开头的数是十六进制数,ANSI C 标准规定十六进制数的数字为 0～9,再加字母 a～f;长整数:在数字后面加一个字母 L 就构成了长整数。

2. 浮点型常量

浮点型常量有十进制表示形式和指数表示形式。十进制表示形式又称定点表示形式,由数字和小数点组成。如 0.3141、31.41、314.1 及 0.0 都是十进制数表示形式的浮点型常量。在这种表示形式中,如果整数或小数部分为 0 可以省略不写,但必须有小数点。

指数表示形式为:

[±]数字[.数字]e[±]数字

其中,[ ]中的内容为可选项,可有可无,但其余部分必须有。

3. 字符型常量

字符型常量是单引号内的字符,如'a'、'b'等。对于不可显示的控制字符,可以在该字符前面加一个反斜杠字符"\"构成专用转义字符。利用转义字符可以完成一些特殊功能和输出时的格式控制。

4. 字符串型常量

字符串型常量由双引号" "内的字符组成。当双引号内的字符个数为 0 时,称为空串常量。需要注意的是,字符串常量首尾的双引号是界限符,当需要表示双引号字符串时,可用转义字符"\"来表示:"\"\""。

如:"I say:\"goodbye!\""

字符串为 I say:"goodbye!"

另外,C 语言将字符串常量作为一个字符类型数组来处理,在存储字符串常量时,要在字符串的尾部加一个转义字符"\0"作为该字符串常量的结束符。因此,不要将字符常量与字符串常量混淆。

5. 位标量

这是 C51 编译器的一种扩充数据类型。位标量用关键字"bit"来定义,它的值是一个二进制位。一个函数中可以包含"bit"类型的参数,函数的返回值也可为"bit"型。但是,不能定义位指针,也不能定义位数组。

▶▶▶ 4.2.4 变量及其存储模式 ▶▶▶

和常量相比,变量是另一种量,在程序执行过程中其值能不断变化。每一个变量都必须有一个标识符作为它的名字。在使用一个变量之前,必须先对该变量进行定义,指出它的数据类型和存储模式,以便编译系统为它分配相应的存储单元。在 C51 中对变量进行定义的格式如下:

〔存储种类〕 数据类型 〔存储器类型〕 变量名表

其中,"存储种类"和"存储器类型"是可选项。变量的存储种类有四种:自动(auto)、外部(extern)、静态(static)和寄存器(register)。在定义一个变量时如果省略存储种类选项,则该变量为自动(auto)变量。

定义一个变量时除了需要说明其数据类型之外,C51 编译器还允许说明变量的存储器类型。Franklin C51 对每个变量可以准确地赋予其存储器类型,从而使之能够在单片机系统内准确地定位。

定义变量时如果省略"存储器类型"选项,则按编译模式 SMALL、COMPACT 或 LARGE 所规定的默认存储器类型确定变量的存储区域,不能位于寄存器中的参数传递变量和过程变量也保存在默认的存储器区域。C51 编译器的三种存储器模式(默认的存储器类型)对变量的影响如下:

(1) SMALL:变量被定义在 8051 单片机的内部数据存储器中,因此对这种变量的访问速度最快。另外,所有的对象,包括堆栈都必须嵌入内部数据存储器,而堆栈的长度是很重要的,实际栈长取决于不同函数的嵌套深度。

(2) COMPACT:变量被定义在分页外部数据存储器中,外部数据段的长度可达 256 字节。这时对变量的访问是通过寄存器间接寻址(MOVX @Ri)进行的,堆栈位于 8051 单片机内部数据存储器中。采用这种编译模式时,变量的高 8 位地址由 P2 口确定。因此,在采用这种模式的同时,必须适当改变启动程序 STARTUP. A51 中的参数(PDATASTART 和

PDATALEN);用 L51 进行连接时还必须采用连接控制命令 PDATA 来对 P2 口地址进行定位,这样才能确保 P2 口为所需要的高 8 位地址。

（3）LARGE:变量被定义在外部数据存储器中（最大可达 64 K 字节),使用数据指针 DPTR 来间接访问变量。这种访问数据的方法效率是不高的,尤其对于 2 个或多个字节的变量,用这种数据访问方法影响程序的代码长度。另外一个不方便之处是这种数据指针不能对称操作。

需要特别指出的是,变量的存储种类与存储器类型是完全无关的。

例如：

```
static unsigned char data x ;
        /* 在内部数据存储器中定义一个静态无符号字符型变量 x */
int y;
        /* 定义一个自动整型变量 y,它的存储器类型由编译模式确定 */
```

为了能够直接访问这些特殊功能寄存器,C51 编译器扩充了关键字 sfr 和 sfr16,利用扩充关键字可以在 C 语言源程序中直接对 8051 单片机的特殊功能寄存器进行定义。定义方法如下：

```
sfr 特殊功能寄存器名 = 地址常数;
```

例如：

```
sfr P0 = 0x80;  /* 定义 I/O 口 P0,其地址为 80H */
```

这里需要注意的是,在关键字 sfr 后面必须是一个名字,名字可任意选取,但应符合一般习惯。等号后面必须是常数,不允许有带运算符的表达式,而且该常数必须在特殊功能寄存器的地址范围之内(80H~0FFH)。

在新一代的 8051 单片机中,特殊功能寄存器经常组合成 16 位来使用。为了有效地访问这种 16 位的特殊功能寄存器,可采用关键字 sfr16。

在 8051 单片机应用系统中经常需要访问特殊功能寄存器中的某些位,C51 编译器为此提供了一种扩充关键字 sbit,利用它可以访问可位寻址对象。使用方法有如下三种：

（1）sbit 位变量名＝位地址;

这种方法将位的绝对地址赋给位变量,位地址必须位于 80H~0FFH 之间。

例如：sbit OV = 0xD2;

（2）sbit 位变量名＝特殊功能寄存器名位位置;

当可寻址位位于特殊功能寄存器中时可采用这种方法,"位位置"是一个 0~7 之间的常数。

例如：sbit CY = PSW7;

（3）sbit 位变量名＝字节地址位位置;

这种方法以一个常数（字节地址）作为基址,该常数必须在 80H~0FFH 之间。"位位置"是一个 0~7 之间的常数。

例如：sbit CY = 0xD07;

sbit 是一个独立的关键字,不要将它与关键字 bit 混淆。

当位对象位于 8051 单片机内部存储器的可位寻址区时称之为"可位寻址对象"。C51 编译器提供了一个 bdata 存储器类型,允许将具有 bdata 类型的对象放入 8051 单片机内部可位寻址区。

例如：

```
int bdata ibase          /* 在位寻址区定义一个整型变量 ibase  */
char bdata array[4]      /* 在位寻址区定义一个数组 array[4] */
```

使用关键字 sbit 可以独立访问可位寻址对象中的某一位。

例如：sbit Ary37 = array[3]7;

采用这种方法定义可位寻址变量时要求基址对象的存储器类型为 bdata，操作符后面位值的最大值取决于指定的基址类型，对于 char 来说是 0～7，对于 int 来说是 0～15，对于 long 来说是 0～31。

用 typedef 重新定义数据类型的方法如下：

```
typedef   已有的数据类型   新的数据类型名
```

已有的数据类型是指 C 语言的所有数据类型，新的数据类型可按用户自己的习惯或根据任务需要决定。

▶▶▶ 4.2.5　变量的分类 ▶▶ ▶

1. 局部变量与全局变量

按照有效作用范围变量可划分为局部变量和全局变量。

局部变量是在一个函数内部定义的变量，它只在定义它的那个函数范围以内有效，在此函数之外局部变量即失去意义，因而也就不能使用这些变量了。不同的函数可以使用相同的局部变量名，由于它们的作用范围不同，不会相互干扰。函数的形式参数也属于局部变量。在一个函数内部的复合语句中也可以定义局部变量，该局部变量只在该复合语句中有效。全局变量是在函数外部定义的变量，又称为外部变量。全局变量可以为多个函数共同使用，其有效作用范围是从它定义的位置开始到整个程序文件结束。如果全局变量定义在一个程序文件的开始处，则在整个程序文件范围内都可以使用它。如果一个全局变量不是在程序文件的开始处定义的，但又希望在它的定义点之前的函数中引用该变量，这时应在引用该变量的函数中用关键字 extern 将其说明为外部变量。另外，在一个程序模块文件中引用另一个程序模块文件中定义的变量时，也必须用 extern 进行说明。

外部变量说明与外部变量定义是不相同的。外部变量定义只能有一次，定义的位置在所有函数之外；而同一个程序文件中的外部变量说明可以有多次，说明的位置在需要引用该变量的函数之内。外部变量说明的作用只是声明该变量是一个已经在外部定义过了的变量。如果在同一个程序文件中，全局变量与局部变量同名，则在局部变量的有效作用范围之内，全局变量不起作用。换句话说，局部变量的优先级比全局变量高。在编写 C 语言程序时，不是特别必要的地方一般不要使用全局变量，而应当尽可能地使用局部变量。这是因为局部变量只在使用它时，才为其分配内存单元，而全局变量在整个程序的执行过程中都要占用内存单元。另外使用全局变量过多，在各个函数执行时都有可能改变全局变量的值，使人们难以清楚地判断出在各个程序执行点处全局变量的值，这样会降低程序的通用性和可读性。还有一点需要说明，如果程序中的全局变量在定义时赋了初值，按 ANSI C 标准规定，在程序进入 main() 函数之前必须先对该全局变量进行初始化。

2.变量的存储种类

按变量的有效作用范围可以将其划分为局部变量和全局变量,还可以按变量的存储方式为其划分存储种类。在 C 语言中变量有四种存储种类,即自动变量(auto)、外部变量(extern)、静态变量(static)和寄存器变量(register)。这四种存储种类与全局变量和局部变量之间的关系如图 4-1 所示。

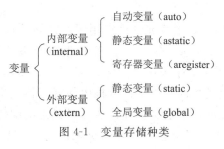

图 4-1　变量存储种类

（1）自动变量

定义一个变量时,在变量名前面加上存储种类说明符"auto",即将该变量定义为自动变量。自动变量的作用范围在定义它的函数体或复合语句内部,只有在定义它的函数内被调用,或是定义它的复合语句被执行时,编译器才为其分配内存空间,开始其生存期。当函数调用结束返回,或复合语句执行结束时,自动变量所占用的内存空间就被释放,变量的值当然也就不复存在,其生存期结束。当函数被再次调用或复合语句被再次执行时,编译器又会为它内部的自动变量重新分配内存空间,但不会保留上次运行时的值,而必须被重新赋值。因此,自动变量始终是相对于函数或复合语句的局部变量。

（2）外部变量

使用存储种类说明符"extern"定义的变量称为外部变量。按照缺省规则,凡是在所有函数之前,在函数外部定义的变量都是外部变量,定义时可以不写 extern 说明符。但是,在一个函数体内说明一个已在该函数体外或别的程序模块文件中定义过的外部变量时,则必须使用 extern 说明符。一个外部变量被定义之后,它就被分配了固定的内存空间。外部变量的生存期为程序的整个执行时间,即在程序的执行期间外部变量可被随意使用,当一条复合语句执行完毕或是从某一个函数返回时,外部变量的存储空间并不被释放,其值也仍然保留。因此,外部变量属于全局变量。

C 语言允许将大型程序分解为若干个独立的程序模块文件,各个模块可分别进行编译,然后再将它们连接在一起。在这种情况下,如果某个变量需要在所有程序模块文件中使用,只要在一个程序模块文件中将该变量定义成全局变量,而在其他程序模块文件中用 extern 说明该变量是已被定义过的外部变量就可以了。函数是可以相互调用的,因此函数都具有外部存储种类的属性。定义函数时如果冠以关键字 extern 即将其明确定义为一个外部函数。

（3）静态变量

使用存储种类说明符"static"定义的变量称为静态变量。局部静态变量不像自动变量那样只有当函数调用它时才存在,退出函数后就消失,局部静态变量始终都是存在的,但只能在定义它的函数内部进行访问,退出函数之后,变量的值仍然保持,但不能进行访问。还有一种全局静态变量,它是在函数外部被定义的,作用范围从它的定义点开始,一直到程序结束。当一个 C 语言程序由若干个模块文件组成时,全局静态变量始终存在,但它只能在被定义的模块文件中访问,其数据值可为该文件内的所有函数共享,退出该文件后,虽然变量的值仍然保持着,但不能被其他模块文件访问。

局部静态变量是一种在两次函数调用之间仍能保持其值的局部变量。有些程序需要在多次调用之间仍然保持变量的值,使用自动变量无法实现这一点,使用全局变量有时又会带来意外的副作用,这时就可采用局部静态变量。

(4)寄存器变量

为了提高程序的执行效率,C语言允许将使用频率最高的那些变量定义为能够直接使用硬件寄存器的所谓寄存器变量。定义一个变量时在变量名前面冠以存储种类符号"register"即将该变量定义成为寄存器变量。寄存器变量可以被认为是自动变量的一种,它的有效作用范围也与自动变量相同。由于计算机中的寄存器是有限的,不能将所有变量都定义成寄存器变量。通常在程序中定义寄存器变量时只是给编译器一个建议,该变量是否能真正成为寄存器变量,要由编译器根据实际情况来确定。C51编译器能够识别程序中使用频率最高的变量,在可能的情况下,即使程序中并未将该变量定义为寄存器变量,编译器也会自动将其作为寄存器变量处理。

3. 函数的参数和局部变量的存储器模式

C51编译器允许采用三种存储器模式:SMALL、COMPACT和LARGE。一个函数的存储器模式确定了函数的参数和局部变量在内存中的地址空间。处于SMALL模式下的函数参数和局部变量位于8051单片机的内部RAM中,处于COMPACT和LARGE模式下的函数参数和局部变量则使用8051单片机的外部RAM。在定义一个函数时可以明确指定该函数的存储器模式。一般形式为:

函数类型　函数名(形式参数表)[存储器模式]

其中,存储器模式是C51编译器扩展的一个选项。不用该选项时即没有明确指定函数的存储器模式,这时该函数按编译时的默认存储器模式处理。

4.3　C51 运算符与表达式

按其在表达式中所起的作用,运算符可分为赋值运算符、算术运算符、增量与减量运算符、关系运算符、逻辑运算符、位运算符、复合赋值运算符、逗号运算符、条件运算符、指针和地址运算符、强制类型转换运算符、sizeof运算符等。按其在表达式中与运算对象的关系,运算符又可分为单目运算符、双目运算符、三目运算符等。单目运算符需要一个运算对象,双目运算符要求两个运算对象,三目运算符要求三个运算对象。

▶▶▶ 4.3.1　赋值运算符 ▶▶▶ ▶

赋值运算符是最基本的运算符,其说明见表4-3。

表4-3　赋值运算符

符号	运算符类型	运算符功能
=	双目	赋值

赋值语句的格式：

变量 = 表达式；

符号"＝"是赋值运算符，其作用是将一个数据的值赋给一个变量。利用赋值运算符将一个变量与一个表达式连接起来的式子称为赋值表达式，后面加"；"构成赋值语句。

例如：var = 6；

▶▶▶ 4.3.2 算术运算符 ▶▶▶

C语言中的算术运算符见表4-4。

表 4-4 算术运算符

符号	运算符类型	运算符功能	符号	运算符类型	运算符功能
＋	双目	加或取正值运算	/	双目	除法运算
－	双目	减或取负值运算	％	双目	取余运算
＊	双目	乘法运算			

用算术运算符将运算对象连接起来的式子称为算术表达式。算术表达式的一般形式为：

表达式1 算术运算符 表达式2

C语言中规定了运算符的优先级和结合性。在求一个表达式的值时，要按运算符的优先级别进行。算术运算符中取负值（－）的优先级最高，其次是乘法（＊）、除法（/）和取余（％）运算符，加法（＋）和减法（－）运算符的优先级最低。需要时可在算术表达式中采用圆括号来改变运算符的优先级。如果在一个表达式中各个运算符的优先级别相同，则计算时按规定的结合方向进行。

例如，由于"＋"和"－"优先级别相同，计算时按"从左至右"的结合方向，这种"从左至右"的结合方向称为"左结合性"，而"从右至左"的结合方向称为"右结合性"。

▶▶▶ 4.3.3 增量和减量运算符 ▶▶▶

C语言中除了基本的加、减、乘、除运算符之外，还提供特殊的运算符，见表4-5。

表 4-5 增量和减量运算符

符号	运算符类型	运算符功能
＋＋	单目	增量运算符
－－	单目	减量运算符

增量和减量运算符是C语言中特有的运算符，它们的作用分别是对运算对象作加1和减1运算。例如，＋＋i、i＋＋、－－j、j－－等。

看起来＋＋i和i＋＋的作用都是使变量i的值加1，但是由于运算符＋＋所处的位置不同，使变量i加1的运算过程也不同。＋＋i（或－－i）是先执行i＋1（或i－1）操作，再使用i的值，而i＋＋（或i－－）是先使用i的值，再执行i＋1（或i－1）操作。

增量运算符＋＋和减量运算符－－只能用于变量,不能用于常数或表达式。

4.3.4 关系运算符

C语言中有6种关系运算符,如表4-6所示。

表4-6 关系运算符

符号	运算符类型	运算符功能	符号	运算符类型	运算符功能
＞	双目	大于	＜＝	双目	小于等于
＜	双目	小于	＝＝	双目	等于
＞＝	双目	大于等于	！＝	双目	不等于

前4种关系运算符(＞、＜、＞＝、＜＝)具有相同的优先级,后2种关系运算符(＝＝、！＝)也具有相同的优先级;但前4种的优先级高于后2种。用关系运算符将两个表达式连接起来即成为关系表达式。

关系表达式的一般形式为:

表达式1 关系运算符 表达式2

例如:$x > a$、$x + y > b$、$(x = 3) > (y = 4)$ 都是合法的关系表达式。

关系运算符通常用来判别某个条件是否满足,关系运算的结果只有0和1两种值。当所指定的条件满足时结果为1,条件不满足时结果为0。

4.3.5 逻辑运算符

C语言中有3种逻辑运算符,如表4-7所示。

表4-7 逻辑运算符

符号	运算符类型	运算符功能
‖	双目	逻辑或
&&	双目	逻辑与
！	单目	逻辑非

逻辑运算符用来求某个条件式的逻辑值,用逻辑运算符将关系表达式或逻辑量连接起来就是逻辑表达式。逻辑表达式的一般形式为:

逻辑与:条件式1 && 条件式2

逻辑或:条件式1‖条件式2

逻辑非:！条件式

当连接的两个条件式都为真时,逻辑与的结果为真(1),否则为假(0)。当连接的两个条件式之中有一个为真时,逻辑或的结果为真(1),否则为假(0)。当条件式的结果为真时,逻辑非的结果为假,反之,则为真。逻辑运算符的优先级为(由高至低):！(非),&&(与),‖(或)。

4.3.6 位运算符

C 语言有 6 种位运算符,如表 4-8 所示。

表 4-8 位运算符

符号	运算符类型	运算符功能	符号	运算符类型	运算符功能
~	双目	按位取反	^	双目	按位异或
&	双目	按位与	<<	双目	左移
|	双目	按位或	>>	双目	右移

运算符的作用是按位对变量进行运算,并不改变参与运算的变量的值。若希望按位改变运算变量的值,则应利用相应的赋值运算。另外,位运算符不能用来对浮点型数据进行操作。

位运算符的优先级从高到低依次是:按位取反(~)、左移(<<)和右移(>>)、按位与(&)、按位异或(^)、按位或(\|)。

位运算符的一般形式如下:

变量 1 位运算符 变量 2

按位取反(~)、按位与(&)、按位或(\|)、按位异或(^)操作的运算取值关系如表 4-9 所示。

表 4-9 按位取反、按位与、按位或、按位异或操作运算取值关系

x	y	~x	~y	x&y	x|y	x^y
0	0	1	1	0	0	0
0	1	1	0	0	1	1
1	0	0	1	0	1	1
1	1	0	0	1	1	0

4.3.7 复合赋值运算符

在赋值运算符"="的前面加上其他运算符,就构成了所谓复合赋值运算符,其含义如表 4-10 所示。

表 4-10 复合赋值运算符

符号	运算符类型	运算符功能	符号	运算符类型	运算符功能
+=	双目	加法赋值	&=	双目	逻辑与赋值
-=	双目	减法赋值	|=	双目	逻辑或赋值
*=	双目	乘法赋值	^=	双目	逻辑异或赋值
/=	双目	除法赋值	~=	双目	逻辑非赋值
>>=	双目	右移位赋值	%=	双目	取模赋值
<<=	双目	左移位赋值	?:	三目	条件赋值

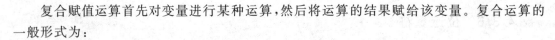

复合赋值运算首先对变量进行某种运算,然后将运算的结果赋给该变量。复合运算的一般形式为:

变量　复合赋值运算符　表达式

采用这种复合赋值运算符可以使程序简化,同时还可以提高程序的编译效率。
例如:

var1 += 2;　　　　//var1 加上 2 结果返回 var1
var2 &= 0x05;　　　//var2 和 0x05 相与后结果返回 var2 中
var3 << = 1;　　　　//var3 左移 1 位后结果返回 var3 中

条件运算符"? :"是 C 语言中唯一的一个三目运算符,它要求有三个运算对象,用它可以将三个表达式连接构成一个条件表达式。条件表达式的一般形式如下:

逻辑表达式 ? 表达式 1 :表达式 2

其功能是首先计算逻辑表达式,若其值为真(非 0 值),将表达式 1 的值作为整个条件表达式的值;当逻辑表达式的值为假(0 值)时,将表达式 2 的值作为整个条件表达式的值。
例如:max = (a > b)? a :b;　　　//把两个数 a、b 中的最大值赋给 max

4.3.8　逗号运算符

在 C 语言中符号","是一个特殊的运算符,可以用它将两个(或多个)表达式连接起来,称为逗号表达式。逗号表达式的一般形式为:

表达式 1,表达式 2,…,表达式 n

程序运行时对于逗号表达式的处理,是从左至右依次计算出各个表达式的值,而整个逗号表达式的值是最右边表达式(即表达式 n)的值。
例如:

s = (x = 4,y = 5,z = 6,10);

执行这条命令的结果是 x、y、z、s 分别赋值 4、5、6、10。

4.3.9　指针和地址运算符

指针是 C 语言中一个十分重要的概念,在 C 语言的数据类型中专门有一种指针类型,变量的指针就是该变量的地址,可以定义一个指向某个变量的指针变量。为了表示指针变量和它所指向的变量地址之间的关系,C 语言提供了两个专门的运算符:

* 取内容, & 取地址
取内容和取地址运算的一般形式分别为:

变量 = * 指针变量
指针变量 = & 目标变量

取内容运算的含义是将指针变量所指向的目标变量的值赋给左边的变量;取地址运算的含义是将目标变量的地址赋给左边的指针变量。需要注意的是,指针变量中只能存放地址(即指针型数据),不要将一个非指针类型的数据赋值给一个指针变量。

 4.4　C51 程序设计

C语言是一种结构化的程序设计语言,它提供了十分丰富的程序控制语句。结构化程序设计的优点是便于分工合作,便于调试、维护和扩充。这种程序设计方法是将一个大程序分成若干个模块,每个模块完成一个功能,由一个总控模块来控制和协调各个模块以实现总的功能。因此,这种程序设计方法又称为模块化程序设计方法。

▶▶▶ 4.4.1　C51 程序设计语句 ▶▶▶

语句构成 C 语言程序设计的基础,C 语句有表达式语句、复合语句、控制语句、空语句和函数调用语句等。

1. 表达式语句和空语句

表达式语句是最基本的一种语句,在表达式的后边加一个分号";"就构成了表达式语句。

表达式语句也可以仅由一个分号";"组成,称为空语句。空语句是表达式语句的一个特例。空语句在程序设计中有时是很有用的,当程序在语法上需要有一个语句,但在语义上并不要求有具体的动作时,便可以采用空语句。

空语句通常有两种用法:

(1) 在程序中为有关语句提供标号,用以标记程序执行的位置。

(2) 在用 while 语句构成的循环语句后面加一个分号,形成一个不执行其他操作的空循环体。

例如,在程序设计的最后都有一句死循环:

```
while(1);　//此处的 while(1)没有任何操作,只是防止程序"跑飞"
```

2. 复合语句

复合语句是由若干条语句组合而成的一种语句,它是用一个大括号"{ }"将若干条语句组合在一起而形成的一个功能块。复合语句不需要以分号";"结束,但它内部的各条单语句仍需以分号";"结束。复合语句的一般形式为:

```
{
    局部变量定义;
    语句 1;
    语句 2;
        ⋮
    语句 n;
}
```

复合语句在执行时,其中的各条单语句依次顺序执行。整个复合语句在语法上等价于一条单语句,因此在 C 语言程序中可以将复合语句视为一条单语句。复合语句允许嵌套,即在复合语句内部还可以包含别的复合语句。

通常复合语句都出现在函数中,实际上,函数的执行部分(即函数体)就是一个复合语句。复合语句中的单语句一般是可执行语句,此外还可以是变量的定义语句(说明变量的数据类型)。用复合语句内部变量定义语句所定义的变量,称为该复合语句中的局部变量,仅在当前这个复合语句中有效。利用复合语句将多条单语句组合在一起,及在复合语句中进行局部变量定义是 C 语言的一个重要特征。

3. 控制语句

控制语句完成程序走向控制,常用的控制语句有 if 语句、if…else 语句、switch 语句、while 语句、do…while 语句、for 语句、goto 语句、continue 语句、return 语句等。

(1) 选择结构

① if 语句

if 语句有三种形式:单分支选择 if 语句、双分支选择 if 语句和多分支选择 if 语句。

a. 单分支选择语句

if(条件表达式) 语句

其含义为:若条件表达式的结果为真(非 0 值),就执行后面的语句;反之,若条件表达式的结果为假(0 值),就不执行后面的语句。这里的语句也可以是复合语句。这种条件语句的执行过程如图 4-2(a)所示。

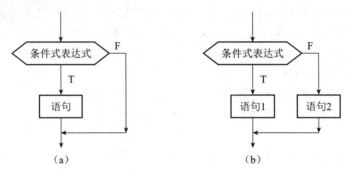

图 4-2 条件语句执行过程

b. 双分支选择语句

```
if(条件表达式)   语句 1;
else            语句 2;
```

其含义为:若条件表达式的结果为真(非 0 值),就执行语句 1;反之,若条件表达式的结果为假(0 值),就执行语句 2。这里的语句 1 和语句 2 均可以是复合语句。这种条件语句的执行过程如图 4-2(b)所示。

c. 多分支选择语句

```
if(条件表达式 1)       语句 1;
else  if(条件式表达 2)   语句 2;
else  if(条件式表达 3)   语句 3;
            ⋮
else  if(条件表达式 n)   语句 n;
else                   语句 n+1;
```

这种条件语句常用来实现多方向条件分支,其执行过程如图 4-3 所示。

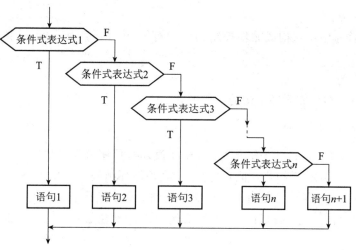

图 4-3　多分支选择语句执行过程

② switch 语句

switch 语句也叫作开关语句,是一种用来实现多方向条件分支的语句。开关语句可直接处理多分支选择,使程序结构清晰,使用方便。开关语句是用关键字 switch 构成的,它的一般形式如下:

```
switch(表达式)
{
    case  常量表达式 1 :语句 1; break;
    case  常量表达式 2 :语句 2; break;
               ⋮
    case  常量表达式 n :语句 n; break;
    default：语句 n＋1;
}
```

其执行过程如图 4-4 所示。

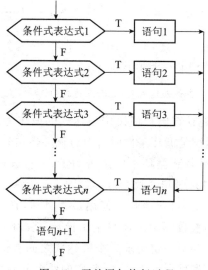

图 4-4　开关语句执行过程

（2）循环结构

在 C 语言程序中用来构成循环控制的语句有 while 语句、do…while 语句、for 语句，分述如下：

① while 语句

采用 while 语句构成循环结构的一般形式如下：

```
while(条件表达式)  语句;
```

其意义为：当条件表达式的结果为真（非 0 值）时，程序就重复执行后面的语句，一直执行到条件表达式的结果变为假（0 值）时为止。这种循环结构是先检查条件表达式所给出的条件，再根据检查的结果决定是否执行后面的语句。如果条件表达式的结果一开始就为假，则后面的语句一次也不会被执行。这里的语句可以是复合语句。图 4-5 所示为 while 语句的执行过程。

② do…while 语句

采用 do…while 语句构成循环结构的一般形式如下：

```
do  语句  while(条件表达式);
```

这种循环结构的特点是先执行给定的循环体语句，然后再检查条件表达式的结果。当多个表达式的值为真（非 0 值）时，则重复执行循环体语句，直到条件表达式的值变为假（0 值）时为止。因此，用 do…while 语句构成的循环结构在任何条件下，循环体语句至少会被执行一次。图 4-6 绘出了这种循环结构的流程图。

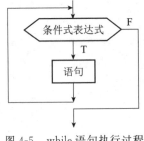

图 4-5 while 语句执行过程

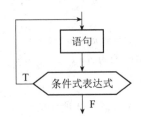

图 4-6 do…while 语句执行过程

③ for 语句

采用 for 语句构成循环结构的一般形式如下：

```
for([初值设定表达式];[循环条件表达式];[更新表达式]) 语句;
```

for 语句的执行过程是：先计算出初值设定表达式的值作为循环控制变量的初值，再检查循环条件表达式的结果，当满足循环条件时就执行循环体语句并计算更新表达式，然后再根据更新表达式的计算结果来判断循环条件是否满足，一直进行到循环条件表达式的结果为假（0 值）时，退出循环体。for 语句的执行过程如图 4-7 所示。

在 C 语言程序的循环结构中，for 语句的使用最为灵活，它不仅可以用于循环次数已经确定的情况，也可以用于循环次数不确定而只给出循环结束条件的情况。另外，for 语句中的三个表达式是相互独立的，并不一定要求三个表达式之间有依赖关系。for 语句中的三个表达式都可能缺省，但无论缺省哪一个表达式，其中的两个分号都不能缺省。一般不要缺省循环条件表达式,以免形成死循环。

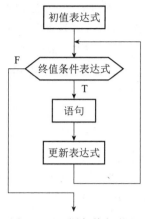

图4-7 for语句执行过程

(3)非结构化语句

① goto 语句

goto 语句是一个无条件转向语句,它的一般形式为:

goto 语句标号;

其中,语句标号是一个带冒号":"的标识符。将 goto 语句和 if 语句一起使用,可以构成一个循环结构。但更常见的是在 C 语言程序中采用 goto 语句来跳出多重循环。需要注意的是 goto 语句只能从内层循环跳到外层循环,而不允许从外层循环跳到内层循环。

对于多重循环的情况,break 语句只能跳出它所处的那一层循环,而不像 goto 语句可以直接从最内层循环中跳出来。由此可见,要退出多重循环时,采用 goto 语句比较方便。需要指出的是,break 语句只能用于开关语句和循环语句之中,它是一种具有特殊功能的无条件转移语句。另外还要注意,在进行实际程序设计时,为了保证程序具有良好的结构,应当尽可能地少采用 goto 语句,以使程序结构清晰易读。

② continue 语句

continue 语句是一种中断语句,一般用在循环结构中,其功能是结束本次循环,即跳过循环体中尚未执行的语句,把程序流程转移到当前循环语句的下一个循环周期,并根据循环控制条件决定是否重复执行该循环体。

continue 语句的一般形式为:

continue;

continue 语句通常和条件语句一起用在由 while、do…while 和 for 语句构成的循环结构中,也是一种具有特殊功能的无条件转移语句,但它与 break 语句不同,continue 语句并不跳出循环体,而只是根据循环控制条件确定是否继续执行循环语句。

③ 返回语句

返回语句用于终止函数的执行,并控制程序返回到调用该函数时所处的位置。返回语句有两种形式:

a. return(表达式);

b. return。

如果 return 语句后边带有表达式,则要计算表达式的值,并将表达式的值作为该函数的返回值。若使用不带表达式的第 2 种形式,则被调用函数返回主调用函数时,函数值不确定。一个函数的内部可以含有多个 return 语句,但程序仅执行其中的一个 return 语句就返回主调用函数。一个函数的内部也可以没有 return 语句,在这种情况下,当程序执行到最后一个界限符"}"处时,就自动返回主调用函数。

▶▶▶ 4.4.2 C51 程序设计函数 ◀◀◀ ▶

函数是 C 语言中的一种基本模块,实际上一个 C 语言程序就是由若干个模块化的函数所构成的。C 语言程序总是由主函数 main() 开始,main() 函数是一个控制程序流程的特殊函数,它是程序的起点。在进行程序设计的过程中,如果所设计的程序较大,一般应将其分成若干个子程序模块,每个子程序模块完成一种特定的功能。在 C 语言中,子程序是用函数来实现的。对于一些需要经常使用的子程序可以按函数来设计,并且可以将所设计的功能函数做成一个专门的函数库,以供反复调用。此外,C51 编译器还提供了丰富的运行库函数,用户可以根据需要随时调用。这种模块化的程序设计方法可以大大提高编程效率。

1. 函数的定义

从用户的角度来看,有两种函数:标准库函数和用户自定义函数。标准库函数是 C51 编译器提供的,不需要用户进行定义,可以直接调用。用户自定义函数是用户根据自己的需要编写的能实现特定功能的函数,必须先进行定义之后才能调用。

函数定义的一般形式为:

函数类型 函数名(形式参数表)

形式参数说明;

{

    局部变量定义;

    函数体语句;

}

其中,"函数类型"说明了自定义函数返回值的类型,"函数名"是自定义函数的名称。

"形式参数表"中列出的是在主调用函数与被调用函数之间传递数据的形式参数,形式参数的类型必须加以说明。ANSI C 标准允许在形式参数表中对形式参数的类型进行说明。如果定义的是无参函数,则可以没有形式参数表,但圆括号不能省略。

"局部变量定义"是对在函数内部使用的局部变量进行定义。

"函数体语句"是为完成该函数的特定功能而设置的各种语句。

如果定义函数时只给出一对花括号{}而不给出其局部变量和函数体语句,则该函数为所谓的"空函数",这种空函数也是合法的。在进行 C 语言模块化程序设计时,开始时只设计最基本的模块,其他作为扩充功能在以后需要时再加上。编写程序时可在将来准备扩充的地方写上一个空函数,这样可使程序的结构清晰,可读性好,而且易于扩充。

2. 函数的调用形式

（1）调用形式

C语言程序中函数是可以互相调用的。所谓函数调用就是在一个函数体中引用另外一个已经定义了的函数，前者称为主调用函数，后者称为被调用函数。主调用函数调用被调用函数的一般形式为：

函数名（实际参数表）；

其中，"函数名"指出被调用的函数；"实际参数表"中可以包含多个实际参数，各个参数之间用逗号隔开。实际参数的作用是将它的值传递给被调用函数中的形式参数。需要注意的是，函数调用中的实际参数与函数定义中的形式参数必须在个数、类型及顺序上严格保持一致，以便将实际参数的值正确地传递给形式参数，否则在函数调用时会产生意想不到的结果。如果调用的是无参函数，则可以没有实际参数表，但圆括号不能省略。

在C语言中可以采用三种方式完成函数的调用：

① 函数语句。在主调函数中将函数调用作为一条语句。

② 函数表达式。在主调函数中将函数调用作为一个运算项直接出现在表达式中。

③ 函数参数。在主调函数中将函数调用作为另一个函数的实际参数。

（2）函数的参数和函数的返回值

通常在进行函数调用时，主调用函数与被调用函数之间具有数据传递关系。这种数据传递是通过函数的参数实现的。在定义一个函数时，位于函数名后圆括号中的变量称为"形式参数"，而在调用函数时，函数名后面括号中的表达式称为"实际参数"。形式参数在未发生函数调用之前，不占用内存单元，因而也是没有值的，只有在发生函数调用时它才被分配内存单元，同时获得从主调用函数中实际参数传递过来的值。

函数调用结束后，它所占用的内存单元也被释放。实际参数可以是常数，也可以是变量或表达式，但要求它们具有确定的值。进行函数调用时，主调用函数将实际参数的值传递给被调用函数中的形式参数。为了完成正确的参数传递，实际参数的类型必须与形式参数的类型一致。

（3）实际参数的传递方式

在进行函数调用时，必须用主调函数中的实际参数来替换被调函数中的形式参数，这就是所谓的参数传递。在C语言中，对于不同类型的实际参数，有三种不同的参数传递方式：

① 基本类型的实际参数传递

当函数的参数是基本类型的变量时，主调函数将实际参数的值传递给被调函数中的形式参数，这种方式称为值传递。前面讲过，函数中的形式参数在未发生函数调用之前是不占用内存单元的，只有在进行函数调用时才为其分配临时存储单元，而函数的实际参数是要占用确定的存储单元的。

值传递方式是将实际参数的值传递到为被调函数中形式参数分配的临时存储单元中，函数调用结束后，临时存储单元被释放，形式参数的值也就不复存在，但实际参数所占用的存储单元保持原来的值不变。这种参数传递方式在执行被调函数时，如果形式参数的值发生变化，可以不必担心主调函数中实际参数的值会受到影响。因此，值传递是一种单向传递。

② 数组类型的实际参数传递

当函数的参数是数组类型的变量时,主调函数将实际参数数组的起始地址传递到被调函数中形式参数的临时存储单元,这种方式称为地址传递。地址传递方式在执行被调函数时,形式参数通过实际参数传来的地址直接到主调函数中去存取相应的数组元素,形式参数的变化会改变实际参数的值。因此,地址传递是一种双向传递。

③ 指针类型的实际参数传递

当函数的参数是指针类型的变量时,主调函数将实际参数的地址传递给被调函数中形式参数的临时存储单元,因此也属于地址传递。在执行被调函数时,也是直接到主调函数中去访问实际参数变量,在这种情况下,形式参数的变化会改变实际参数的值。

举例:

a. 用函数 $f(x)$ 来求 x 的函数:$x^3-5x^2+16x-80$。

b. 用函数 xpoint(x1,x2)来求 f(x1)和 f(x2)的连线与 x 轴的交点 x 的坐标。

c. 用函数 root(x1,x2)来求(x1,x2)区间的那个实根。显然执行 root 函数过程总要用到函数 xpoint,而执行 xpoint 函数过程中要用到 f 函数。

▶▶▶ 4.4.3 中断服务函数与寄存器组的定义 ▶▶▶

C51 编译器支持在 C 语言源程序中直接编写 8051 单片机的中断服务函数程序,从而减轻采用汇编语言编写中断服务程序的烦琐程度。为了在 C 语言源程序中直接编写中断服务函数,C51 编译器对函数的定义进行了扩展,增加了一个扩展关键字 interrupt。关键字 interrupt 是函数定义时的一个选项,加上这个选项就可以将一个函数定义成中断服务函数。定义中断服务函数的一般形式为:

函数类型 函数名(形式参数表)[interrupt n][using n]

关键字 interrupt 后面的 n 是中断号,n 的取值范围为 0~31。编译器从 8*n+3 处产生中断向量,具体的中断号 n 和中断向量取决于不同的 8051 系列单片机芯片。8051 单片机的常用中断源和中断向量如表 4-11 所示。

表 4-11 51 单片机中断号及中断向量

n	中断源	中断向量 8×n+3
0	外部中断 0	0003H
1	定时器 0	000BH
2	外部中断 1	0013H
3	定时器 1	001BH
4	串行口	0023H

8051 系列单片机可以在内部 RAM 中使用 4 个不同的工作寄存器组,每个寄存器组中包含 8 个工作寄存器(R0~R7)。C51 编译器扩展了一个关键字 using,专门用来选择 8051 单片机中不同的工作寄存器组。using 后面的 n 是一个 0~3 的常整数,分别选中 4 个不同的工作寄存器组。在定义一个函数时 using 是一个选项,如果不用该选项,则由编译器选择一个寄存器组作为绝对寄存器组访问。需要注意的是,关键字 using 和 interrupt 的后面都

不允许跟一个带运算符的表达式。

关键字 using 对函数目标代码的影响如下:在函数的入口处将当前工作寄存器组保护到堆栈中;指定的工作寄存器内容不会改变;函数返回之前将被保护的工作寄存器组从堆栈中恢复。使用关键字 using 在函数中确定一个工作寄存器组时必须十分小心,要保证任何寄存器组的切换都只在仔细控制的区域内发生,如果做不到这一点就会产生不正确的函数结果。另外还要注意,带 using 属性的函数原则上不能返回 bit 类型的值。关键字 using 不允许用于外部函数关键字 interrupt,也不允许用于外部函数,它对中断函数目标代码的影响如下:在进入中断函数时,特殊功能寄存器 ACC、B、DPH、DPL、PSW 将被保存入栈;如果不使用寄存组切换,则将中断函数中所用到的全部工作寄存器都入栈;函数返回之前,所有的寄存器内容出栈;中断函数由 8051 单片机指令 RETI 结束。

编写 8051 单片机中断程序时应遵循的规则如下:

(1) 中断函数不能进行参数传递,中断函数中包含任何参数声明都将导致编译出错。

(2) 中断函数没有返回值,如果企图定义一个返回值,将得到不正确的结果。因此,建议在定义中断函数时将其定义为 void 类型,以明确说明没有返回值。

(3) 在任何情况下都不能直接调用中断函数,否则会产生编译错误,因为中断函数的返回是由 8051 单片机指令 RETI 完成的,RETI 指令影响 8051 单片机的硬件中断系统。如果在没有实际中断请求的情况下直接调用中断函数,RETI 指令的操作结果会产生一个致命的错误。

(4) 如果中断函数中用到浮点运算,就必须保存浮点寄存器的状态,当没有其他程序执行浮点运算时可以不保存。C51 编译器的数学函数库 math.h 中提供了保存浮点寄存器状态的库函数 fpsave 和恢复浮点寄存器状态的库函数 fprestore。

(5) 如果在中断函数中调用了其他函数,则被调用函数所使用的寄存器组必须与中断函数相同。用户必须保证按要求使用相同的寄存器组,否则会产生不正确的结果,这一点必须引起足够的注意。如果定义中断函数时没有使用 using 选项,则由编译器选择一个寄存器组作为绝对寄存器组访问。另外,由于中断的产生不可预测,中断函数对其他函数的调用可能形成递归调用,需要时可将被中断函数所调用的其他函数定义成再入函数。

(6) C51 编译器从绝对地址 $8 \times n + 3$ 处产生一个中断向量,其中 n 为中断号。该向量包含一个到中断函数入口地址的绝对跳转。在编译源程序时,可用编译控制指令 NOINTVECTOR 抑制中断向量的产生,从而使用户能够从独立的汇编程序模块中提供中断向量。

▶▶▶ 4.4.4 模块化程序设计 ▶▶▶

1. 基本概念

设计程序的一般过程是:在拿到一个需要解决的问题后,首先对问题进行分析,把问题分成几个部分,然后分别分析几个部分,每一部分又可再分成更细的若干部分,直至分解成容易求解的小问题。原问题的求解可以用这些小问题的求解来实现。

求解小问题的算法和程序称为"功能模块",各功能模块可以单独设计,然后将求解的所有子问题的模块组合成求解原问题的程序。一个解决大问题的程序可以分解成多个解决小问题的模块,这是"自顶由下"的程序设计方法。由功能模块组成程序的结构如图 4-8 所示。

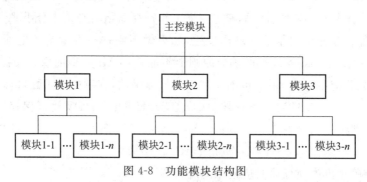

图 4-8　功能模块结构图

C 语言程序由函数组成,每个函数可完成相对独立的任务,依照一定的规则调用这些函数,就组成了解决某个特定问题的程序。C 语言程序的结构符合模块化程序设计思想,把大任务分解成若干功能模块后,可用一个或多个 C 语言的函数来实现这些功能模块,通过函数的调用来实现大任务的全部功能。任务、模块和函数的关系是大任务分成功能模块,功能模块则由一个或多个函数实现。因此,C 语言的模块化程序设计靠设计函数和调用函数来实现。

2. 模块设计原则

把复杂的问题分解成许多容易解决的小问题,复杂的问题也就容易解决了。但是如果只是简单地分解任务,不注意对一些子任务的归纳与抽象,不注意模块之间的关系,往往会使模块数太多,模块之间的关系变得复杂,从而使程序的调试、修改变得更加复杂。一般说来,模块设计应该遵从以下几条原则:

(1)模块独立

模块的独立性原则应保证模块能完成独立的功能,模块与模块之间关系简单,修改某一模块不会造成整个程序的混乱。保证模块的独立性应注意以下几点:

① 每个模块完成一个相对独立的特定功能。在对任务分解时,要注意对问题的综合。

② 模块之间的关系力求简单。例如,模块之间最好只通过数据传递发生联系,而不发生控制关系。C 语言中禁止 goto 语句作用到另一函数,就是为了保证函数的独立性。

③ 使用与模块独立的变量。模块内的数据,对于不需要这些数据的其他模块来说,应该不允许使用;对一个模块内的变量的修改不会影响其他模块的数据,即模块的私有数据只属于这个模块。

(2)模块规模适当

模块不要太大,也不要太小。模块太大,功能复杂,其可读性就降低;模块太小,也会增加程序的复杂度。

(3)分解模块要注意层次

要多层次地分解任务,注意对问题的抽象化,开始时不要过于注意细节,以后再细化求精。

3. 算法简介

通俗地说,算法是求解某一特定问题的方法和步骤。

(1) 算法的性质

① 算法是一个有限操作的序列,即算法的无穷性。

② 算法的每一步都应是确定的,没有二义性。

③ 算法的每一步都应是计算机能进行的有效操作。

④ 有一个或多个输入。

⑤ 有一个或多个输出,表示问题的解。

(2) 算法的描述

算法描述的任务是将解题步骤和方法用一定的形式表示出来。算法描述要清楚准确、严谨而没有二义性,而且要可读性好,便于实现。一般要借助于算法描述工具来描述算法。算法有两大要素:一是操作,二是控制结构。描述算法一般可以用类似计算机语句或自然语言描述具体操作,用流程图描述控制结构。

关于流程图,图 4-9 给出了我国国家标准 GB 1526—89 中推荐的一套流程图标准化符号的一部分。常用的符号含义如下:

① 数据。平行四边形表示数据,其中可注明数据名称、来源或用途,也可以用其他文字说明。

② 特定处理。带有双竖边线的矩形。矩形内可注明特定处理名称或简要功能,表示已命名的处理。

③ 判断。菱形表示判断。菱形内可注明判断的条件。它只有一个入口,但有多个出口。

④ 循环界限。循环界限表示循环的上界和下界,中间是循环执行的处理内容,称为循环体。循环界限由去上角的矩形(表示上界限)和去下角的矩形(表示下界限)构成。

⑤ 端点。扁圆形表示从外部环境转入或转向外部环境的端点符。

⑥ 注解。注解是程序的编写者向阅读者提供的说明。它用虚线连接到被注解的符号或符号组上。

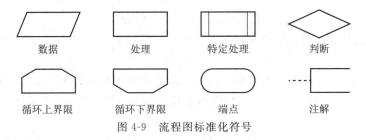

数据　　　处理　　　特定处理　　　判断

循环上界限　　循环下界限　　端点　　　注解

图 4-9　流程图标准化符号

举例:设计算法找出 a、b 两数中的较大者,并输出。

这个问题分三个步骤:

(1) 输入两个数;

(2) 找出其中的大数;

(3) 输出大数。

算法可用图 4-10 表示,可以看到算法的流程分 3 个步骤执行,第二个步骤由一个菱形框表示选择。

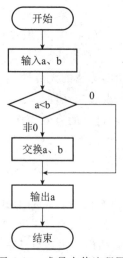

图 4-10　求最大值流程图

▶▶▷ 4.4.5　汇编语言与 C 语言混合编程 ▶▶▶

　　C 语言是一种当下流行的、高效有力的语言,它能够产生极快而又极紧凑的目标代码,然而它还是不能达到汇编语言的高质量目标,在某些特殊应用场合中,还需要借助于汇编语言实现一些特定的操作。例如,对浮点数操作速度要求极高,有的函数要求访问计算机系统的硬件资源或者操作系统的某些特定功能,对某种硬件设备进行准确定时等。此时用汇编语言实现就比用 C 语言更方便且目标质量更高。相反,在用汇编语言编程过程中,有些过程或者某些算法的子程序用汇编语言完成较困难,而用 C 语言书写可用 C 的现有函数,更为自然。因此,在当下的应用中两种编程的混合使用经常发生。

1. C51 语言中调用汇编语言程序

　　C51 语言调用汇编语言程序要注意以下几点:

　　(1) 在文件栏选中 File Group 和 C51 程序原文件,在配置文件选项中激活"产生汇编(SRC)文件"、"编译(SRC)文件"和"创建工程(目标)时包含"三个选项。

　　(2) 根据选择的编译模式,把相应的库文件(如 SMALL 模式,库文件为 KEIL\C51\LIB\C51S. LIB)加入工程中。

　　(3) 在 C51 语言中必须声明需要调用的函数为外部函数:extern void DELAY(void);。

　　(4) 在汇编语言程序中必须声明被调用子程序为公共子程序,在被调用的文件中还需要声明此文件是可重新定位的。

2. C51 语言中调用外部 C51 函数

　　C51 语言调用外部 C51 函数时,在主调函数中必须声明被调用的函数为外部类型的函数,其余都一样。

3. C51 语言中嵌入汇编程序

　　在 C51 语言中嵌套使用汇编语言编写程序时要注意以下几个问题:

　　(1) 在文件栏选中 File Group 和 C51 程序原文件,在配置文件选项中激活"产生汇编(SRC)文件"、"编译(SRC)文件"和"创建工程(目标)时包含"三个选项。

（2）根据选择的编译模式,把相应的库文件(如 SMALL 模式,库文件为 KEIL\C51\LIB\C51S. LIB)加入工程中。

（3）用♯pragma asm 和♯pragma endasm 语句包含嵌入的汇编语言程序。

4. 汇编语言中外部子程序的调用

在编写程序的时候,可以在一个文件的汇编程序中调用另一个文件的子程序。具体的方法如下。

（1）在主程序文件中要声明所调用的子程序在外部。比如,在主程序中调用子程序名为DELAY 的子程序,其格式为：

EXTERN CODE (DELAY)

（2）要在被调用的文件中声明被调用的子程序为公共类型。

比如 DELAY 要声明的格式为：

UBLIC DELAY

（3）在被调用的文件中还需要声明此文件是可重新定位的。

SS SEGMENT CODE
RSEG SS

4.5 51 单片机 C 程序开发过程

▶▶▶ 4.5.1 51 单片机 C 语言开发过程 ▶▶▶

C 语言开发过程如图 4-11 所示。

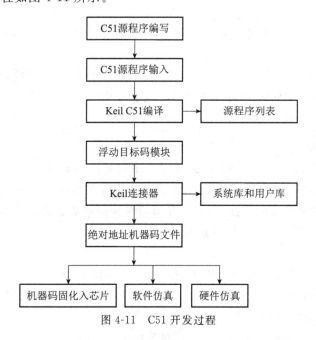

图 4-11 C51 开发过程

4.5.2　C51 程序编写基本要求

为了提高源程序的质量和可维护性,从而提高软件产品生产力,需遵守程序编写的一些基本要求,包括排版、注释、命名、变量使用、代码可测性、程序效率、质量保证等。

1. 基本规则

格式清晰,注释简明扼要,命名规范易懂,函数模块化,程序易读易维护,功能准确实现,代码空间效率和时间效率高,具有适度的可扩展性。

2. 标识符命名

(1) 命名基本原则

① 命名清晰明了,有明确含义,使用完整单词或约定俗成的缩写。通常,较短的单词可通过去掉元音字母形成缩写;较长的单词可取单词的头几个字母形成缩写,即"见名知意"。

② 命名风格自始至终要保持一致。

③ 命名中若使用特殊约定或缩写,要有注释说明。

④ 同一软件产品内模块之间接口部分的标识符名称之前加上模块标识。

(2) 宏和常量命名

宏和常量全部用大写字母来命名,词与词之间用下划线分隔。对程序中用到的数字均应用有意义的枚举或宏来代替。

(3) 变量命名

变量名可以由字母、下划线、数字组成,但不能以数字开头。C 语言区分大小写,所以变量名要区分大小写。

局部变量应简明扼要。局部循环体控制变量优先使用 i、j、k 等;局部长度变量优先使用 len、num 等;临时中间变量优先使用 temp、tmp 等。

(4) 函数命名

函数用小写字母命名,每个词的第一个字母大写,并将模块标识加在最前面。

(5) 文件命名

一个文件包含一类功能或一个模块的所有函数,文件名称应清楚表明其功能或性质。每个 .c 文件应该有一个同名的 .h 文件作为头文件。

3. 注释

(1) 注释基本原则

注释语言必须准确、易懂、简洁,有助于对程序的阅读理解,说明程序在"做什么",解释代码的目的、功能和采用的方法。一般情况,源程序有效注释量在 30% 左右。边写代码边注释,修改代码的同时修改相应的注释,不再有用的注释要及时删除。汇编和 C 中用"//",取消";",不使用段注释"/ * … * /"(调试时可用)。

(2) 文件注释

文件注释必须说明文件名、函数功能、创建人、创建日期、版本信息等相关信息。

修改文件代码时,应在文件注释中记录修改日期、修改人员,并简要说明此次修改的目的。所有修改记录必须保持完整。

文件注释放在文件顶端,用"/ * … * /"格式包含。

注释文本每行缩进 4 个空格,每个注释文本分项名称应对齐。

```
/ ********************************************************
文件名称:
作 者:
版 本:
说 明:
修改记录:
  ******************************************************** /
```

(3) 函数注释

① 函数头部注释

函数头部注释应包括函数名称、函数功能、入口参数、出口参数等内容。如有必要还可增加作者、创建日期、修改记录(备注)等相关项目。

函数头部注释放在每个函数的顶端,用"/ * … * /"的格式包含,其中函数名称应简写为function name(),不加入、出口参数等信息。

```
/ ********************************************************
函数名称:
函数功能:
入口参数:
出口参数:
备注:
  ******************************************************** /
```

② 代码注释

代码注释应与被注释的代码紧邻,放在其上方或右方,不可放在下面。如放于上方则需与其上面的代码用空行隔开。一般少量注释应该添加在被注释语句的行尾。一个函数内的多个注释左对齐,较多注释则应加在上方且注释行与被注释的语句左对齐。

函数代码注释用"//…//"的格式。

通常,分支语句(条件分支、循环语句等)必须编写注释。其程序块结束行"}"的右方应加表明该程序块结束的标记"end of…",尤其在多重嵌套时。

(4) 变量、常量、宏的注释

同一类型的标识符应集中定义,并在定义之前一行对其共性加以统一注释。单个标识符的注释加在定义语句的行尾。

全局变量一定要有详细的注释,包括功能、取值范围、哪些函数或过程存取它以及存取时的注意事项等。

此类注释用"//…//"的格式。

4. 函数

(1) 函数设计原则

函数的基本要求:

① 正确性:程序要实现设计要求的功能。

② 稳定性和安全性:程序运行稳定、可靠、安全。

③ 可测试性：程序要便于测试和评价。

④ 规范/可读性：程序书写风格、命名规则等符合规范。

⑤ 扩展性：为下一次升级扩展留有空间和接口。

⑥ 全局效率：软件系统的整体效率高。

⑦ 局部效率：某个模块/子模块/函数本身的效率高。

编制函数的基本原则：

① 单个函数的规模尽量限制在 200 行以内（不包括注释和空行），一个函数只完成一个功能。

② 函数局部变量的数目一般不超过 10 个。

③ 函数内部局部变量定义区和功能实现区（包含变量初始化）之间空一行。

④ 函数名应准确描述函数的功能，通常使用动宾词组为执行某操作的函数命名。

⑤ 函数的返回值要清楚明了，尤其是出错返回值的意义要准确无误。

⑥ 不要把与函数返回值类型不同的变量以编译系统默认的转换方式或强制的转换方式作为返回值返回。

⑦ 减少函数本身或函数间的递归调用。

⑧ 尽量不要将函数的参数作为工作变量。

（2）函数定义

① 函数若没有入口参数或者出口参数，应用 void 明确声明。

② 函数名称与出口参数类型定义间应该空一格且只空一格。

③ 函数名称与括号（）之间无空格。

④ 函数形参必须给出明确的类型定义。

⑤ 多个形参的函数，后一个形参与前一个形参的逗号分隔符之间添加一个空格。

⑥ 函数体的前后花括号"{""}"各独占一行。

（3）局部变量定义

① 同一行内不要定义过多变量。

② 同一类的变量在同一行内定义，或者在相邻行定义。

③ 先定义 data 型变量，再定义 idtata 型变量，最后定义 xdata 型变量。

④ 数组、指针等复杂类型的定义放在定义区的最后。

⑤ 变量定义区不做较复杂的变量赋值。

（4）功能实现区规范

① 一行只写一条语句。

② 注意运算符的优先级，并用括号明确表达式的操作顺序，避免使用默认优先级。

③ 各程序段之间使用一个空行分隔，加以必要的注释。程序段指能完成一个较具体的功能的一行或多行代码，程序段内的各行代码之间相互依赖性较强。

④ 不要使用难懂的技巧性很高的语句。

⑤ 源程序中关系较为紧密的代码应尽可能相邻。

⑥ 完成简单功能、关系非常密切的一条或几条语句可编写为函数或定义为宏。

5. 单片机编程规范——排版

（1）缩进

代码的每一级均往右缩进 4 个空格的位置。不使用 Tab 键。

（2）分行

语句超过 80 个字符时要分成多行书写；长表达式要在低优先级操作符处划分新行，操作符放在新行之首，划分出的新行要进行适当的缩进，使排版整齐，语句可读，避免把注释插入分行中。

（3）空行

① 文件注释区、头文件引用区、函数间应该有且只有一行空行。

② 相邻函数之间应该有且只有一行空行。

③ 函数体内相对独立的程序块之间可以用一行空行或注释来分隔。

④ 函数注释和对应的函数体之间不应该有空行。

⑤ 文件末尾有且只有一行空行。

（4）空格

① 函数语句尾部或者注释之后不能有空格。

② 括号内侧（即左括号后面和右括号前面）不加空格，多重括号间不加空格。

③ 函数形参之间应该有且只有一个空格（形参逗号后面加空格）。

④ 同一行中定义的多个变量间应该有且只有一个空格（变量逗号后面加空格）。

⑤ 表达式中，若有多个操作符连写的情况，应使用空格将它们分隔。

⑥ 在两个以上的关键字、变量、常量进行对等操作时，它们之间的操作符前后均加一个空格；在两个以上的关键字、变量、常量进行非对等操作时，其前后均不应加空格。

⑦ 逗号只在后面加空格。

⑧ 双目操作符，如比较操作符，赋值操作符"="" +=",算术操作符" + ""％",逻辑操作符"＆＆""＆",位操作符"＜＜""ˆ"等，前后均加一个空格。

⑨ 单目操作符，如"!""～""++""-""＆"（地址运算符）等，前后不加空格。

⑩ "->""."前后不加空格。

⑪ if、for、while、switch 等关键字与后面的括号间加一个空格。

（5）花括号

① if、else if、else、for、while 语句无论其执行体是一条语句还是多条语句都必须加花括号，且前后花括号各独占一行。

② do{}while()结构中，"do"和"{"均各占一行，"}"和"while();"共同占用一行。

（6）switch 语句

① 每个 case 和其判据条件独占一行。

② 每个 case 程序块都需用 break 结束，需要从一个 case 块顺序执行到下一个 case 块的时候除外，但需要加花括号在交界处明确注释如此操作的原因，以防止出错。

③ case 程序块之间空一行，且只空一行。

④ 每个 case 程序块的执行语句保持 4 个空格的缩进。

⑤ 一般情况下都应该包含 default 分支。

6. 程序结构

（1）基本要求

① 有 main()函数的 .c 文件应将 main()放在最前面，并明确用 void 声明参数和返回值。

② 对由多个 .c 文件组成的模块程序或完整监控程序,建立公共引用头文件,将需要引用的库头文件、标准寄存器定义头文件、自定义的头文件、全局变量等均包含在内,供每个文件引用。通常,标准函数库头文件采用尖角号＜＞标志文件名,自定义头文件采用双撇号″″标志文件名。

③ 每个 .c 文件有一个对应的 .h 文件,.c 文件的注释之后首先定义一个唯一的文件标志宏,并在对应的 .h 文件中解析该标志。

④ 对于确定只被某个 .c 文件调用的定义可以单独列在一个头文件中,单独调用。

（2）可重入函数

可重入函数中若使用了全局变量,应通过关中断、信号量等操作手段对其加以保护。

（3）函数的形参

① 由函数调用者负责检查形参的合法性。

② 尽量避免将形参作为工作变量使用。

（4）循环

① 尽量减少循环嵌套层数。

② 在多重循环中,应将最忙的循环放在最内层。

③ 循环体内工作量最小。

④ 尽量避免循环体内含有判断语句。

7. 工程中所包含的文件

（1）头文件

① 头文件的形式

MCU 程序中的头文件包括面向硬件对象头文件、公共头文件和总头文件。

MCU C 工程编程是面向硬件对象的。例如,要用 MCU 控制电机（motor）,在这样一个系统中,"面向硬件对象"概念体现在工程中会创建"Motor. c"的源程序文件专门用于电机控制。相应地,也要创建一个同名头文件"Motor. h",用于控制电机的 MCU 引脚定义、相关宏定义和电机控制函数声明等。像这样的头文件,就是面向硬件对象头文件。与之同名的"∗. c"文件可以包含它来完成控制此硬件对象的 MCU 引脚定义和相关宏定义;调用该硬件对象控制函数的文件也可以通过调用它来进行函数声明。

还有一类头文件不是专门针对特定的硬件对象的,而是有一定的通用性。这类头文件称为公共头文件,如工程中包含的"Type. h"文件。该文件用于 C 语言中类型的别名定义,用户可以根据自己的需要,随时在该文件中添加条目。在工程的任一文件中,需要用到这些别名时,都要包含"Type. h"。可见公共头文件并不拘泥于具体的硬件对象,它是为整个工程的和谐运作而建立的。

总头文件（includes. h）是一个较特殊的头文件。它只被主函数文件包含,用于包含主函数文件中需要的头文件、宏定义、函数声明等。它使得主函数文件能够尽量避免改动,结构更加清晰。

② 头文件的命名

总的来说头文件的命名应尽量做到简短易懂,见名知意。

面向硬件对象头文件的名称一定要与相应的硬件对象驱动文件同名。例如公共头文件,如果对应于相应的源程序文件而建立,就必须与之同名。如,"GeneralFun. c"是工程中的通用函数定义文件(像内存数据移动函数、延时函数都属于通用函数),其他文件在用到这些函数之前,必须进行函数原型声明,从而建立与之同名的"GeneralFun. h"文件,专门用于相应的函数声明。其他的公共头文件没有同名要求,只要表清文件含义即可,如"Type. h""GP32C. h"等。

总头文件在一个工程中只有一个,它的名称较为固定,一般取为"Includes. h"。

③ 头文件注意事项

a. 为了防止重复定义需要使用伪指令 #ifndef vartype…

举例:

```
# ifndef vartype
# define vartype
typedef unsigned char INT8U;        //无符号 8 位数
typedef signed char INT8S;          //有符号 8 位数
typedef unsigned int INT16U;        //无符号 16 位数
typedef signed int INT16S;          //有符号 16 位数
typedef unsigned long INT32U;       //无符号 32 位数
typedef signed long INT32S;         //有符号 32 位数
typedef float FP32;                 //单精度浮点数
typedef double FP64;                //双精度浮点数
# endif
```

b. 一个项目中的头文件及与芯片相关的寄存器映像文件不可擅自改动,如果的确存在需要改动的地方,另外开辟头文件。

c. typedef 和 #define 的用法

typedef 的用法:在 C/C++语言中,typedef 常用来定义一个标识符及关键字的别名,它是语言编译过程的一部分,但并不实际分配内存空间。例如:

```
typedef int INT;
typedef int ARRAY[10];
typedef (int * ) pINT;
```

typedef 可以增强程序的可读性以及标识符的灵活性,但它也有"非直观性"等缺点。

#define 的用法:#define 为一宏定义语句,通常用它来定义常量(包括无参量与带参量),及用来实现那些"表面似和善、背后一长串"的宏。它本身并不在编译过程中进行,而是在这之前(预处理过程)就已经完成了,但也因此难以发现潜在的错误及其他代码维护问题。例如:

```
# define INT int
# define TRUE 1
# define Add(a,b) ((a) + (b));
# define Loop_10 for (int i = 0; i<10; i + + )
```

typedef 与 #define 的区别:从以上的概念便能基本清楚,typedef 只是为了增加可读性而为标识符另起的新名称(仅仅只是个别名),而 #define 原本在 C 中是为了定义常量,到了C++,const、enum、inline 的出现使它也渐渐成为起别名的工具。为了尽可能地兼容,一般都遵循♯define定义"可读"的常量以及一些宏语句,typedef则常用来定义关键字、冗长类型的别名。宏定义只是简单的字符串代换(原地扩展),而typedef不是原地扩展,它的新名字具有一定的封装性,以至于新命名的标识符具有更易定义变量的功能。请看:

```
typedef (int * ) pINT;
```

以及

```
♯define pINT2 int *
```

效果相同,实则不同。实践中见差别:

pINT a,b;的效果同int * a; int * b;,表示定义了两个整型指针变量,而pINT2 a,b;的效果同int * a, b;,表示定义了一个整型指针变量a和整型变量b。

注意:两者还有一个行尾号的区别。

(2) 源程序文件

源程序文件包括主函数文件、通用函数文件、硬件对象控制文件、芯片初始化文件、中断向量定义文件和中断使能文件。

源程序文件的分类和命名类同于头文件,但也有它自己的特点。

① 主程序文件(main. s 或 main. c)

工程中有且仅有一个主程序文件,包含工程的主处理流程。

主函数文件中包括工程描述、总头文件、主函数。

工程描述包括:

a. 工程名。工程名中每个意义单词(或单词缩写)的首字母大写,后缀为. prj。

b. 硬件连接索引。工程所要控制的硬件对象索引,详细描述在相应的硬件对象控制文件中给出。

c. 工程的功能、目的和说明。

d. 注意要点。可以注明编程要点和心得。

e. 日期。注明工程完成日期。

② 芯片初始化文件("SetUp. c"或 "SetUp. s")

该文件与具体的芯片型号有关,并且只包含一个芯片初始化函数,若想由编译器自动调用芯片初始化函数,其函数名必须为"_HC08Setup",否则编译器会自动建立并调用一个空的"_HC08Setup"汇编子程序,而不理会用户创建的芯片初始化函数。为了统一,将该函数命名为"MCUInit",并在主函数中调用该函数。

③ 通用函数头文件和通用函数文件("GeneralFun. h"和"GeneralFun. c")

"GeneralFun. h"中包含:

a. 文件名。

b. 通用函数所需用到的头文件。

c. 通用函数用到的宏定义。

d. 通用函数声明。

外部函数要用到通用函数时,可包含这个头文件进行函数声明。

8. 硬件封装的思想

（1）与硬件相关的程序文件

与某个硬件相关的子程序放到一个程序文件中，该硬件的头文件放到一个文件中。

程序文件的开始处是有关说明：该文件所包含的子程序及简要的功能说明，子程序分为内部调用和外部调用；硬件的连接说明。

（2）中断的开放和禁止

使用宏定义方式开放或禁止中断，宏定义语句放在 EnDisInt. h 头文件中。

宏名的定义方法：

开放中断以 Enable 标识，宏名中包含中断名，宏名最后以 Int 结束。如开放串行接收中断的宏名为 EnableSCIReInt。

禁止中断以 Disable 标识，宏名中包含中断名，宏名最后以 Int 结束。如禁止串行接收中断的宏名为 DisableSCIReInt。

开放所有中断宏名：EnableMCUInt。

禁止所有中断宏名：DisableMCUInt。

4.6　C51 开发实例

例1　花样流水灯。

说明：16 只 LED 分两组按预设多种花样变换显示。电路连接如图 4-12 所示。

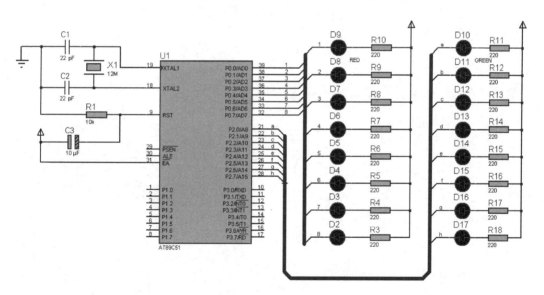

图 4-12　电路连接

```
#include<reg51.h>
#define uchar unsigned char
#define uint unsigned int
uchar code Pattern_P0[] =
```

```
{
    0xfc,0xf9,0xf3,0xe7,0xcf,0x9f,0x3f,0x7f,0xff,0xff,0xff,0xff,0xff,0xff,0xff,0xff,
    0xe7,0xdb,0xbd,0x7e,0xbd,0xdb,0xe7,0xff,0xe7,0xc3,0x81,0x00,0x81,0xc3,0xe7,0xff,
    0xaa,0x55,0x18,0xff,0xf0,0x0f,0x00,0xff,0xf8,0xf1,0xe3,0xc7,0x8f,0x1f,0x3f,0x7f,
    0x7f,0x3f,0x1f,0x8f,0xc7,0xe3,0xf1,0xf8,0xff,0x00,0x00,0xff,0xff,0x0f,0xf0,0xff,
    0xfe,0xfd,0xfb,0xf7,0xef,0xdf,0xbf,0x7f,0xff,0xff,0xff,0xff,0xff,0xff,0xff,0xff,
    0xff,0xff,0xff,0xff,0xff,0xff,0xff,0xff,0x7f,0xbf,0xdf,0xef,0xf7,0xfb,0xfd,0xfe,
    0xfe,0xfc,0xf8,0xf0,0xe0,0xc0,0x80,0x00,0x00,0x00,0x00,0x00,0x00,0x00,0x00,0x00,
    0x00,0x00,0x00,0x00,0x00,0x00,0x00,0x00,0x00,0x80,0xc0,0xe0,0xf0,0xf8,0xfc,0xfe,
    0x00,0xff,0x00,0xff,0x00,0xff,0x00,0xff
};
uchar code Pattern_P2[] =
{
    0xff,0xff,0xff,0xff,0xff,0xff,0xff,0xfe,0xfc,0xf9,0xf3,0xe7,0xcf,0x9f,0x3f,0xff,
    0xe7,0xdb,0xbd,0x7e,0xbd,0xdb,0xe7,0xff,0xe7,0xc3,0x81,0x00,0x81,0xc3,0xe7,0xff,
    0xaa,0x55,0x18,0xff,0xf0,0x0f,0x00,0xff,0xf8,0xf1,0xe3,0xc7,0x8f,0x1f,0x3f,0x7f,
    0x7f,0x3f,0x1f,0x8f,0xc7,0xe3,0xf1,0xf8,0xff,0x00,0x00,0xff,0xff,0x0f,0xf0,0xff,
    0xff,0xff,0xff,0xff,0xff,0xff,0xff,0xff,0xfe,0xfd,0xfb,0xf7,0xef,0xdf,0xbf,0x7f,
    0x7f,0xbf,0xdf,0xef,0xf7,0xfb,0xfd,0xfe,0xff,0xff,0xff,0xff,0xff,0xff,0xff,0xff,
    0xff,0xff,0xff,0xff,0xff,0xff,0xff,0xff,0xfe,0xfc,0xf8,0xf0,0xe0,0xc0,0x80,0x00,
    0x00,0x80,0xc0,0xe0,0xf0,0xf8,0xfc,0xfe,0xff,0xff,0xff,0xff,0xff,0xff,0xff,0xff,
    0x00,0xff,0x00,0xff,0x00,0xff,0x00,0xff
};
void DelayMS(uint x)
{
    uchar i;
    while(x--)
    {
        for(i=0;i<120;i++);
    }
}
void main()
{
    uchar i;
    while(1)
    {
        for(i=0;i<136;i++)
        {
            P0 = Pattern_P0[i];
            P2 = Pattern_P2[i];
            DelayMS(100);
        }
    }
}
```

例2 数码管显示 4×4 矩阵键盘按键号。

说明:按下任意键时,数码管都会显示其键的序号,扫描程序首先判断按键发生在哪一列,然后根据所发生的行附加不同的值,从而得到按键的序号。电路连接如图 4-13 所示。

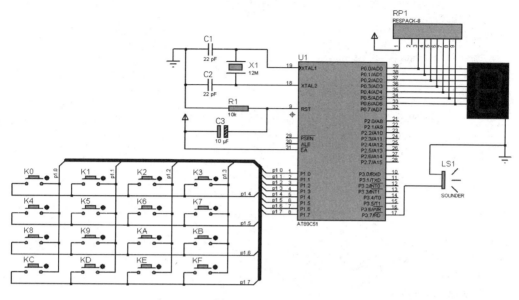

图 4-13　电路连接

```c
#include<reg51.h>
#define uchar unsigned char
#define uint unsigned int
uchar code DSY_CODE[] =
{0xc0,0xf9,0xa4,0xb0,0x99,0x92,0x82,0xf8,0x80,0x90,0x88,0x83,0xc6,0xa1,0x86,0x8e,0x00};
sbit BEEP = P3^7;
uchar Pre_KeyNo = 16,KeyNo = 16;
void DelayMS(uint x)
{
    uchar i;
    while(x - -) for(i = 0;i<120;i + +);
}
void Keys_Scan()
{
    uchar Tmp;
    P1 = 0x0f;
    DelayMS(1);
    Tmp = P1^0x0f;
    switch(Tmp)
    {
        case 1: KeyNo = 0;break;
        case 2: KeyNo = 1;break;
```

```
            case 4: KeyNo = 2;break;

            case 8: KeyNo = 3;break;

            default:KeyNo = 16;

        }

    P1 = 0xf0;

    DelayMS(1);

    Tmp = P1>>4^0x0f;

    switch(Tmp)

    {

        case 1: KeyNo + = 0;break;

        case 2: KeyNo + = 4;break;

        case 4: KeyNo + = 8;break;

        case 8: KeyNo + = 12;

    }

}

void Beep()

{

    uchar i;

    for(i = 0;i<100;i + + )

    {

        DelayMS(1);

        BEEP = ~BEEP;

    }

    BEEP = 0;

}

void main()

{

    P0 = 0x00;

    BEEP = 0;

    while(1)

    {

        P1 = 0xf0;

        if(P1! = 0xf0) Keys_Scan(); //获取键序号

        if(Pre_KeyNo! = KeyNo)

        {

            P0 = ~DSY_CODE[KeyNo];

            Beep();

            Pre_KeyNo = KeyNo;

        }

    DelayMS(100);

    }

}
```

习题四

1. 标准 C 语言和 51C 有哪些异同？

2. 用 C51 编程较用汇编语言有哪些优势？有哪些缺憾？

3. C51 字节数据、整型数据以及长整型数据在存储器中的存储方式各是怎样的？

4. C51 定义变量的格式是什么？变量的 4 种属性是什么？

5. C51 位变量的定义格式是什么？如何定义 bdata 型字节的位变量？

6. C51 函数定义的一般形式是什么？如何定义中断处理程序？如何选择工作寄存器组？

7. 在 C51 中怎样嵌入汇编语言程序？怎样实现混合编程？

8. 编写一源程序，实现从 P1 口输出产生的流水灯，要求主程序用 C 语言实现，数据的左右移动用汇编语言实现。

第 5 章
80C51 系列单片机结构与工作原理

 知识目标与能力目标

- 了解 AT89C51 单片机的内部结构、存储器配置关系。
- 了解 AT89C51 单片机特殊功能寄存器结构、组成和各位的作用。
- 了解 51 单片机四组 I/O 口的功能作用及 P3 口的第二功能。
- 了解单片机时钟电路的工作原理,理解其时序。
- 理解单片机复位电路的工作原理,掌握复位后的状态。
- 掌握单片机最小系统的设计与使用。

 思政目标

- 培养学生主动学习的求知精神与认真求实的学习态度,树立正确的世界观、人生观与价值观。
- 提高学生的思想政治素养,培养有知识、有责任、有担当的工程人才。

 5.1 概述

▶▶▶ 5.1.1 单片机概述 ▶▶▶

单片机就是在一片半导体硅片上,集成了中央处理单元(CPU)、存储器(ROM、RAM)、并行 I/O、串行 I/O、定时/计数器、中断系统、系统时钟电路及系统总线,用于测控领域的单片微型计算机简称单片机。

微控制单元(micro control unit,MCU)是典型的嵌入式微控制器,又称单片微型计算机(single chip microcomputer)或者单板机。

单片机又称为单片微控制器,是因为它最早被用在工业控制领域。它不是完成某一个逻辑功能的芯片,而是把一个计算机系统集成到一个芯片上。和计算机相比,单片机只缺少了I/O设备。概括地讲,一块芯片就成了一台计算机。它的体积小,质量轻,价格便宜,为学习、应用和开发提供了便利。同时,学习使用单片机是了解计算机原理与结构的最佳选择。

单片机比专用处理器更适合应用于嵌入式系统,因此其应用更为广泛。事实上,单片机是世界上数量最多的计算机,现代人类生活中所用的每件电子和机械产品中几乎都会集成单片机,手机、电话、计算器、家用电器、电子玩具、掌上电脑以及鼠标等电脑配件中都配有1~2部单片机,而个人电脑中也有为数不少的单片机在工作。

单片机与微型计算机都是由 CPU、存储器和输入/输出接口等组成的,但两者又有所不同,微型计算机和单片机的基本机构如图 5-1 所示。

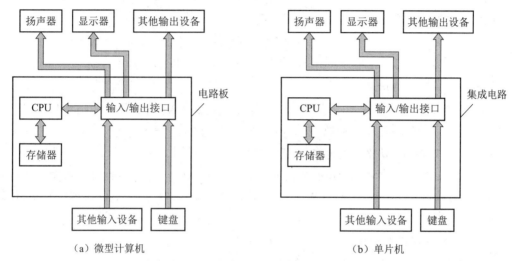

（a）微型计算机　　　　　　　　　　　（b）单片机

图 5-1　微型计算机和单片机的基本机构

可以看出,将 CPU、存储器和输入/输出接口等部件安装在电路板上,外部输入/输出设备通过电路板上的接插件与输入/输出接口连接起来就组成了微型计算机。如果将 CPU、存储器和输入/输出接口等做在一块集成电路内部,这种集成电路就是单片机。输入/输出设备通过单片机的引脚与内部输入/输出接口连接。

相比于单片机,微型计算机有更高的性能和更强的功能,价格也更为高昂,并且体积较大,所以在一些不是很复杂的控制方面,比如电动玩具、霓虹灯或者一些家用电器中就采用价格更为低廉的单片机来进行控制。

▶▶▶ 5.1.2　单片机分类 ▶▶▶

单片机按用途分为通用型和专用型两大类。

(1)通用型:就是其内部可开发的资源(如存储器、I/O 等各种片内外围功能部件等)全部提供给用户。用户可根据实际需求,设计一个通用单片机芯片,再配以外围接口电路及其他外围设备,并编写程序来控制功能,以满足各种不同测控系统的功能需求。

(2)专用型:是专门针对某些产品的特定用途制作的。由于适用于特定用途,单片机芯片制作商常与产品厂家合作,设计和生产专用的单片机芯片。

5.2 单片机的发展

5.2.1 单片机的发展过程 ▶▶▶

单片机的发展主要经历了如图 5-2 所示的四个阶段。

图 5-2 单片机发展的四个阶段

1.芯片化探索阶段

20 世纪 70 年代,美国的 Fairchild(仙童)公司推出了世界上第一款单片机 F-8。随后 Intel 公司推出了影响更大、应用更广的 MCS-48 单片机系列。

2.结构体系的完善阶段

Intel 在 MCS-48 探索成功的基础上很快推出了更加完善、典型的单片机系列 MCS-51。 MCS-51 系列在总线结构、指令系统、系统结构等方面进行了完善。

3.从 SCMC 向 MCU 化过渡阶段

在推出 MCS-51 单片机后,Intel 公司推出的 MCS-96 单片机将一些用于测控系统的模数转换器(ADC)、程序运行监视器(WDT)、脉宽调制器(PWM)、高速 I/O 口纳入片中,体现了单片机的微控制器特征。

4.MCU 的百花齐放阶段

单片机逐步成为工业控制领域中普遍采用的智能化控制工具。为满足不同的要求,出现了一系列高速、大寻址范围、强运算能力和多机通信能力的 8 位、16 位、32 位通用型单片机和专用型单片机,及各具特色的现代单片机。

5.2.2 单片机的应用领域 ▶▶▶

单片机有体积小、集成度高、成本低、抗干扰能力和控制能力强等优点,被广泛地应用于以下领域中。

1.工业自动化

在自动化技术中,无论是过程控制技术、数据采集技术还是测控技术,都离不开单片机。在工业自动化领域中,机电一体化技术发挥着愈来愈重要的作用,在这种集机械、微电子和计算机技术为一体的综合技术(例如机器人技术、数控技术)中,单片机发挥着非常重要的作用。特别是近些年来,随着计算机技术的发展,工业自动化也发展到了一个新的高度,出现了无人工厂、机器人作业、网络化工厂等,不仅将人从繁重、重复和危险的工业现场解放出来,还大大提高了生产效率,降低了生产成本。

2.智能仪器仪表

目前,对仪器仪表的自动化和智能化要求越来越高。在自动化测量仪器仪表中,单片机的应用十分普及。单片机的使用有助于提高仪器仪表的精度和准确度,简化结构,减小体积,易于携带和使用,加速仪器和仪表向数字化、智能化、多功能化方向发展。

3.消费类电子产品

该领域的应用主要反映在家电领域。目前家电产品的一个重要发展趋势是不断提高其智能化程度,如电子游戏机、照相机、洗衣机、电冰箱、空调、电视机、微波炉、手机、IC卡、汽车、电子设备等。在这些设备中使用了单片机后,其功能和性能大大提高,并实现了智能化、最优化控制。

4.通信

较高档的单片机都具有通信接口,因而为单片机在通信设备中的应用创造了很好的条件。例如,在微波通信、短波通信、载波通信、光纤通信、程控交换等通信设备和仪器中都能找到单片机的应用。

5.武器装备

在现代化的武器装备,如飞机、军舰、坦克、导弹、鱼雷制导、智能武器装备、航天飞机导航系统中都有单片机在发挥重要作用。

6.终端及外部设备控制

在计算机网络终端设备,如银行终端,及计算机外部设备如打印机、硬盘驱动器、绘图机、传真机、复印机等中都使用了单片机。

在以过程控制为主,以数据处理为辅的系统中,使用单片机可以获得良好的效果。对于工作速度不高,数据处理量不大,控制过程不是很复杂的场合,如家用电器、商用产品等,可选用4位单片机;对于工业控制、智能仪表等,可选用8位单片机;对于要求很高的实时控制及复杂的过程控制,如机器人、信号处理等,则最好选用16位单片机。

 **5.2.3 常用单片机系列介绍** ▶▶▶

1.MCS-51系列简介

单片机种类繁多,而且还在不断推出新的性能更高的单片机品种。从使用情况来看,MCS-51型系列单片机的应用最为广泛。MCS-51型单片机系列共有十几种芯片,表5-1列出了比较典型的几种芯片的型号以及它们的主要技术性能指标。

表5-1 MCS-51型系列单片机芯片主要特性

子系列	片内ROM形式			片内存储容量		片外寻址能力		I/O特性			中断源
	无	ROM	EPROM	ROM	RAM	EPROM	RAM	计数器	并行口	串行口	
51	8031	8051	8751	4 KB	128 B	64 KB	64 KB	2×16位	4×8位	1	5
	80C31	80C51	87C51	4 KB	128 B	64 KB	64 KB	2×16位	4×8位	1	5
52	8032	8052	8752	8 KB	256 B	64 KB	64 KB	3×16位	4×8位	1	6
	80C32	80C52	87C52	8 KB	256 B	64 KB	64 KB	3×16位	4×8位	1	6

MCS-51型系列可分为51和52两个子系列,并以芯片型号的最末位数字作为标志。其中8x51是基本型,8x52是增强型,8xC52是超级型。

采用HMOS工艺的基本型8x51,片内集成有8位CPU、4 KB ROM(8031片内无ROM)、128 B RAM、两个16位定时/计数器、一个全双工串行通信接口(UART),拥有乘除运算指令和位处理指令。采用CHMOS工艺的基本型8xC51有三种功耗控制方式,能有效降低功耗。与8x51不同的是,增强型8x52片内ROM增加到了8 KB,RAM增加到256 B,

定时/计数器增加到 3 个,串行接口的通信速率快了 6 倍。

MCS-51 系列单片机片内的程序存储器有多种配置形式:掩膜 ROM、EPROM 和 FPEROM。不同的配置形式分别对应不同的芯片,使用时可根据需要进行选择。

2. 80C51 系列简介

80C51 系列单片机作为微型计算机的一个重要分支,应用面很广,且发展迅速。根据近年来的使用情况看,8 位单片机仍然是低端应用的主要机型。专家预测,在未来相当长一段时间内,仍将保持这个局面。所以,目前教学的首选机型还是 8 位单片机,而 8 位单片机中最具代表性、最经典的机型,当属 80C51 系列单片机。

(1) 80C51 系列单片机的发展

80C51 系列单片机是在 Intel 公司 MCS-51 系列单片机的基础上发展起来的,现在常简称 MCS-51 和 80C51 系列单片机为 51 系列单片机。多年前,Intel 公司彻底的技术开放使得众多的半导体厂商参与了 MCS-51 单片机的技术开发。不同厂家在发展 80C51 系列时都保证了产品的兼容性,主要是指令兼容、总线兼容和引脚兼容(但随着封装形式种类的增加,引脚兼容主要是指有效引脚的数量与作用兼容,其引脚序号和数量可能不同)。众多厂家的参与使得 80C51 的发展长盛不衰,从而形成了一个既有经典性,又有旺盛生命力的单片机系列。

纵观 80C51 系列单片机的发展史,可以看出它曾经历过 3 次技术飞跃。

① 从 MCS-51 到 MCU 的第一次飞跃

在 Intel 公司实行技术开放后,著名半导体厂商 Philips 公司利用其在电子应用方面的优势,在 8051 基本结构的基础上,着重发展 80C51 的控制功能及外围电路的功能,突出了单片机的微控制器特征。可以说,这使得单片机的发展出现了第一次飞跃。

② 引入快擦写存储器的第二次飞跃

1998 年以后,80C51 系列单片机又出现了一个新的分支,称为 89 系列单片机。这种单片机是由美国 Atmel 公司率先推出的,它最突出的优点是把快擦写存储器应用于单片机中。这使得在开发过程中修改系统程序十分容易,大大缩短了单片机系统的开发周期。另外,AT89 系列单片机的引脚与 80C51 是一样的,因此,当用 89 系列单片机取代 80C51 时,可以直接进行代换,新增加型号的功能是往下兼容的,并且有些型号可以不更换仿真机。AT89 系列单片机的上述显著优点使得它很快在单片机市场脱颖而出。随后,各厂家都陆续采用了此技术,使得单片机的发展出现了第二次飞跃。

③ 向 SoC 转化的第三次飞跃

美国 Silicon Labs 公司推出的 C8051F 系列单片机把 80C51 系列单片机从 MCU(微控制器)推向 SoC(片上系统)时代。而今兴起的片上系统,从广义上讲,也可以看作一种高级单片机。它使得以 8051 为内核的单片机技术又上了一个新的台阶,这就是 80C51 单片机发展的第三次飞跃。其主要特点是在保留 80C51 系列单片机基本功能和指令系统的基础上,以先进的技术改进了 8051 内核,使得其指令运行速度比一般的 80C51 系列单片机提高了大约 10 倍;在片上增加了模/数和数/模转换模块;I/O 接口的配置由固定方式改变为由软件设定方式;时钟系统更加完善;有多种复位方式等。鉴于 C8051F 系列单片机的特殊优点,SoC 单片机应用的高潮正在悄然兴起。

(2) 89 系列单片机的特点及分类

AT89 系列单片机的成功促使几个著名的半导体厂家也相继生产了类似产品,如 Philips 公司的 P89 系列、美国 STC 公司的 STC89 系列、华邦公司的 W78 系列等。后来,人们就简称这一类产品为"89 系列单片机",实际上它仍属于 80C51 系列。AT89C51(AT89S51)、P89C51、STC89C51、W78E51 都是与 MCS-51 系列的 80C51 兼容的型号。这些芯片相互之间也是兼容的,所以如果不写前缀,仅写 89C51 就可能是其中任何一个厂家的产品。

近年来,市场上比较流行的 ATMEL89C51 系列单片机也采用 CHMOS 工艺,其片内含有 4 KB 快闪可编程/擦除只读存储器 FPEROM(flash programmable and erasable read only memory),用高密度、非易失存储技术制造,并且与 80C51 引脚和指令系统完全兼容。芯片上的 FPEROM 允许在线编程,或采用通用的非易失存储器编程器对程序存储器重复编程,因而 89C51 性能价格比远高于 87C51。C8051F 系列单片机虽然性能价格比最高,功能最全面,但由于其使用难度较大,初学者不容易入门,我们还是以价格较低,较容易理解和使用,并且应用广泛的 AT89 系列单片机为例进行讲解。

由于 Atmel 公司的 AT89C51/C52 曾经在国内市场占有较大的份额,与其配套的仿真机也很多,为方便教学,我们在介绍具体单片机结构时,选用了 AT89S51 单片机(因为 AT89C51/C52 在 2003 年停止生产,而 AT 89S51/S52 是其替代产品,但 Philips 等公司的 89C51/C52 仍然有产品),而在做一般共性介绍时还是用符号 80C51 代表。但请读者注意,此时它指的是 80C5l 系列芯片,而不是 Intel 公司以前生产的 80C51 型号芯片。

89 系列单片机的主要特点如下:

① 内部含 Flash 存储器;

② 内部结构与 80C51 相近;

③ 工作原理和指令系统完全相同;

④ 有些型号和 80C51 的引脚完全兼容。

89 系列单片机可分为标准型、低档型和高档型三种类型。标准型单片机的主要结构与性能详见第 2 章。低档 AT89 单片机是在标准型结构的基础上,适当减少某些功能部件,如减少 I/O 引脚数、Flash 存储器、RAM 容量、可响应的中断源等,从而使其体积更小,价格更低,在某些对功能要求较低的家电领域得到广泛应用。在 89 系列单片机中,高档型产品是在标准型的基础上增加了部分功能而形成的,所增加的功能部件主要有串行外围接口 SPI、看门狗定时器、A/D 功能模块等。AT89S51/S52 单片机与 AT89C51/C52 单片机的主要区别是,前者增加了 SPI 串行口和看门狗定时器。

89 系列单片机是 80C51 系列单片机的典型代表,目前在全世界的应用很广泛,可以满足大多数用户的需要。由于 80C51 系列中的典型型号在基本结构、工作原理和引脚上与 MCS-51 系列单片机的 8051 是完全兼容的,89 系列单片机虽然并不是功能最强、最先进的单片机,但它源于经典的 MCS-51 系列。考虑到教学的连续性及 89 系列单片机和所用开发装置的普及性,89 系列单片机成为单片机教学的首选机型。掌握了这种单片机技术,对于其他型号单片机的学习可以起到举一反三、触类旁通的作用。

 # 5.3　AT89C51 单片机概述

AT89C51 单片机是一个低功耗、高性能 CMOS 的 8 位单片机。片内含 4 KB 可反复擦写 1000 次的 Flash 只读程序存储器,器件采用 ATMEL 公司的高密度、非易失性存储技术制造,兼容标准 MCS-51 指令系统及 80C51 引脚结构,芯片内集成了通用 8 位中央处理器和 ISP Flash 存储单元,功能强大的微型计算机 AT89C51 可为许多嵌入式控制应用系统提供

高性价比的解决方案。

▶▶▶ 5.3.1 主要特性 ▶▶ ▶

AT89C51 具有如下特点：

(1) 4 KB Flash 片内程序存储器；

(2) 128 B 随机存取数据存储器(RAM)；

(3) 32 个外部双向输入/输出(I/O)口；

(4) 5 个中断优先级 2 层中断嵌套中断；

(5) 2 个 16 位可编程定时/计数器；

(6) 1 个通用的全双工的异步收发串行口；

(7) 看门狗(WDT)电路；

(8) 片内时钟振荡器；

(9) 26 个特殊功能寄存器(SFR)。CPU 对各种功能部件的控制采用特殊功能寄存器 (special function register,SFR)的集中控制方式。

此外,AT89C51 可配置振荡频率 0 Hz,并可通过软件设置省电模式。空闲模式下,CPU 暂停工作,而 RAM 定时/计数器、串行口、外中断系统可继续工作,掉电模式下冻结振荡器 而保存 RAM 的数据,停止芯片其他功能直至外中断激活或硬件复位。同时该芯片还具有 PDIP、TQFP 和 PLCC 三种封装形式,以适应不同产品的需求。

▶▶▶ 5.3.2 管脚说明 ▶▶ ▶

AT89C51 的管脚如图 5-3 所示。

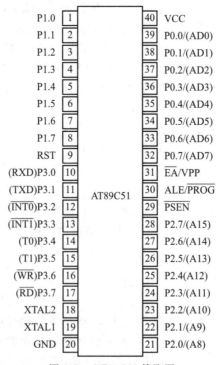

图 5-3　AT89C51 管脚图

VCC:供电电压。

GND:接地。

P0口:P0口为一个8位漏极开路双向I/O口,每脚可吸收8个TTL门电流。当P0口的管脚第一次写1时,被定义为高阻输入。P0能够用于外部程序数据存储器,可以被定义为数据/地址的第八位。在Flash编程时,P0口作为原码输入口;当Flash进行校验时,P0输出原码,此时P0外部必须被拉高。

P1口:P1口是一个内部提供上拉电阻的8位双向I/O口,P1口缓冲器能接收输出4个TTL门电流。P1口管脚写入1后,被内部上拉为高电平,可用作输入;P1口被外部下拉为低电平时,将输出电流,这是内部上拉的缘故。在Flash编程和校验时,P1作为第八位地址接收。

P2口:P2口为一个内部上拉电阻的8位双向I/O口,P2口缓冲器可接收输出4个TTL门电流,当P2口被写"1"时,其管脚被内部上拉电阻拉高,并作为输入。作为输出时,P2口的管脚被外部拉低,将输出电流,这是内部上拉的缘故。P2口用于外部程序存储器或16位地址外部数据存储器进行存取时,输出地址的高八位。在给出地址"1"时,它利用内部上拉优势,当对外部8位地址数据存储器进行读写时,P2口输出其特殊功能寄存器的内容。P2口在Flash编程和校验时接收高八位地址信号和控制信号。

P3口:P3口管脚是8个带内部上拉电阻的双向I/O口,可接收输出4个TTL门电流。当P3口写入"1"后,被内部上拉为高电平,并用作输入。作为输出,由于外部下拉为低电平,P3口将输出电流(TTL),这是上拉的缘故。P3口包括P3.0RXD(串行输入口)、P3.1TXD(串行输出口)、P3.2INT0(外部中断0)、P3.3INT1(外部中断1)、P3.4T0(计时器0外部输入)、P3.5T1(计时器1外部输入)、P3.6WR(外部数据存储器写选通)、P3.7RD(外部数据存储器读选通)。P3口同时为闪烁编程和编程校验接收一些控制信号。

I/O口作为输入口时有两种工作方式,即读端口与读引脚。读端口时实际上并不从外部读入数据,而是把端口锁存器的内容读入内部总线,经过特定运算或转换后再写回端口锁存器。只有读引脚时才真正地把外部的数据读入内部总线。CPU将根据不同的指令分别发出读端口或读引脚信号以完成不同的操作,这由硬件自动完成,然后再实行读引脚操作,否则就可能读入出错。如果不对端口置1,端口锁存器原来的状态有可能Q端为0,加到场效应管栅极的信号为1,该场效应管就导通,对地呈现低阻抗,此时即使引脚上输入的信号为1,也会因端口的低阻抗而使信号变低,使得外加的1信号读入。因为在输入操作时还必须附加一个准备动作,所以这类I/O口称为准双向口。89C51的P0、P1、P2、P3口作为输入时都是准双向口。

RST:复位输入。当振荡器复位器件时,要保持RST脚两个机器周期的高电平时间。

ALE/PROG:当访问外部存储器时,地址锁存允许的输出电平用于锁存地址的低位字节。在Flash编程期间,此引脚用于输入编程脉冲。在一般情况下,ALE端以不变的频率周期输出正脉冲信号,此频率为振荡器频率的1/6。因此,它可用作对外部输出的脉冲或用于定时目的。然而要注意的是,每当用作外部数据存储器时,将跳过一个ALE脉冲。如想禁止ALE的输出可在SFR8EH地址上置0。此时,只有在执行MOVX,MOVC指令时,ALE才起作用。另外,该引脚被略微拉高。如果微处理器在外部执行状态ALE禁止,则置位无效。

PSEN:外部程序存储器的选通信号。在外部程序存储器取指期间,每个机器周期两次PSEN有效。但在访问外部数据存储器时,这两次有效的PSEN信号不出现。

$\overline{EA}/VPP$：当$\overline{EA}$保持低电平时，在此期间为外部程序存储器（0000H～FFFFH），而不管是否有内部程序存储器。注意：加密方式为1时，$\overline{EA}$将内部锁定为RESET；当$\overline{EA}$端保持高电平时，此期间为内部程序存储器。在Flash编程期间，此引脚也用于施加12 V编程电源（VPP）。

XTAL1：反向振荡放大器的输入及内部时钟工作电路的输入。

XTAL2：来自反向振荡器的输出。

5.4　AT89C51单片机片内硬件结构

51系列单片机在结构上基本相同，只是在个别模块和功能上有些区别。图5-4是AT89C51单片机的内部结构框图。它包含了作为微型计算机所必需的基本功能部件，各功能部件通过片内总线连成一个整体，集成在一块芯片上。

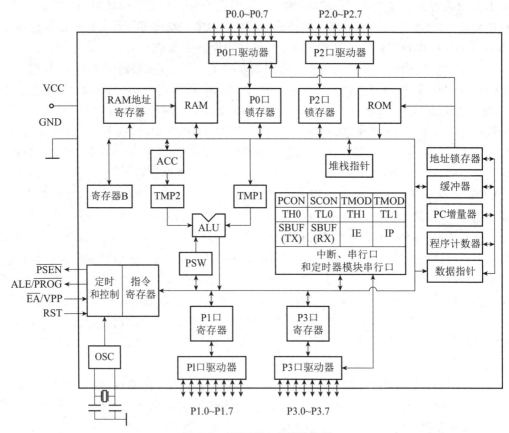

图5-4　AT89C51内部结构图

▶▶▶ 5.4.1　CPU(微处理器) ▶▶▶

AT89C51单片机中有1个8位的CPU，也就是说它对数据的处理是以字节为单位进行的。与微型计算机CPU类似，8051内部CPU也由算术逻辑部件（ALU）、控制器（定时控制部件等）和专用寄存器组三部分电路构成。

1. 算术逻辑部件

8051算术逻辑部件ALU由一个加法器、两个8位暂存器（TMP1和TMP2）和一个性能卓越的布尔处理器组成。虽然TMP1和TMP2对用户并不开放，但可用来为加法器和布尔处理器暂存两个8位二进制操作数。

8051的算术逻辑部件ALU是一个性能极强的运算器，既可以进行加、减、乘、除四则运算，也可以进行与、或、非、异或等逻辑运算，还具有数据传送、移位、判断和程序转移等功能。

2. 定时器控制部件

定时器控制部件起着控制器的作用，由定时控制逻辑、指令寄存器和振荡器（OSC）等电路组成。

指令寄存器IR用于存放从程序存储器EPROM/ROM中取出的指令（即操作）码，定时控制逻辑用于对指令寄存器中的操作码进行译码，并在OSC的配合下产生执行该指令的时序脉冲，以完成相应指令的执行。

3. 专用寄存器组

专用寄存器组主要用来指示当前要执行指令的内存地址，存放操作数和指示指令执行后的状态。它是任何一台计算机都不可缺少的组成部件。专用寄存器组主要包括程序计数器PC、累加器A、程序状态字PSW、堆栈指针SP、数据指针DPTR和通用寄存器B等。

（1）程序计数器PC

程序计数器PC是一个二进制16位的程序地址寄存器，专门用来存放下一条将要执行指令的内存地址，能自动加1。

8051程序计数器PC由16个触发器构成，故它的编码范围为0000H～FFFFH，共64K。也就是说，8051对程序存储器的寻址范围为64 KB。

（2）累加器A

累加器A又记作ACC，是一个具有特殊功能用途的二进制8位寄存器，专门用来存放操作数或运算结果。在CPU执行某种运算前，两个操作数中的一个通常应放在累加器A中，运算完后累加器A中便可以得到运算结果。

（3）通用寄存器B

通用寄存器B是专门为乘法和除法设置的寄存器，也是一个二进制8位寄存器，由8个触发器组成。该寄存器在乘法或除法前用来存放乘数或除数，在乘法或除法后用于存放乘积的高8位或除数的余数。

（4）程序状态字PSW

PSW是一个8位标志寄存器，用来存放指令执行后的有关状态。PSW中的各位状态通常是在指令执行过程中自动形成的，也可以由用户根据需要采用传送指令加以改变。

PSW.7为最高位，PSW.0为最低位。其具体形式如表5-2所示。

表5-2　PSW程序状态字寄存器

位编号	PSW.7	PSW.6	PSW.5	PSW.4	PSW.3	PSW.2	PSW.1	PSW.0
位地址	D7H	D6H	D5H	D4H	D3H	D2H	D1H	D0H
位定义名	Cy	AC	F0	RS1	RS0	OV		P

PSW.7:进位标志位 Cy。用于表示加减运算过程中最高位 A7(累加器最高位)有无进位或借位。在加法运算时,若累加器 A 中最高位 A7 有进位,则 Cy=1;否则,Cy=0。在减法运算时,若 A7 有了借位,则 Cy=1;否则,Cy=0。此外,CPU 在进行移位操作时也会影响这个标志位。

PSW.6:辅助进位标志位 AC。用于表示加减运算时低 4 位(A3)有无向高 4 位(即 A4)进位或借位。若 AC=0,表示加减过程中 A3 没有向 A4 进位或借位;若 AC=1,表示加减过程中 A3 向 A4 有进位或借位。

PSW.5:用户标志位 F0。F0 标志位的状态通常不是机器在执行指令过程中自动形成的,而是由用户根据程序执行需要传送指令确定的。一经设定便由用户程序自动检测,以决定用户程序流向。

PSW.4、PSW.3:寄存器选择位 RS1 和 RS0。8051 共有 8 个工作寄存器,分别命名为 R0~R7,工作寄存器 R0~R7 常常被用户用来进行程序设计,但它在 RAM 中的实际物理地址是可以根据需要选定的。RS1 和 RS0 就是为了这个提供给用户使用,用户通过 RS1 和 RS0 的状态可以方便地决定 R0~R7 的实际物理地址。

PSW.2:溢出标志位 OV。此位可以指示运算过程中是否发生了溢出,在机器指令过程中自动形成。若在机器执行运算指令过程中,累加器 A 中运算结果超过了 8 位能表示的范围,即 -128~+127,则 OV 标志自动置 1;否则,OV=0。

PSW.1:这一位未定义位名称,但用户仍可进行位寻址操作,用位编号 PSW.1 或位地址 D1H 表示。在有的开发系统 DBUG 软件中用 F1 表示这一位定义名。

PSW.0:奇偶校验位 P。PSW.0 为奇偶标志位 P,用于指示指令运算结果中 1 的个数的奇偶性,若 P=1,则累加器 A 中 1 的个数为奇数;若 P=0,则累加器 A 中 1 的个数为偶数。

(5) 堆栈指针 SP

堆栈指针是一个 8 位寄存器,能自动加 1 或减 1,专门用来存放堆栈的栈顶地址。堆栈是一种能按"先进后出"或"后进先出"规律存数据的 RAM 区域。这个区域可大可小,常称为堆栈区。8051 片内 RAM 共有 128 B,地址范围为 00H~FFH,故这个区域中任何一个子域都可以用作堆栈区,即作为堆栈来使用。

(6) 数据指针 DPTR

数据指针 DPTR 是一个 16 位寄存器,由两个 8 位寄存器 DPH 和 DPL 拼成。DPH 为 DPTR 的高 8 位,DPL 为 DPTR 的低 8 位。DPTR 可以用来存放片内 ROM 的地址,也可以用来存放片外 RAM 和片外 ROM 地址,主要用于访问片外 RAM。

▶▶▶ 5.4.2 存储器结构和地址空间 ▶▶ ▶

存储器是计算机的主要组成部分,其用途是存放程序和数据。51 系列单片机的存储器结构与一般通用计算机不同。一般通用计算机通常只有一个逻辑空间,即程序存储器和数据存储器是统一编址的。访问存储器时,同一地址对应唯一的存储空间,可以是 ROM,也可以是 RAM,并用同类访问指令,这种存储器结构称为"冯·诺伊曼结构",如图 5-5 所示;而 51 系列单片机的程序存储器和数据存储器在物理结构上是分开的,这种结构称为"哈佛结构",如图 5-6 所示。

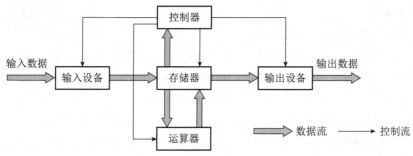

图 5-5　冯·诺依曼体系结构

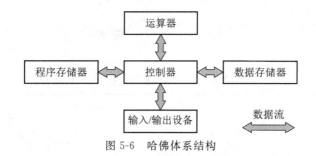

图 5-6　哈佛体系结构

51 系列单片机的存储器在物理结构上可以分为如下 4 个存储空间:片内程序存储器、片外程序存储器、片内数据存储器和片外数据存储器。

51 系列单片机各具体型号的基本结构与操作方法相同,但是存储容量不完全相同,下面以 AT89C51 为例来说明。图 5-7 所示为 AT89C51 的存储器结构与地址空间。在逻辑上(即从用户使用的角度)来划分,AT89C51 有 4 个存储空间:

(1) 片内地址 0000H～0FFFH 范围的 4 KB Flash 存储器;

(2) 内外统一编址的 64 KB 外扩程序存储器地址空间(16 位地址);

(3) 片内地址 00H～7FH 范围 128 B 的数据存储器空间;

(4) 64 KB 片外数据存储器地址空间。

由图 5-7 可以看出,片内程序存储器的地址空间(4 KB)和片外程序存储器的低地址空间相同;片内数据存储器的地址空间(00H～FFH)与片外数据存储器的低地址空间不同,通过采用不同形式的指令产生不同存储空间的选通信号,即可访问不同的逻辑空间。下面分别介绍程序存储器和数据存储器的配置特点。

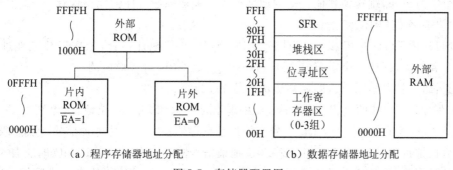

（a）程序存储器地址分配　　　　　（b）数据存储器地址分配

图 5-7　存储器配置图

1.程序存储器

(1) 程序存储器的结构

AT89C51 有 64 KB ROM 的寻址区,其中 0000H~0FFFH 的 4 KB 地址区可以为片内 ROM 和片外 ROM 公用,1000H~FFFFH 的 60 KB 地址区为片外 ROM 专用。在 0000H~ 0FFFH 的 4 KB 地址区,片内 ROM 可以占用,片外 ROM 也可以占用,但不能为两者同时占用。为了指示机器的这种占用指令,设计者为用户提供了一条专用的控制引脚$\overline{EA}$。若$\overline{EA}$接+5 V 高电平,则机器使用片内 4 KB ROM;若$\overline{EA}$接低电平,则机器自动使用片外 ROM,这一关系如图 5-7(a)所示。

(2) 程序存储器的入口地址

在程序存储器 4 KB 中有其中有 7 个字节具有特殊用途,为单片机系统专用单元,如表 5-3 所示。

表 5-3 MCS-51 单片机复位、中断入口地址

地址	存放内容
0000H	程序运行入口地址
0003H	外部中断 0 中断服务程序入口地址
000BH	定时/计数器 0 溢出中断服务程序入口地址
0013H	外部中断 1 中断服务程序入口地址
001BH	定时/计数器 1 溢出中断服务程序入口地址
0023H	串行口中断服务程序入口地址
002BH	定时/计数器 2 溢出中断服务程序入口地址(仅 52 子系列)

0003H~0023H 是 5 个中断源中断服务程序入口地址,用户不能安排其他内容。MCS-51 型单片机复位后,(PC)=0000H,CPU 从地址为 0000H 的 ROM 单元中读取指令和数据。从 0000H 到 0023H 这 5 个地址空间将程序存储器分隔开来,但是每个间隔无法完成一个完整原始程序的保存,而 MCS-51 型单片机取址又是按照从低地址到高地址依次读取 ROM 空间,这种情况下,如果依旧按照从低地址到高地址保存原始程序代码,程序会被这 5 个单元切割,很容易造成程序调用"跑飞"现象。因此,程序设计人员利用一条无条件跳转指令,跳越这几个字节单元,跳转到其他合适的地址范围来完成原始程序的完整保存。

(3) 程序存储器 ROM 的访问

读/写片内 ROM 过程:以程序计数器 PC 作为 16 位地址指针,依次读相应地址 ROM 中的指令和数据,每读一个字节,(PC)+1→PC,这是 CPU 自动形成的。

注意:PC 不对用户开放,即用户无法修改 PC 内容。

读/写片外 ROM 的过程:CPU 从 PC 中取出寻址 ROM 的 16 位地址,分别由 P0 口(低 8 位)和 P2 口(高 8 位)输出,ALE 信号有效地址锁存器锁存低 8 位地址信号,地址锁存器输出的低 8 位地址信号和 P2 口输出的高 8 位地址信号同时加到外 ROM 16 位地址输入端,完成片外地址寻址,单片机发送读/写有效信号。利用 P0 口分时复用技术完成数据的写出或读入。

2. 数据存储器

（1）数据存储器的结构

RAM 存储器主要用来存放数据,故又称为数据存储器。AT89C51 的 RAM 存储器有片内和片外之分:片内 RAM 共有 128 B,地址范围为 00H～7FH;片外 RAM 可扩展 64 KB,地址范围为 0000H～FFFFH,片内外独立编址。针对两种地址形式,单片机利用 MOV 指令用于片内 00H～FFH 范围内的寻址,MOVX 指令用于片外 0000H～FFFFH 范围内的寻址。

（2）片内低 128 B RAM

片内 128 B RAM 空间分为工作寄存器区、位寻址区和堆栈、数据缓冲区,如图 5-8 所示。

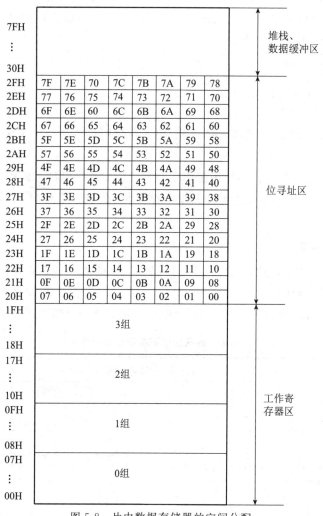

图 5-8　片内数据存储器的空间分配

① 工作寄存器区（00H～1FH）

这 32 个 RAM 单元共分四组,每组占 8 个单元,分别用代号 R0～R7 表示。R0～R7 可以指向四组中的任一组,由 PSW 中的 RS1、RS0 状态决定,如表 5-4 所示。

表 5-4 RS1、RS0 对工作寄存器的选择

RS1、RS0	R0~R7 的组号	R0~R7 的物理地址
00	0	00H~07H
01	1	08H~0FH
10	2	10H~17H
11	3	18H~1FH

② 位寻址区(20H~2FH)

这 16 个单元具有双重功能。它们既可以像普通 RAM 单元一样按字节存取,也可以对每个 RAM 单元中的任何一个按位存取,这就是位寻址。20H~2FH 用作位寻址时,共有 16×8=128 位,每位都分配了一个特定地址,即 00H~7FH。这些地址称为位地址,如图 5-8 所示。位地址在位寻址指令中使用。例如,要把 2FH 单元中最高位 D7(位地址为 7FH)置位成 1,则可使用如下位置位指令:

SETB 7FH ; 7FH←1

其中,SETB 为位置位指令的操作码。

③ 堆栈和数据缓冲区(30H~7FH)

堆栈、数据缓冲区共有 80 个 RAM 单元,用于存放用户数据或作堆栈区使用,也称用户RAM 区。

对于整个 RAM 存储器,在不使用工作寄存器或位寻址区时都可以作为一般的 RAM 使用。例如,如果在程序中只用到第 0 组工作寄存器,那么 08H~1FH 区域就可以作为一般的 RAM 使用。

3. 特殊功能寄存器

51 系列单片机内的锁存器、定时器、串行口、数据缓冲器及各种控制寄存器、状态寄存器都以特殊功能寄存器(special function register)的形式出现,它们离散地分布在高 128 位片内RAM 80H~FFH 中,表 5-5 为特殊功能寄存器地址映像表(表中仅列出 AT 89C51 的 21 个 SFR)。

表 5-5 特殊功能寄存器地址映像

SFR 名称	符号	位地址/位定义/位编号								字节地址
		D_7	D_6	D_5	D_4	D_3	D_2	D_1	D_0	
B 寄存器	B	F7H	F6H	F5H	F4H	F3H	F2H	F1H	F0H	(F0H)
累加器 A	ACC	E7H	E6H	E5H	E4H	E3H	E2H	E1H	E0H	(E0H)
		ACC.7	ACC.6	ACC.5	ACC.4	ACC.3	ACC.2	ACC.1	ACC.0	
程序状态字	PSW	D7H	D6H	D5H	D4H	D3H	D2H	D1H	D0H	(D0H)
		Cy	AC	F0	RS1	RS0	OV		P	
		PSW.7	PSW.6	PSW.5	PSW.4	PSW.3	PSW.2	PSW.1	PSW.0	

续表

SFR 名称	符号	位地址/位定义/位编号								字节地址
		D_7	D_6	D_5	D_4	D_3	D_2	D_1	D_0	
中断优先级控制	IP	BFH	BEH	BDH	BCH	BBH	BAH	B9H	B8H	(B8H)
					PS	PT1	PX1	PT0	PX0	
I/O 端口 3	P3	B7H	B6H	B5H	B4H	B3H	B2H	B1H	B0H	B0H
		P3.7	P3.6	P3.5	P3.4	P3.4	P3.2	P3.1	P3.0	
中断允许控制	IE	AFH	AEH	ADH	ACH	ABH	AAH	A9H	A8H	(A8H)
		EA			ES	ET1	EX1	ET0	EX0	
I/O 端口 2	P2	A7H	A6H	A5H	A4H	A3H	A2H	A1H	A0H	(A0H)
		P2.7	P2.6	P2.5	P2.4	P2.3	P2.2	P2.1	P2.0	
串行数据缓冲	SBUF									99H
串行控制	SCON	9FH	9EH	9DH	9CH	9BH	9AH	99H	98H	(98H)
		SM0	SM1	SM2	REN	TB8	RB8	TI	RI	
I/O 端口 1	P1	97H	96H	95H	94H	93H	92H	91H	90H	(90H)
		P1.7	P1.6	P1.5	P1.4	P1.3	P1.2	P1.1	P1.0	
T1(高字节)	TH1									8DH
T0(高字节)	TH0									8CH
T1(低字节)	TL1									8BH
T0(低字节)	TL0									8AH
定时/计数器方式选择	TMOD	GATE	C/$\overline{\text{T}}$	M1	M0	GATE	C/$\overline{\text{T}}$	M1	M0	89H
定时/计数器控制	TCON	8FH	8EH	8DH	8CH	8BH	8AH	89H	88H	(88H)
		TF1	TR1	TF0	TR0	IE1	IT1	IE0	IT0	
电源控制及波特率选择	PCON	SMOD				GF1	GF0	PD	IDL	87H
数据指针高字节	DPH									83H
数据指针低字节	DPL									82H
堆栈指针	SP									81H
I/O 端口 0	P0	87H	86H	85H	84H	83H	82H	81H	80H	(80H)
		P0.7	P0.6	P0.5	P0.4	P0.3	P0.2	P1.0	P0.0	

表中罗列了这些特殊功能寄存器的名称、符号和字节地址,其中字节地址能被 8 整除的特殊功能寄存器(字节地址末位为 0 或 8)可位寻址位操作。可位寻址的特殊功能寄存器每一位都有位地址,有的还有位定义名,对累加器 A 和程序状态字 PSW,还可以按照其位编号进行位操作。例如 ACC.7 是位编号,代表累加器 ACC 的最高位,它的位地址为 E7H;又如 PSW.0 是位编号,代表程序状态字寄存器 PSW 最低位,它的位地址为 D0H,位定义名为 P,编程时三者都可使用。有的特殊功能寄存器有位定义名,却无位地址,则不可位寻址位操作。例如 TMOD,每一位都有位定义名:GATE、C/$\overline{\text{T}}$、M1、M0,但无位地址,因此不可位寻址位操作。不可位寻址位操作的特殊功能寄存器只有字节地址。

5.5 并行 I/O 端口

▶▶▶ 5.5.1 并行 I/O 口的结构 ▶▶▶

89C51 有 4 个并行 I/O 端口,分别命名为 P0、P1、P2 和 P3,在这四个并行 I/O 端口中,每个端口都有双向 I/O 功能,即 CPU 既可以从四个并行 I/O 端口中的任何一个输出数据,又可以从它们那里输入数据。每个 I/O 端口内部都有一个 8 位数据输出锁存器和一个 8 位数据输入缓冲器,4 个数据输出锁存器和端口号 P0、P1、P2 和 P3 同名,皆为特殊功能寄存器 SFR 中的一个。因此,CPU 数据从并行 I/O 端口输出时可以得到锁存,数据输入时可以得到缓冲。

在无片外扩展存储器的系统中,这 4 个端口的每一位都可以作为准双向通用 I/O 端口使用。在具有片外扩展存储器的系统中,P2 口送出高 8 位地址,P0 口为双向总线,分时送出低 8 位地址和数据的输入/输出。

4 个并行 I/O 端口在结构上并不相同,因此它们在功能和用途上的差异较大。P0 口和 P2 口内部均有一个受控制器控制的二选一选择电路,故它们除可以用作通用 I/O 口外还具有特殊的功能。例如,P0 口可以输出片外存储器的低 8 位地址码和读写数据,P2 口可以输出片外存储器的高 8 位地址码。P1 口常作为通用 I/O 口使用,为 CPU 传送用户数据;P3 口除可以作为通用 I/O 口使用外,还具有第二功能。在 4 个并行 I/O 端口中,只有 P0 口是真正的双向 I/O 口,故它具有较大的负载能力,最多可以推动 8 个 LSTTL 门,其余 3 个 I/O 口是准双向 I/O 口,只能推动 4 个 LSTTL 门。

▶▶▶ 5.5.2 并行 I/O 口的操作 ▶▶▶

1. P0 口

P0 口既能用作通用 I/O 口,又能用作地址/数据总线。图 5-9 所示是 P0 口的一位结构图。

(1) 用作通用 I/O 口

用作通用 I/O 口时,CPU 令控制信号为低电平,其作用有两个:一是使多路开关 MUX 接通 B 端,即锁存器输出端 $\overline{\text{Q}}$;二是令与门输出低电平,V1 截止,使输出级开漏输出电路。

① 作为输出口。当 P0 口用作输出口时,因输出级处于开漏状态,必须外接上拉电阻。当写信号加在锁存器的时钟端 CLK 上时,此时 D 触发器将内部总线上的信号反相后输出到

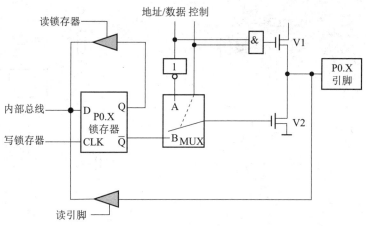

图 5-9　P0 口一位结构图

端 $\overline{Q}$，若 D 端信号为 0，$\overline{Q}$＝1，V2 导通，P0. X 引脚输出"0"；若 D 端信号为 1，$\overline{Q}$＝0，V2 截止，虽然 V1 截至，因 P0. X 引脚已外接上拉电阻，P0. X 引脚输出"1"。

② 作为输入口。当 P0 口用作输入时，必须保证 V2 截止。因为若 V2 导通，从 P0 口引脚上输入的信号就被 V2 短路。为使 V2 截止，必须先向该端口锁存器写"1"。Q＝0，V2截止。输入信号从 P0 引脚输入后，先进入图中下方的读引脚输入缓冲器。CPU 执行端口输入指令后，"读引脚"信号使输入缓冲器开通，输入信号进入内部数据总线。

③ "读-修改-写"。51 型单片机除了对端口进行输入输出操作外，还能对端口进行"读-修改-写"操作。例如，执行 ANL P0,A 指令是将 P0 口的状态信号（读）与累加器 A 内容相"与"（修改）后，再重新写入 P0 口锁存器输出（写）。其中"读"不是读 P0 口引脚上的输入信号，而是读 P0 口原来输出的信号，即读锁存器 Q 端的信号，用的输入缓冲器是图中上方的读锁存器输入缓冲器，防止错读引脚上的电平信号。读锁存器信号使该缓冲器开通，锁存器 Q 端的信号进入内部数据总线。

（2）作为地址/数据总线

P0 口除具有一般的输入输出作用外，还能作为地址总线低 8 位和数据总线，供系统扩展时使用。这时控制信号为高电平，多路开关 MUX 接通 A 端。

① 总线输出。作总线输出时，从"地址/数据"端输入的地址或数据信号同时作用于与门和反相器，并分别驱动 V1、V2，结果在引脚上得到地址或数据输出信号。例如，若地址/数据信号为"1"，则与门输出"1"，V1 导通，反相器输出"0"，V2 截止，引脚输出"1"；若地址/数据信号为"0"，则与门输出"0"，V1 截止，反相器输出"1"，V2 导通，引脚输出"0"。

② 外部数据输入。此时 CPU 使 V1、V2 均截止，从引脚上输入的外部数据经读引脚缓冲器进入内部数据总线。

对于 51 型在无外存储器扩展时，P0 口能作为 I/O 口使用；在扩展外存储器时，利用分时复用技术用作地址/数据总线。

P0 口能驱动 8 个 LSTTL 门电路（1 个 LSTTL 电路的驱动电流，低电平时为 0.36 mA，高电平时为 20 μA）。

2. P1 口

P1 口用作通用 I/O 口，其一位结构如图 5-10 所示。

与 P0 口相比，P1 口的位结构图中少了地址/数据的传送电路和多路开关，上面一只

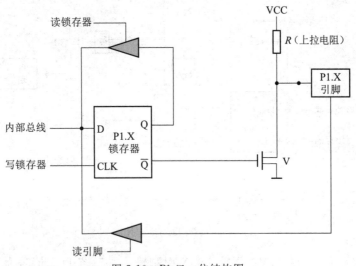

图 5-10 P1 口一位结构图

MOS 管改为上拉电阻。P1 口作为一般 I/O 口的功能和使用方法与 P0 口相似。当用作输入口时,应先向端口写入"1"。它也有读引脚和读锁存器两种方式,不同的是当输出数据时,由于内部已有上拉电阻,无需再接上拉电阻。

P1 口的负载能力为 4 个 LSTTL 门电路。

3. P2 口

图 5-11 是 P2 口一位结构图。P2 口能用作通用 I/O 口或地址总线高 8 位。

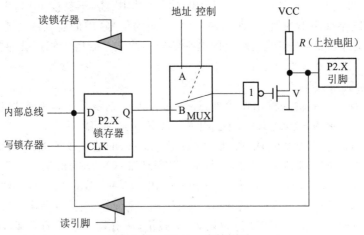

图 5-11 P2 口一位结构图

① 作为通用 I/O 口:当控制信号为低电平时,多路开关 MUX 接到 B 端,P2 口作为通用 I/O 口使用,其功能和使用方法与 P0、P1 口相同。用作输入时,必须先写入"1"。

② 作为地址总线:当控制端输出高电平时,多路开关 MUX 接到 A 端,地址信号经反相器和 V 管二次反相后从引脚输出。这时 P2 口输出地址总线高 8 位,供系统扩展用。

对于 8051 型、8751 型单片机,P2 口能作为 I/O 口或地址总线用;对于 8031 型单片机,P2 只能用作地址总线高 8 位。

P2 口的负载能力为 4 个 LSTTL 门电路。

4. P3 口

图 5-12 是 P3 口一位结构图。

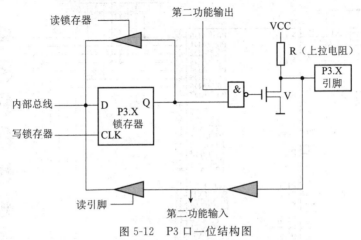

图 5-12 P3 口一位结构图

P3 口能用作通用 I/O 口,同时每个引脚还有第二功能。

① 作为通用 I/O 口:此时"第二功能输出"端为高电平。用作输出时,与非门的输出取决于锁存器 Q 端信号,引脚输出信号与内部总线信号相同。其功能与使用方法与 P1、P2 口相同。用作输入时,必须先写入"1"。

② 用作第二功能:当 P3 口的某一位作为第二功能输出使用时,应将该位的锁存器置"1",使与非门和输出状态只受"第二功能输出"端控制,第二功能输出信号经与非门和 V 管二次反相后输出到该位引脚上。当 P3 口的某一位作为第二功能输入使用时,该位的"第二功能输出"端和锁存器自行置"1",该位引脚上信号经缓冲器送入"第二功能输入"端。

P3 口的负载能力为 4 个门电路。

在一般情况下(指扩展存储器),P0 口分时作为地址总线低 8 位和数据总线,P2 口作为地址总线高 8 位,P3 口作为第二功能使用(不一定全部),真正能提供给用户使用的 I/O 口只有 P1 口和未用作第二功能的部分 P3 口端线。在用作输入时,P0~P3 口均需先写入"1"。

▶▶ 5.5.3 并行 I/O 口的应用 ▶▶▶

在没有外扩任何芯片时,MCS-51 单片机内部并行口可以作为输出口直接与输出外设连接,常用的输出外设是发光二极管;MCS-51 单片机内部并行口也可以作为输入口直接与输入外设连接,常用的输入外设是开关。

例 1 如图 5-13 所示电路连接,利用 P0 口完成 8 只 LED 灯的流动控制。(注意:8 只 LED 灯为共阳极连接)

源程序:

```
#include<reg51.h>
unsigned char i;
unsigned char temp;
unsigned char a,b;
void delay(void)
{
```

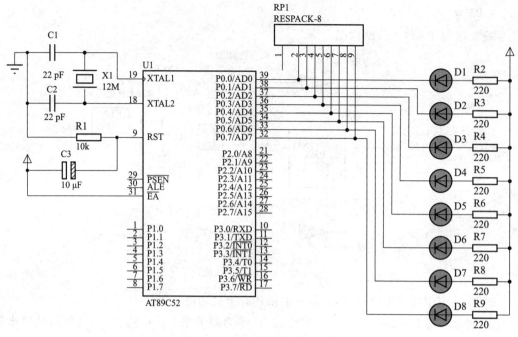

图 5-13　P0 口控制流水灯电路

```
unsigned char m,n,s;
for(m = 20;m>0;m - - )
{
    for(n = 20;n>0;n - - )
    {
        for(s = 248;s>0;s - - );
    }
}
}
void main(void)
{
    while(1)
    {
        temp = 0xfe;
        P0 = temp;
        delay();
        for(i = 1;i<8;i + + )
        {
            a = temp<<i;
            b = temp>>(8 - i);
            P0 = a|b;
            delay();
        }
        for(i = 1;i<8;i + + )
        {
            a = temp>>i;
            b = temp<<(8 - i);
            P0 = a|b;
```

```
            delay();
        }
    }
}
```

例2 如图 5-14 所示电路连接,利用 8 个拨动开关,把 8 位数据送到 P2 口,程序读入,然后送 P1 口显示。

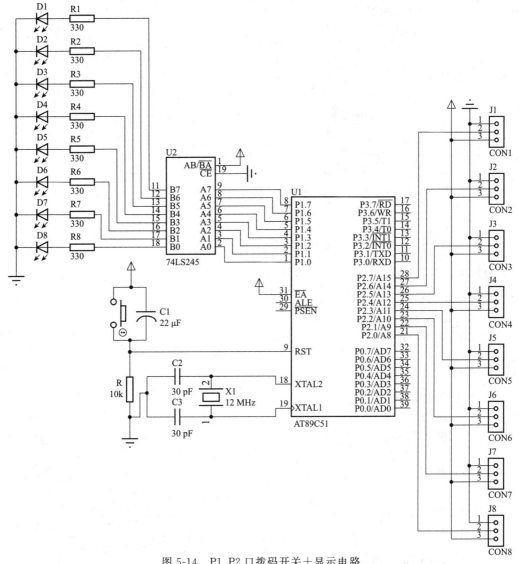

图 5-14 P1、P2 口拨码开关+显示电路

源程序:

```c
#include<reg52.h>
#define key P2
#define led P1
void main(void)
{
```

```
    while(1)
    {
        led = key;
    }
}
```

例 3 如图 5-15 所示电路连接,P3.7 口作通用 I/O 输出口控制继电器的开合,以实现对外部装置(如 L1 灯)的控制。

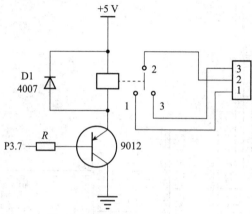

图 5-15   P3 口控制继电器电路

源程序:

```
#include<reg51.h>
#define uchar unsigned char
sbit LED = P3^7;
void delay()
{
    uchar i,j = 250;
    for(i = 200;i>0;i- -)
        while(- - j);
}
void main(void)
{
    bit flag = 0;
    while(1)
    {
        LED = flag;
        delay();
        LED = ! flag;
        delay();
    }
}
```

5.6　时钟电路与复位电路

▶▶▶ 5.6.1　时钟电路和时序 ▶▶▶

　　总的来说,CPU 功能是以不同的方式执行各种指令,不同的指令功能各异。有的指令涉及 CPU 各寄存器之间的关系,有的指令涉及单片机核心电路内部各功能部件间的关系,有的则与外部器件如外部程序存储器发生联系。事实上,CPU 是通过复杂的时序电路完成不同的指令功能。所谓时序是指控制器按照指令功能发出一系列在时间上有一定次序的信号,控制和启动一部分逻辑电路完成某种操作。

1.时钟电路

　　89C51 型单片机内有一高增益反相放大器,按图 5-16(a)连接即可构成自激振荡电路,振荡频率取决于石英晶体的振荡频率,范围可取 1.2～12 MHz,C1、C2 主要起频率微调和稳定作用,电容值可取 5～30 pF。

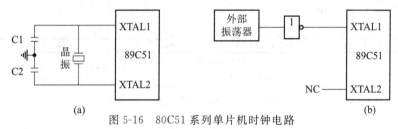

图 5-16　80C51 系列单片机时钟电路

　　当采用外部振荡脉冲输入时,可按图 5-16(b)连接,此时 XTAL2 悬空,从 XTAL1 输入外部振荡脉冲。

2.时序

　　89C51 单片机的一个机器周期由 6 个状态(S1～S6)组成,每个状态又持续 2 个振荡周期,分为 P1 和 P2 两个节拍。一个机器周期由 12 个振荡周期组成,一个状态周期由 2 个振荡周期构成。若采用 12 MHz 的晶体振荡器,则每个机器周期为 1 μs,每个状态周期为 1/6 μs。在一般情况下,算术和逻辑操作发生在 P1 期间,而内部寄存器到寄存器的传输发生在 P2 期间。

　　89C51 单片机的取指令和执行指令的定时关系如图 5-17 所示。从图中可以看出低 8 位的地址锁存信号 ALE 在访问外部程序存储器的机器周期中两次有效(S1P2～S2P1 和 S4P2～S5P1);在访问外部数据存储器的机器周期时,第二个机器周期不产生有效的 ALE 信号。

　　对于单周期指令,当指令操作码读入指令寄存器时,便从 S1P2 开始执行指令。如果是双字节指令,则在同一机器周期的 S4 读入第二字节;若为单字节指令,则在 S1 期间仍进行读操作,但所读入的字节操作码被忽略,且程序计数器也不加 1。在 S6P2 结束时完成指令操作。

　　大多数 89C51 指令周期为 1～2 个机器周期,只有乘法和除法指令需要两个以上机器周期的指令,它们需要 4 个机器周期。

　　对于双字节单周期指令,通常是一个机器周期内从程序存储器中读入两个字节,但 MOVX 指令例外。MOVX 指令是访问外部数据存储器的单字节双机器周期指令,在执行

MOVX 指令期间,外部数据存储器被选通时跳过两次取指操作,如图 5-17(d)所示。

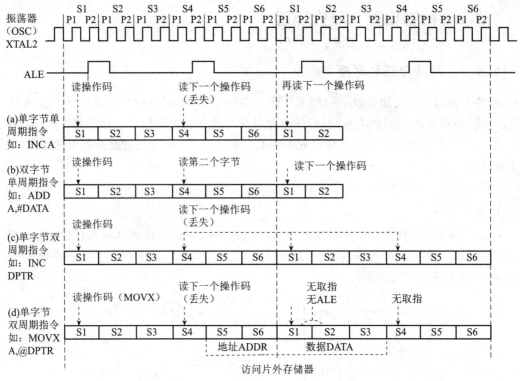

图 5-17　89C51 取指和执行指令时序图

▶▶▶ 5.6.2　复位和复位电路

复位是计算机的一个重要工作状态。单片机工作时,接电时要复位,断电后要复位,发生故障后要复位,所以必须清楚复位方式和复位电路。其电路图如图 5-18 所示。

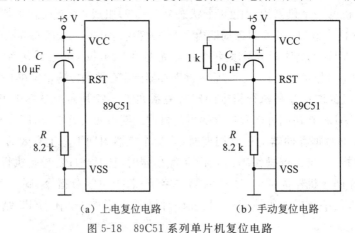

（a）上电复位电路　　　　（b）手动复位电路

图 5-18　89C51 系列单片机复位电路

1. 复位方式

单片机在开关机时都需要复位,以便中央处理器 CPU 以及其他功能部件都处于一个确定的初始状态,并从这个状态开始工作。89C51 的 RST 引脚是复位信号的输入端。复位信号是高电平有效,持续时间要 24 个时钟周期以上。例如,若 89C51 单片机时钟频率为 12 MHz,则复位脉冲宽度至少应为 2 μs。单片机复位后,其片内各寄存器状态如表 5-6 所列。这时,堆栈指针 SP 为 07H,ALE、$\overline{\text{PSEN}}$、P0、P1、P2 和 P3 口各引脚均为高电平,片内 RAM 中内容不变。

表 5-6　复位后的内部存储器状态

寄存器名	内容	寄存器名	内容
PC	0000H	TCON	00H
ACC	00H	TH0	00H
B	00H	TL0	00H
PSW	00H	TH1	00H
SP	07H	TL1	00H
DPTR	0000H	TH2(80C52)	00H
P0~P3	FFH	TL2(80C52)	00H
IP(80C51)	×××00000B	RCAP2H(80C52)	00H
IP(80C52)	××000000B	RCAP2L(80C52)	00H
IE(80C51)	0××00000B	SCON	00H
IE(80C52)	0×000000B	PCON(HMOS)	0×××××××B
SBUF	不定	PCON(CHMOS)	0×××0000B
TMOD	00H		

2. 复位电路

图 5-18(a)为 89C51 型单片机上电复位电路。RC 构成微分电路,在接电瞬间产生一个微分脉冲,其宽度若大于 2 个机器周期,89C51 型单片机将复位。为保证微分脉冲宽度足够大,RC 时间常数应大于 2 个机器周期,一般取 10 μF 电容和 8.2 kΩ 电阻。

图 5-18(b)为手动复位电路。

5.7　单片机的工作方式

5.7.1　程序执行方式 ▶▶ ▶

程序执行方式是单片机的基本工作方式,通常可以分为单步执行和连续执行两种。

1. 单步执行方式

单步执行方式是指单片机在控制面板上某个按钮(即单步执行键)控制下一条一条执行用户程序中指令的方式,即按一次单步执行键执行一条用户指令的方式。单步执行方式常常用于用户程序的调试。

单步执行方式是利用单片机外部中断功能实现的。单步执行键相当于外部的中断源,当它被按下时相应电路就产生一个负脉冲(即中断请求信号)送到单片机的 $\overline{\text{INT0}}$(或 $\overline{\text{INT1}}$)引脚。89C51 单片机在 $\overline{\text{INT0}}$ 上负脉冲的作用下启动一次中断处理过程,CPU 执行一条程序指令,如此便可以一步一步地进行单步操作。

2. 连续执行方式

连续执行方式是所有单片机都需要的一种工作方式,被执行程序可以放在片内或片外 ROM 中。由于单片机复位后程序计数器 PC＝0000H,机器在加电或按钮复位后总是到 0000H 处执行程序,可以预先在 0000H 处放一条转移指令,以便跳转到 0000H～FFFFH 中的任何地方执行程序。

▶▶▶ **5.7.2 省电方式** ▶▶▶ ▶

省电方式是一种减少单片机功耗的工作方式,只有 CHMOS 型器件才有这种工作方式,通常可以分为空闲(等待)方式和掉电(停机)方式两种。CHMOS 型单片机是一种低功耗器件,正常工作时消耗 11～20 mA 电流,空闲状态时为 1.7～5 mA 电流,掉电方式时为 5～50 μA。因此,CHMOS 型单片机特别适用于低功耗应用场合。

CHMOS 型单片机的节电方式是由特殊功能寄存器 PCON 控制的,PCON 各位定义如表 5-7 所示。

表 5-7　特殊功能寄存器 PCON

PCON. 7	PCON. 6	PCON. 5	PCON. 4	PCON. 3	PCON. 2	PCON. 1	PCON. 0
SMOD	—	—	—	GF1	GF0	PD	IDL

其中,SMOD 为串行口波特率倍率控制位,若 SMOD＝1,则串行口波特率加倍;PCON.6～PCON.4 无定义,用户不可使用;GF1 和 GF0 为通用标志位,用户可通过指令改变它们的状态,PD 为掉电控制位,IDL 为空闲控制位。PD 和 IDL 的片内控制电路如图5-19所示。

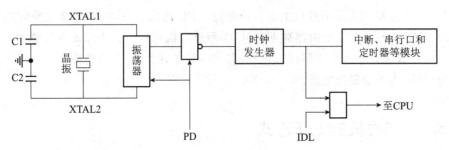

图 5-19　空闲和掉电方式控制电路

图中,PD 和 IDL 分别为 PCON 中的 PD 和 IDL 触发器的相应输出端。

1. 掉电方式

由图 5-19 可见,PD 端变为高电平时,振荡器停振,片内所有功能部件停止工作,但片内 RAM 和特殊功能寄存器 SFR 中内容保持不变,ALE 和 $\overline{PSEN}$ 的输出为逻辑低电平。在掉电期间,VCC 电源可以降为 2 V(可以由干电池供电)。

2. 空闲方式

当 IDL 端变为低电平时,与门输出 0,CPU 停止工作,但中断、串行口和定时/计数器可以继续工作。此时,CPU 现场(即 SP、PC、PSW 和 ACC 等)、片内 RAM 和 SFR 中其他寄存器内容均维持不变,ALE 和 $\overline{PSEN}$ 变为高电平。总之,CPU 进入空闲状态后是不工作的,但各功能部件保持了进入空闲状态前的内容,且功耗很小。因此,在程序执行过程中,用户在CPU无事可做或不希望它执行有用程序时应让它进入空闲状态,一旦需要继续工作就让它退出空闲状态。

CHMOS型器件退出空闲状态有两种方法。一种是让被允许中断的中断源发出中断请求(例如,定时器T0定时1 ms时间已到),中断系统收到这个中断请求后片内硬件电路会自动使IDL=0,致使图中与门重新打开,CPU便可从激活空闲方式指令的下一条指令开始继续执行程序。另一种使CPU退出空闲状态的方法是硬件复位,即在89C51的RST引脚上送一个脉宽大于24个时钟周期的脉冲。此时,PCON中的IDL被硬件自动清零,CPU便可继续执行进入空闲方式前的用户程序。

现在,以图5-20来说明空闲方式的应用。89C51在市电正常时执行用户程序,停电时依靠备用电池处于空闲(延长电池使用寿命),市电恢复后继续执行停电前的用户程序。

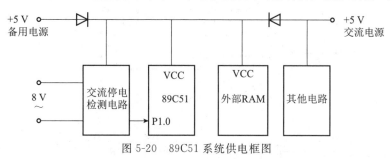

图5-20 89C51系统供电框图

图中硬件电路十分简单。两只二极管对两种电源起隔离作用,即市电正常时备用电池不工作,反之亦然。交流停电检测电路既可以由市电电源+5 V供电,也可以由备用干电池供电。交流停电检测电路的作用是:若市电未停,则它使P1.0引脚变为低电平"0";若市电停,则它使P1.0变为高电平"1"。

其实,空闲方式的进入和退出是由程序控制的,图中只是它的硬件支持电路。通常,能完成上述切换的程序由主程序和定时器T0的中断服务程序组成。

5.8 单片机最小系统

单片机最小系统,也叫作单片机最小应用系统,是指用最少的元件组成单片机可以工作的系统。单片机最小系统的三要素是电源、晶振、复位电路,如图5-21所示。

▶▶▶ 5.8.1 晶振电路 ▶▶▶

单片机正常工作需要一个时钟,因此就需要在其晶振引脚上外接晶振,需要多大晶振取决于所使用的单片机。如果使用的是51单片机,其时钟频率可在0～40 MHz上运行,一般情况下建议选择12 MHz(适合计算延时时间)或者是11.0592 MHz(适合串口通信)。晶振电路如图5-22所示。

若直接将此晶振接入单片机晶振引脚,会发现系统工作不稳定。这是因为晶振起振的一瞬间会产生一些电感,为了消除这个电感所带来的干扰,可以在此晶振两端分别加上一个电容。电容需要选取无极性的,另一端需要共地。根据选取的晶振大小决定电容值,通常电

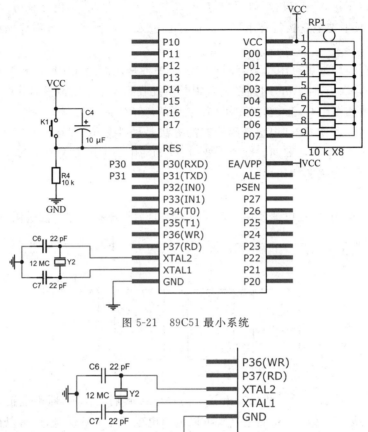

图 5-21　89C51 最小系统

图 5-22　晶振电路

容可在 10～33 pF 值范围内选取。当使用的是 22 pF 电容,这样一来就构成了晶振电路。只有保证晶振电路稳定,单片机才能继续工作。

▶▶ 5.8.2　复位电路 ▶▶ ▶

我们知道单片机引脚当中有一个 RST 复位引脚,而 89C51 单片机又是高电平复位,所以只需要让这个引脚保持一段时间高电平即可。要实现此功能通常有两种方式:一种是通过按键进行手动复位,还有一种是上电复位,即电源开启后自动复位。手动复位由一个按键及电容电阻组成,利用按键的开关功能实现复位,按键按下后 VCC 直接进入单片机 RST 引脚,松开后 VCC 断开,RST 被电阻拉为低电平。这一合一开就实现了手动复位。而自动复位主要是利用 RC 的充放电功能,电源一开启,由于电容通交隔直,VCC 直接进入 RST,然后电容开始慢慢充电,直到充电完成,此时 RST 被电阻拉低,这样就起到上电复位的效果。这里采用手动复位,不到系统崩溃,几乎不会操作复位。具体复位电路如图 5-23 所示。

▶▶ 5.8.3　电源电路 ▶▶ ▶

STC89CXX 单片机的工作电压范围是 3.3～5.5 V,通常我们使用 5 V 直流,将电源接

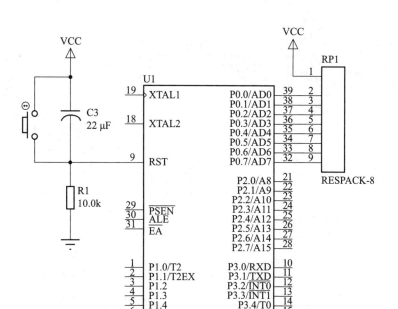

图 5-23　复位电路

入各芯片电源引脚即可。开发板电源电路如图 5-24 所示。

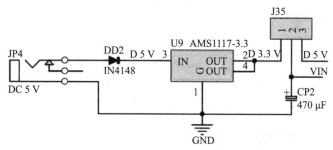

图 5-24　开发板电源电路

　　JP4 为火线接口,可使用 5 V 直流(电流在 2 A 之内均可)适配器接入,然后经过 3.3 V 稳压芯片转成 3.3 V,最终到 J35 端子处。J35 是用于切换系统电源的,对于 51 单片机,系统电源是 5 V,因此 J35 端子上面黄色跳线帽会短接到 2、3 脚,此时 VIN 即为 5 V。对于系统电源要求 3.3 V 的单片机,则 J35 端子需短接到 1、2,此时 VIN 即为 3.3 V。

▶▶▶ 5.8.4　下载电路 ▶▶▶

　　程序烧写到单片机内是通过上位机(PC 机)及对应的软件将编译器生成的 .HEX 文件通过单片机串口写入进去。我们知道现在的笔记本电脑没有 RS232 接口,所以要使用 USB 转 TTL 串口电平芯片来建立 PC 机和单片机数据传输通路。通常使用 CH340G 或者 CH340C 芯片来完成电平转换。CH340G 需外接 12 MHz 晶振,而 CH340C 内部自带晶振,所以可以不接外部 12 MHz 晶振。开发板上使用的是 CH340C 芯片。开发板下载电路如图 5-25 所示。

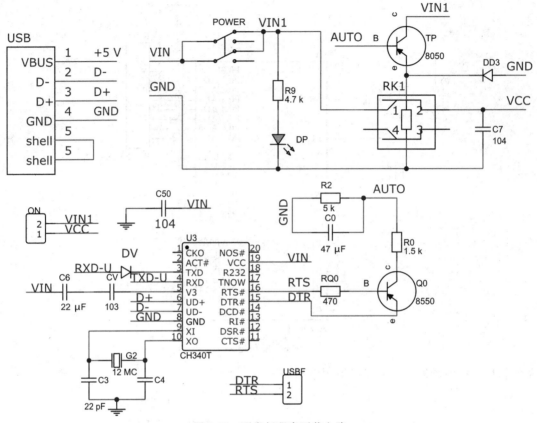

图 5-25　开发板程序下载电路

习题五

1. 什么是单片机？常规单片机有哪些？

2. AT89C51 单片机内部结构包含哪些功能部件？

3. 程序状态字 PSW 各位有什么意义？

4. 在 51 单片机的特殊功能寄存器中，16 位寄存器有哪些？各特殊功能寄存器作用是什么？

5. 单片机 4 组并口的使用有什么区别？各个并口有什么特殊用法？

6. AT89C51 单片机寻址范围是多少？AT89C51 最多可以配置多大容量的 ROM 和 RAM？用户可以使用的容量又有多少？

7. AT89C51 片内 RAM 容量有多少？可以分为哪几个区？各有什么特点？

8. AT89C51 的特殊功能寄存器 SFR 有多少个？可以位寻址的有多少？

9. AT89C51 的 $\overline{EA}$ 管脚的作用是什么？$\overline{RD}$ 和 $\overline{WR}$ 的作用是什么？

10. AT89C51 RST 引脚的作用是什么？有哪几种复位方式？复位后的状态如何？

11. 什么是单片机最小系统？其主要电路组成有哪些？

第6章
中断系统、定时/计数器及串行通信

 知识目标与能力目标

- 了解中断的基本概念及中断系统结构。
- 了解单片机定时/计数器的结构及工作原理。
- 了解单片机串行通信接口实现方法。
- 掌握中断的控制与使用。
- 掌握定时/计数器的控制与使用。
- 掌握 I2C、SPI 总线通信协议的使用。

 思政目标

- 掌握中断系统、定时/计数器的控制与使用,培养学生时间观念及思考问题的逻辑性。
- 培养学生协同合作、严谨缜密的科学思维和职业素养。

 ## 6.1 中断系统

▶▶▶ 6.1.1 中断 ▶▶▶

中断是为了使单片机对外部或内部随机发生的事件实时处理而设置的,中断功能的存在很大程度上提高了单片机处理外部或内部事件的能力。它是单片机重要的功能之一。

什么是中断呢?可以举一个日常生活中的例子来说明。假如你正在看书,电话铃响了。这时,你放下手中的书并在阅读位置做记号,去接电话;通话完毕,再继续刚才的阅读。这个例子就显现了中断及其处理过程:电话铃声使你暂时中止当前的工作,而去处理更为急需处理的事情(接电话),把急需处理的事情处理完毕之后,再回头来继续原来的事情。

中断是指 CPU 暂时停止当前程序的执行转而执行处理新情况的程序和执行过程。即在程序运行过程中,系统出现 CPU 必须立即处理的情况,此时,CPU 暂时中止程序的执行转而处理这个新情况的过程就叫作中断。

在上面的例子中,电话铃声称为"中断请求",暂停看书去接电话叫作"中断响应",接电话的过程就是"中断处理",其演示过程如图 6-1 所示。

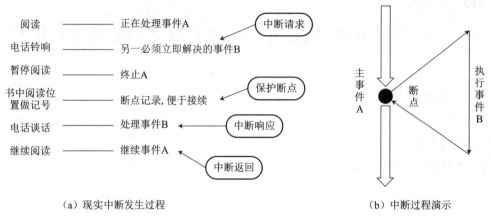

（a）现实中断发生过程　　　　　　　　　　　（b）中断过程演示

图 6-1　中断演示图

单片机为什么要采用中断？为了说明这个问题,再举一例子。假设你有一个朋友来拜访你,但是由于不知道何时到达,你只能在大门等待,于是什么事情也做不了。如果在门口装一个门铃,你就不必在门口等待而去干其他的工作,朋友来了按门铃通知你,你这时才中断你的工作去开门,这样就避免了等待和浪费时间。单片机也是一样,例如打印输出时,CPU 传送数据的速度高,而打印机打印的速度低,如果不采用中断技术,CPU 将经常处于等待状态,效率极低。而采用了中断方式后,CPU 可以进行其他的工作,只在打印机缓冲区中的当前内容打印完毕发出中断请求之后才予以响应,暂时中断当前工作转去执行向缓冲区传送数据,传送完成后又返回执行原来的程序。这样就大大地提高了单片机系统的效率。

▶▶▶ 6.1.2　中断系统 ▶▶▶ ▶

为实现中断功能而配置的硬件和编写的软件的组合就是中断系统。89C51 单片机中断系统结构如图 6-2 所示。

▶▶▶ 6.1.3　中断源 ▶▶▶ ▶

凡是能够引起中断的原因或提出中断请求的设备和异常故障均称为"中断源"。通常中断源有以下几种(图 6-3)。

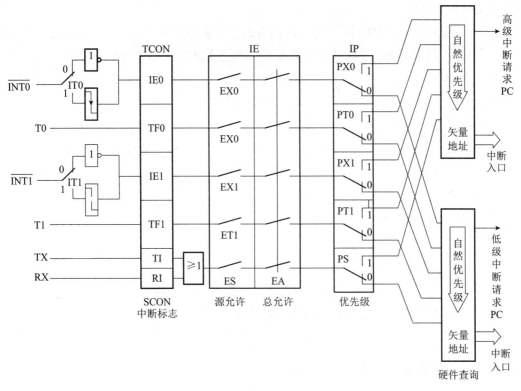

图 6-2 中断系统结构图

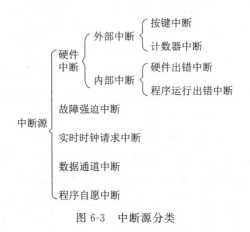

图 6-3 中断源分类

1. 硬件中断

一般外部设备(如键盘、打印机和 A/D 转换器等)在完成自身的操作后,向 CPU 发出中断请求,要求 CPU 为它服务。

硬件中断分为外部中断和内部中断。外部中断一般是指由计算机外设发出的中断请求,如键盘中断、打印机中断、计数器中断等。外部中断是可以屏蔽的中断,也就是说,利用中断控制器可以屏蔽这些外部设备的中断请求。内部中断是指因硬件出错(如突然掉电、奇偶校验错等)或运算出错(除数为零、运算溢出、单步中断等)所引起的中断。内部中断是不可屏蔽的中断。

2. 故障强迫中断

单片机系统在一些关键部位都设有故障自动检测装置。如运算溢出、存储器读取出错、外部设备故障、电源掉电以及其他报警信号等,这些装置的报警信号都能使 CPU 中断,进行相应的中断处理。

3. 实时时钟请求中断

在控制中遇到定时检测和控制时常采用一个外部时钟电路(可编程)控制其时间间隔。需要定时时,CPU 发出命令使时钟电路开始工作,一旦到达规定时间,时钟电路就发出中断请求,由 CPU 转去完成检测和控制工作,如看门狗电路。

4. 数据通道中断

数据通道中断也称直接存储器存取(DMA)操作中断,如磁盘、磁带机或 CRT 等直接与存储器交换数据所要求的中断。

5. 程序自愿中断

CPU 执行了特殊指令(自陷指令)或由硬件电路引起的中断是程序自愿中断,是指当用户调试程序时,程序自愿中断检查中间结果或寻找错误所在而采用的检查手段,如断点中断和单步中断等。

▶▶▶ 6. 1. 4　中断的优先级 ▶▶ ▶

本小节仍然可以举例说明中断优先级的概念。在中断现实生活的例子中,如果在电话铃响的同时,门铃也响了,那么你将在"接电话"和"开门"这两个中断请求中选择先响应哪一个请求。这就有一个谁优先的问题。如果"开门"比"接电话"重要(或者说"开门"比"接电话"的优先级高),那么就应该先开门,然后再接电话,接完电话后再回头来继续看书。这就是说,当同时有多个中断请求时,应该先响应优先级较高的中断请求。

此外,如果在响应一个中断,执行中断处理的过程中,又有新的中断事件发生而发出了中断请求,应该如何处理也取决于中断事件的优先级。当新发生的中断事件的优先级高于正在处理的中断事件时,又将中止当前的中断处理程序,转去处理新发生的中断事件,处理完毕才返回原来的中断处理。在上面的例子中,假设"开门"比"接电话"的优先级高。在你看书时,电话铃响了,你去接电话,在通话的过程中,门铃又响了,因为"开门"的优先级高,你只能让通话的对方稍等,放下电话去开门,开门之后再回头继续接电话,通话完毕再回去继续看书。而如果"开门"的优先级比"接电话"低,那么在通话的过程中门铃响了也可以不予理睬,通话结束再去开门。当然,在日常生活中,谁也不会为"开门"和"接电话"规定一个优先级别的高低。但是在单片机中,各种中断事件很多,其优先级都有规定,否则就会乱套。在单片机中,中断事件的优先级是根据事件的实时性、重要性和软件处理的方便性来安排的。

▶▶▶ 6. 1. 5　51 单片机中断 ▶▶ ▶

MCS-51 中不同型号单片机的中断源是不同的,89C51 单片机有 5 个中断源(8052 有 6 个)、两级中断优先级,可以实现二级中断嵌套。89C51 单片机的 5 个中断源如表 6-1 所示。

表 6-1　89C51 单片机中断入口地址、矢量码、自然优先级

中断源	入口地址	中断矢量类型号	中断自然优先级
外部中断 0	0003H	0	高
定时/计数器 T0	000BH	1	
外部中断 1	0013H	2	
定时/计数器 T1	001BH	3	
串行通信	0023H	4	低

(1) $\overline{\text{INT0}}$(P3.2)，外部中断 0 请求信号输入引脚。当 CPU 检测到 P3.2 引脚上出现有效的中断信号时，中断标志 IE0(TCON.1)置 1，向 CPU 申请中断。

(2) $\overline{\text{INT1}}$(P3.3)，外部中断 1 请求信号输入引脚。当 CPU 检测到 P3.3 引脚上出现有效的中断信号时，中断标志 IE1(TCON.3)置 1，向 CPU 申请中断。

(3) TF0(TCON.5)，片内定时/计数器 T0 溢出中断请求标志。当定时/计数器 T0 发生溢出时，置位 TF0，并向 CPU 申请中断。

(4) TF1(TCON.7)，片内定时/计数器 T1 溢出中断请求标志。当定时/计数器 T1 发生溢出时，置位 TF1，并向 CPU 申请中断。

(5) RI(SCON.0)或 TI(SCON.1)，串行接口中断请求标志。当串行接口接收完一帧串行数据时置位 RI 或者当串行接口发送完一帧串行数据时置位 TI，并向 CPU 申请中断。

▶▶▶ 6.1.6　中断的控制与实现 ▶▶▶

中断的控制与实现主要依靠 4 个特殊功能寄存器完成，它们分别是中断允许控制寄存器 IE、定时/计数器控制寄存器 TCON、串行口控制寄存器 SCON 和中断优先级控制寄存器 IP。

1. 中断允许控制寄存器 IE

由于 80C51 单片机没有专门的开中断和关中断指令，5 个中断源中断的开放和关闭是通过中断允许寄存器 IE 进行两级控制的。所谓两级控制是指有一个中断允许总控制位 EA，配合各中断源的中断允许控制位共同实现对中断请求的控制。IE 的单元地址为 A8H，位地址为 A8H～AFH，其内容及位地址见表 6-2。

表 6-2　IE 寄存器的内容及位地址

位地址	AFH	AEH	ADH	ACH	ABH	AAH	A9H	A8H
位符号	EA			ES	ET1	EX1	ET0	EX0

IE 各位的作用如下：

(1) EA(IE.7)为 CPU 中断总允许位。EA＝0 时，CPU 关中断，禁止一切中断；EA＝1时，CPU 开放所有中断源的中断请求，但这些中断请求能否被 CPU 响应，还要取决于 IE 中相应中断源的允许位状态。

(2) ES(IE.4)为串行口中断允许位。ES＝1 时，允许串行口接收和发送中断；ES＝0时，禁止串行口中断。

(3) ET1(IE.3)为定时/计数器 T1 的中断允许位。ET1＝1 时，允许 T1 中断，否则禁止中断。

(4) EX1(IE.2)为外部中断 1 的中断允许位。EX1＝1 时，允许外部中断 1 中断，否则禁止中断。

(5) ET0(IE.1)为定时/计数器 T0 的中断允许位。ET0＝1 时，允许 T0 中断，否则禁止中断。

(6) EX0(IE.0)为外部中断 0 的中断允许位。EX0＝1 时，允许外部中断 0 中断，否则禁

止中断。

89C51 单片机复位后,IE 各位被复位成"0"状态,CPU 处于关闭所有中断的状态。因此在 89C51 复位以后,用户必须通过程序中的指令来开放所需中断。

例如:可以采用如下字节指令来开放外部中断 0 中断:

IE = 0X81;

也可以用位操作指令,则需采用如下两条指令实现同样功能:

EA = 1;

EX0 = 1;

2. 定时/计数器控制寄存器 TCON

TCON 为定时/计数器的控制器,单元地址为 88H,位地址为 88H-8FH,其格式见表 6-3。

表 6-3　TCON 寄存器的内容及位地址

位地址	8FH	8EH	8DH	8CH	8BH	8AH	89H	88H
位符号	TF1	TR1	TF0	TR0	IE1	IT1	IE0	IT0

(1) TF1(TCON.7)为定时/计数器 T1 的溢出中断请求标志位,位地址为 8FH。当定时/计数器 T1 被启动后,从初始值开始加 1 计数,当定时/计数器 T1 产生溢出中断(全"1"变为全"0")时,TF1 由硬件自动置位(置"1"),向 CPU 申请中断。在中断被 CPU 响应后,TF1 由硬件自动复位(置"0"),中断申请被撤除。TF1 也可用软件复位。

(2) TR1(TCON.6)为定时/计数器 T1 的启/停控制位,与中断无关,将在下一节定时/计数器中讲解如何使用。

(3) TF0(TCON.5)为定时/计数器 T0 的溢出中断请求标志位,位地址为 8DH,作用和 TF1 类似。

(4) TR0(TCON.4)为定时/计数器 T0 的启/停控制位,与中断无关,将在下一节定时/计数器中讲解使用。

(5) IE1(TCON.3)为外部中断 1 的中断请求标志位,位地址为 8BH。当 CPU 检测到 $\overline{INT1}$ 上中断请求有效时,IE1 由硬件自动置位,CPU 响应此中断后,IE1 由硬件自动复位,中断申请被撤除。

(6) IT1(TCON.2)为外部中断 1 的触发控制标志位,位地址为 8AH。当 IT1=0 时,采用电平触发方式,$\overline{INT1}$ 低电平有效;当 IT1=1 时,采用边沿触发方式,$\overline{INT1}$ 输入脚上由高到低的负跳变有效。IT1 可由软件置位或清"0"。

(7) IE0(TCON.1)为外部中断 0 的中断请求标志位,位地址为 89H,作用和 IE1 类似。

(8) IT0(TCON.0)为外部中断 0 的触发控制标志位,位地址为 88H,作用和 IT1 类似。

3. 串行口控制寄存器 SCON

SCON 为串行接口的控制器,单元地址为 98H,位地址为 98H～9FH,其格式见表 6-4。

表 6-4　SCON 寄存器的内容及位地址

位地址	9FH	9EH	9DH	9CH	9BH	9AH	99H	98H
位符号							TI	RI

高六位是串行通信的控制位,在后述串行通信章节详细讲述。后两位与中断控制有关。

(1) TI(SCON.1)为串行接口发送中断标志位,位地址为 99H。串行接口每发送完一帧

串行数据后,硬件置位 TI,向 CPU 申请中断。当响应中断时,并不自动清除 TI,因此必须在中断服务程序中由软件对 TI 清 0(可用 CLR TI 或其他指令)。

(2) RI(SCON.0)为串行接口接收中断标志位,位地址为 98H。串行接口每接收完一帧串行数据后,硬件置位 RI,向 CPU 申请中断。同样,CPU 响应中断时不会清除 RI,必须由用户在中断服务程序中对 RI 清 0。

综上所述,89C51 的 5 个中断源的 6 个中断申请标志位是 TF1、TF0、IE1、IE0、TI 和RI,在 CPU 响应与之对应的中断后,TF1、TF0、IE0 和 IE1 可由硬件自动复位,TI 和 RI 需在中断服务程序中由软件复位。

4. 中断优先级控制寄存器 IP

89C51 单片机的中断优先级控制比较简单,系统定义了高、低两个中断优先级,用户可由软件将每个中断源设置为高优先级中断或低优先级中断,并可实现两级中断嵌套。

高优先级中断源可以中断正在执行的低优先级中断服务程序,同级或低优先级中断源不能中断正在执行的中断服务程序。中断优先级寄存器 IP 字节地址为 B8H,位地址为B8H～BFH,其内容及位地址见表 6-5。

表 6-5　IP 寄存器的内容及位地址

位地址	BFH	BEH	BDH	BCH	BBH	BAH	B9H	B8H
位符号				PS	PT1	PX1	PT0	PX0

IP 各位的作用如下:

(1) PS(IP.4)为串行接口中断优先级控制位。PS＝1 时,串行口中断为高优先级中断,否则为低优先级中断。

(2) PT1(IP.3)为定时/计数器 T1 中断优先级控制位。PT1＝1 时,定时/计数器 T1 中断为高优先级中断,否则为低优先级中断。

(3) PX1(IP.2)为外部中断 1 中断优先级控制位。PX1＝1 时,外部中断 1 为高优先级中断,否则为低优先级中断。

(4) PT0(IP.1)为定时/计数器 T0 中断优先级控制位。PT0＝1 时,定时/计数器 T0 为高优先级中断,否则为低优先级中断。

(5) PX0(IP.0)为外部中断 0 中断优先级控制位。PX0＝1 时,外部中断 0 为高优先级中断,否则为低优先级中断。

89C51 单片机复位后,IP 各位均为 0,所有中断源均设置为低优先级中断,用户可通过字节寻址和位寻址指令对 IP 进行各中断源优先级别的设置。

例如,将定时/计数器 T1 设为高优先级,外部 0 中断为低优先级中断。

```
IE = 0X89;
IP = 0X80;
```

或者这样写:

```
EA = 1;
ET1 = 1;
EX0 = 1;
PT1 = 1;
```

如果在执行主程序过程中只有一个中断源向 CPU 发出中断请求,而这时 CPU 又是允许中断的,那么这个中断请求就可以得到响应。然而中断源有 5 个,如果其中的几个同时向

CPU 发出中断请求,这时中断系统如何处理呢?

当 CPU 同时收到几个不同优先级的中断请求时,先处理高优先级的中断;当 CPU 同时收到几个同一优先级的中断请求时,CPU 将按自然优先级顺序确定应该响应哪个中断请求。

▶▶▶ 6.1.7 中断的处理过程 ▶▶▶

中断的处理过程可分为 4 个阶段,即中断请求、中断响应、中断处理和中断返回。完整的中断响应过程如图 6-4 所示。

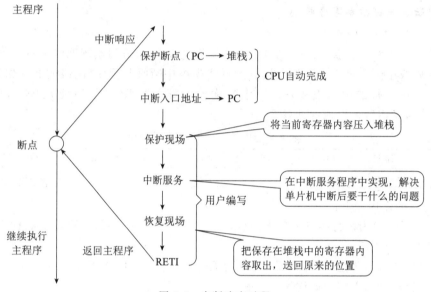

图 6-4 中断响应过程

1. 中断请求

中断源发出并送给 CPU 的控制信号由中断源设备通过将接口卡上的中断触发器置"1"完成。接口卡上还有一个中断屏蔽触发器,中断屏蔽触发器置"1"表示要屏蔽该设备的中断请求;中断屏蔽触发器置"0"表示允许该设备发出中断请求。

2. 中断响应

当 CPU 接收到中断请求时,只有满足下面条件后才能得到 CPU 的响应:

(1)中断总允许位 EA=1,即 CPU 开中断。

(2)申请中断的中断源的中断允许位为 1,即相应的中断允许标志位为 1。

满足以上条件时,CPU 一般会响应中断。但如果有下列情况之一时,则中断响应被暂时搁置:

(1)CPU 正在执行一个同级或高优先级别的中断服务程序。

(2)当前的机器周期不是正在执行的指令的最后一个机器周期。即只有在当前指令执行完毕后,才能进行中断响应。

(3)当前正在执行的指令是返回指令(RET、RETI)或访问 IE、IP 的指令。MCS-51 单片机中断系统的特性规定,在执行完这些指令之后,还应再执行一条指令,然后才能响应中断。

3. 中断处理

中断响应的主要内容就是由硬件自动执行一条长调用指令 LCALL,其格式为 LCALL

addr16。这里的 addr16 就是相应的中断服务程序入口地址。这些中断入口地址已由系统设定。例如对于定时/计数器 T0 的中断响应,自动调用的长调用指令为

LCALL　000BH

生成 LCALL 指令后,紧接着就由 CPU 执行。首先保护断点,再将中断入口地址装入 PC 中使程序执行,即转向相应的中断入口地址。但每个中断源的中断区只有 8 个单元,一般难以安排一个完整的中断服务程序,因此,通常是在各中断区入口地址处放置一条无条件转移指令,使程序转向存放在其他地址执行。

CPU 响应中断后从中断服务程序的第一条指令开始到返回指令 RETI 为止,这个过程称为中断处理或中断服务。一般情况下,中断处理包括两部分内容:一是保护现场;二是为中断源服务。

现场通常有程序状态字 PSW、累加器 A、工作寄存器 Rn 等。如果在中断服务程序中要用这些寄存器,则在进入中断服务之前应将它们的内容保护起来(堆栈保护现场),在中断结束后,执行 RETI 指令前应恢复现场(堆栈保护内容恢复原状态)。

4. 中断返回

中断服务程序的最后一条指令必须是中断返回指令 RETI。CPU 执行完这条指令后,把响应中断时所保护的断点地址从堆栈中弹出,然后装入程序计数器 PC 中,CPU 就从被中断处继续执行原来被中断的程序。

▶▶▶ 6.1.8　中断的应用举例 ▶▶▶

例1　89C51 单片机 P1 口接 8 个 LED 流水灯,利用外部中断 1 控制 8 只灯全闪 5 次。
源程序:

```c
#include <reg51. h>
#include <intrins. h>
#define uchar unsigned char
#define uint unsigned int

void delay(uint x)
{
    char i;
    while(x - -)
        for(i = 0;i<120;i + +);
}

void init()
{
    IT1 = 1;
    EX1 = 1;
    EA = 1;
}

void main()
{
```

```
    init();
    P1 = 0xfe;   //P1 = 1111 1110 B
    while(1)
    {
        P1 = _crol_(P1,1);
        delay(200);
    }
}


void int1() interrupt
{
    uchar a,flag;
    flag = P1;
    for(a = 0;a<5;a + +)
    {
        P1 = 0Xff;
        delay(500);
        P1 = 0X00;
        delay(500);
    }
    P1 = flag;
}
```

Proteus 仿真电路如图 6-5 所示。

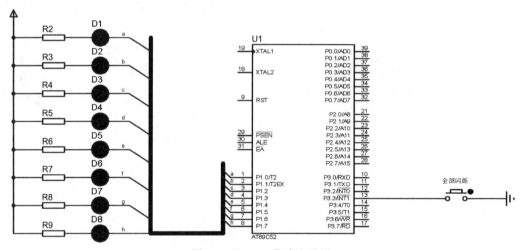

图 6-5　Proteus 仿真电路图

例 2　89C51 单片机 P1 口接 8 个 LED 流水灯,利用外部中断 0 完成高四位 LED 灯闪烁 3 次,利用外部中断 1 完成 8 只 LED 灯闪烁 4 次。外部中断 1 优先级高于外部中断 0。

源程序:

```
# include <reg51. h >
# include <intrins. h>
# define uchar unsigned char
```

```
#define uint unsigned int

/ ***** 函数声明 ****** /
void init();                    //中断初始化函数
void delay(uint x);             //延时函数

void main()
{
    init();                     //中断初始化
    P1 = 0xfe;                  //1111 1110 b   初值
    while(1)
    {
        P1 = _crol_(P1,1);      // P1 口向左平移一位
        delay(200);
    }
}


void delay(uint x)              //延时
{
    char i;
    while(x - -) for(i = 0;i<120;i + +);
}


void init()
{
     IT0 = 1;                   //下降沿触发
    IT1 = 1;                   //下降沿触发
    EX0 = 1;                   //外部 0 中断允许
    EX1 = 1;                   //外部 1 中断允许
    PX0 = 0;
    PX1 = 1;                   //设置外部中断 1 为高优先级
    EA = 1;
}


void int0() interrupt 0
{
    uchar b,flag;
    flag = P1;                  //保护现场
    for(b = 0;b<3;b + +)
    {
        P1 = 0x0f;
        delay(300);
        P1 = 0xff;
        delay(300);
    }
```

```
    P1 = flag;                        //现场恢复
}


void int1() interrupt 2
{
    uchar a,flag;
    flag = P1;                        //保护现场
    for(a = 0;a<4;a + + )
    {
        P1 = 0xff;
        delay(300);
        P1 = 0x00;
        delay(300);
    }
    P1 = flag;
}
```

Proteus 仿真电路如图 6-6 所示。

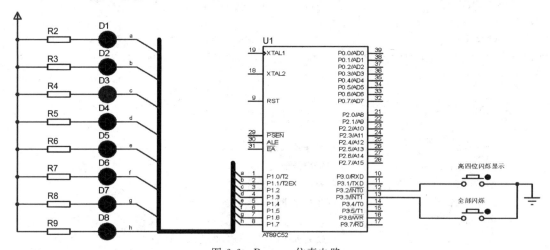

图 6-6　Proteus 仿真电路

　　例 3　图 6-7 为三相交流电的故障检测电路。当 A 相缺电时,发光二极管 LEDA 亮;当 B 相缺电时,发光二极管 LEDB 亮;当 C 相缺电时,发光二极管 LEDC 亮。
　　源程序:

```
# include <reg52. h>
# define uchar unsigned char;
# define uint unsigned int;
sbit leda = P1^1;
sbit ledb = P1^3;
sbit ledc = P1^5;

sbit a = P1^0;
sbit b = P1^2;
```

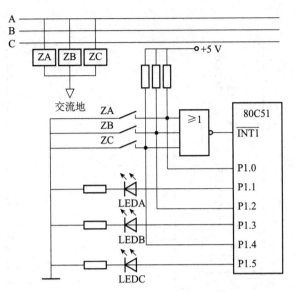

图 6-7　三相交流电故障检测电路

```
sbit c = P1^4;

void init()
{
    IT1 = 0;                        //低电平触发
    EX1 = 1;
    EA = 1;
}

void main()
{
    init();
    while(1)
    {
        if(a = = 0) leda = 0;
        if(b = = 0) ledb = 0;
        if(c = = 0) ledc = 0;
    }
}

void int1() interrupt 2
{
    if(a = = 1) leda = 1;
    if(b = = 1) ledb = 1;
    if(c = = 1) ledc = 1;
}
```

Proteus 仿真电路如图 6-8 所示。

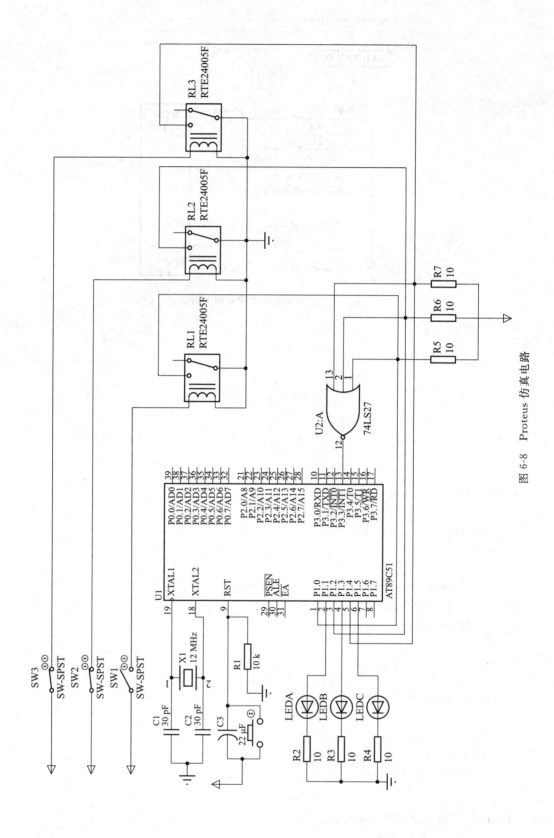

图 6-8　Proteus 仿真电路

6.2　定时/计数器

在单片机实时应用系统中,经常用到定时或计数功能,一般可以采用硬件电路,应用软件或者可编程定时/计数器来实现。例如采用555电路,外接必要的元器件(电阻和电容)即可构成硬件定时电路。但在硬件连接好以后,定时值与定时范围不能由软件进行控制和修改,即不可编程,参数调节不便。应用软件虽不占用硬件资源,但占用了CPU的时间,降低了CPU的使用效率。

89C51单片机内部提供了两个16位的可编程定时/计数器,通过编程可方便灵活地修改定时或计数的参数或方式,并能与CPU并行工作,大大提高了CPU的工作效率。

▶▶▶ 6.2.1　定时/计数器的结构和工作原理 ▶▶▶

89C51单片机中设置有两个16位的可编程定时/计数器,其结构如图6-9所示。

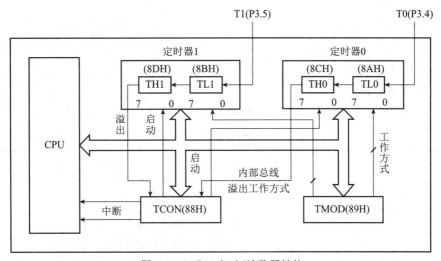

图6-9　89C51定时/计数器结构

定时/计数器主要由两个初值寄存器TH和TL构成,配合工作方式寄存器TMOD与控制寄存器TCON完成相应的工作方式和功能设置。

作为一个物理电路模块定时/计数器具有两种功能,但其本质是一致的,即定时、计数都是加1计数。作为定时/计数器的加1计数器,它的计数脉冲有两个来源。一是由系统的时钟振荡器输出脉冲经12分频后送来,另一个是T0或T1引脚输入的外部脉冲源。每来一个脉冲计数器加1,当加到计数器记满量程全1时,再输入一个脉冲就使计数器回零,且计数器溢出使TCON中TF0或TF1置1,向CPU发出中断请求(定时/计数器中断允许时)。如果定时/计数器工作于定时模式,则表示定时时间已到;如果工作于计数模式,则表示计数值已满。由此可见,由溢出时计数器的值减去计数初值才是加1计数器的计数值。

当定时/计数器设置为定时器模式时,加1计数器是对内部机器周期计数(1个机器周期等于12个振荡周期,即计数频率为晶振频率的1/12),计数值N乘以机器周期就是定时时间t。

当定时/计数器设置为计数器模式时,外部事件计数脉冲由 T0(P3.4)或 T1(P3.5)引脚输入计数器。在每个机器周期的 S5P2 期间采样 T0、T1 引脚电平。当某周期采样到一高电平输入,而下一周期又采样到一低电平时,则计数器加 1,更新的计数值在下一个机器周期的 S3P1 期间装入计数器。由于检测一个从 1 到 0 的下降沿需要 2 个机器周期,要求被采样的电平至少要维持一个机器周期。

▶▶▶ 6.2.2 定时/计数器的控制 ▶▶▶ ▶

89C51 单片机定时/计数器是一种可编程的部件,其工作方式和功能控制主要由工作方式寄存器 TMOD 和控制寄存器 TCON 完成设置。

1. 工作方式寄存器 TMOD

TMOD 用于控制 T0 和 T1 的工作方式,字节地址为 89H,其各位的定义见表 6-6。

表 6-6　工作模式寄存器 TMOD

D7	D6	D5	D4	D3	D2	D1	D0
GATE	C/$\overline{\text{T}}$	M1	M0	GATE	C/$\overline{\text{T}}$	M1	M0

其中,低 4 位为 T0 的方式控制字段,高 4 位为 T1 的方式控制字段。下面分别介绍各位的功能:

(1) 工作方式选择位 M1、M0

定时/计数器的工作方式由 M1、M0 的状态确定,其对应关系见表 6-7。

表 6-7　定时/计数器的方式选择

M1	M0	功能选择
0	0	方式 0,13 位的定时/计数器
0	1	方式 1,16 位的定时/计数器
1	0	方式 2,初值自动重新装入的 8 位定时/计数器
1	1	仅适用于 T0,分为两个 8 位计数器,T1 停止计数

(2) 定时/计数器方式选择位 C/$\overline{\text{T}}$

若 C/$\overline{\text{T}}$＝0,则设置为定时方式,定时/计数器对 80C51 片内脉冲计数,亦即对机器周期(振荡周期的 12 倍)进行计数。若 C/$\overline{\text{T}}$＝1,则设置为计数方式,定时/计数器对来自 T0(P3.4)或 T1(P3.5)端的外部脉冲进行计数。对外部输入脉冲计数的目的通常是测试脉冲的周期、频率或对输入的脉冲数进行累加。

(3) 门控位 GATE

GATE＝0 时,只要用软件使 TR0(或 TR1)置 1 就可以启动定时/计数器工作。GATE＝1 时,要用软件使 TR0 或 TR1 为 1,同时外部中断引脚 $\overline{\text{INT0}}$(或 $\overline{\text{INT1}}$)也为高电平时,才能启动定时/计数器工作。

注意:TMOD 不能位寻址,只能用字节设置定时器工作方式,低半字节设定 T0,高半字节设定 T1。

2. 定时/计数器控制寄存器 TCON

控制寄存器 TCON 的主要功能是为定时器在溢出时设定标志位,并控制定时器的运行或停止。TCON 单元地址为 88H,位地址为 88H～8FH,其格式见表 6-8。

表 6-8　TCON 寄存器

位地址	8FH	8EH	8DH	8CH	8BH	8AH	89H	88H
位符号	TF1	TR1	TF0	TR0	—	—	—	—

(1) TR0（定时器 T0 启/停控制位）

当门控位 GATE＝0,TR0＝1 时启动 T0 定时/计数器,TR0＝0 时停止 T0 定时/计数器;当门控位 GATE＝1 时,仅当 TR0＝1 且 $\overline{INT0}$(P3.2)输入为高电平时 T0 启动,TR0＝0 或 $\overline{INT0}$(P3.2)输入低电平时都禁止 T0 计数。

(2) TF0（定时器 T0 溢出标志位）

当 T0 开始计数/定时以后,T0 从初值开始加 1 计数,当 T0 溢出时,由硬件自动将 F0 置 1,并向 CPU 申请中断(注意:系统是否响应中断,要看是否打开定时器中断)。当 CPU 响应中断进入中断服务程序后,TF0 又被硬件自动清 0。TF0 也可以用软件清 0。

(3) TR1（定时器 T1 启/停控制位）

TR1 的功能及操作情况同 TR0。

(4) TF1（定时器 T1 溢出标志位）

TF1 的功能及操作情况同 TF0。

80C51 复位时,TCON 的所有位都被清 0。

▶▶▶ 6.2.3 定时/计数器的工作方式 ▶▶▶

80C51 单片机的定时/计数器 T0 和 T1 有 4 种工作方式,即方式 0、方式 1、方式 2 和方式 3。在方式 0、方式 1 和方式 2 时,T0 与 T1 的工作方式相同;在方式 3 时,两个定时器的工作方式不同。

下面以定时/计数器 T0 说明其工作方式。

1. 工作方式 0

此时 T0 为 13 位定时/计数器,初值寄存器由 TL0 的低 5 位和 TH0 的 8 位组成,TL0 的高 3 位未用,TL0 低 5 位计数溢出时向 TH0 进位,TH0 计数溢出时,向中断标志位 TF0 进位(硬件置位 TF0),并申请中断,引发中断服务。也可以利用查询方式查看溢出标志位 TF0 是否被置位,以产生 T0 服务控制。

定时器 T0(T1)方式 0 的结构框图如图 6-10 所示,下面以 T0 为例说明。

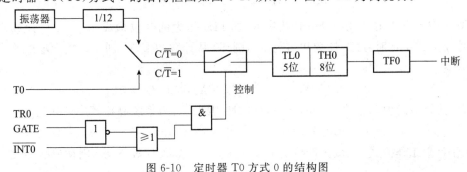

图 6-10　定时器 T0 方式 0 的结构图

13 位计数器的启动和停止是受一些逻辑门控制的。选择定时还是计数由逻辑软开关 C/$\overline{\text{T}}$ 控制。

当 C/$\overline{\text{T}}$＝0 时,控制开关接通振荡器 12 分频输出端,T0 对机器周期计数。当 C/$\overline{\text{T}}$＝1 时,控制开关使引脚 T0(P3.4)与 13 位计数器相连,外部计数脉冲由引脚 T0(P3.4)输入,当外部信号电平发生由 1 到 0 跳变时,计数器加 1。这时,T0 成为外部事件计数器。这就是计数工作方式。

当 GATE＝0 时,或门输出电位保持为 1,或门被封锁。于是,引脚 $\overline{\text{INT0}}$ 输入信号无效。这时,"或"门输出的 1 打开"与"门。于是,由 TR0 一位就可控制开启或关断 T0。

当 GATE＝1 时,或门电位取决于 $\overline{\text{INT0}}$(P3.2)引脚的输入电平。仅当 $\overline{\text{INT0}}$ 输入高电平且 TR0＝1 时,T0 开始工作;当 $\overline{\text{INT0}}$ 由 1 变 0 时,T0 停止计数。这一特性可以用来测量在 $\overline{\text{INT0}}$ 端出现的正脉冲的宽度。

若 T0 工作于方式 0 定时方式,计数初值为 X_0,则 T0 从初值 X_0 加 1 计数至溢出的时间(μs),也就是定时时间 t 为

$$t = (2^{13} - X_0) \times T_m,$$
$$T_m = 1/f_{osc} \times 12,$$

则初值

$$X_0 = 2^{13} - t/T_m = 2^{13} - t \times (f_{osc}/12),$$

式中,X_0 为计数初值;T_m 为 12 分频的系统脉冲周期;f_{osc} 为系统晶振频率。

若用于计数工作方式,最大计数值为 $2^{13} = 8192$。如果计数 N 次,则初值 $X_0 = 2^{13} - N$。

2. 工作方式 1

方式 1 和方式 0 的差别仅仅在于计数器的位数不同,方式 1 为 16 位的定时/计数器。定时器 T0 工作于方式 1 的结构框图如图 6-11 所示。

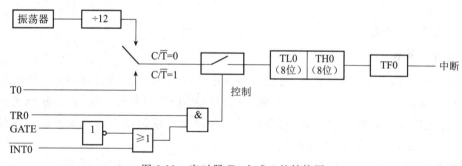

图 6-11　定时器 T0 方式 1 的结构图

T0 工作于方式 1 时,由 TH0 作为高 8 位,TL0 作为低 8 位构成一个 16 位计数器。若 T0 工作于方式 1 定时方式,计数初值为 X_0,则 T0 从计数初值 X_0 加 1 计数到溢出的定时时间(μs)t 为

$$t = (2^{16} - X_0) \times T_m = (2^{16} - X_0) \times 1/f_{osc} \times 12,$$

式中,X_0 为计数初值;T_m 为 12 分频的系统脉冲周期;f_{osc} 为系统晶振频率。初值

$$X_0 = 2^{16} - t/T_m = 2^{16} - t \times (f_{osc}/12)$$

用于计数工作方式时,最大计数值为 $2^{16} = 65536$。如果计数 N 次,则初值 $X_0 = 2^{16} - N$。

3. 工作方式 2

方式 2 为自动重装初值的 8 位定时/计数器,在方式 2 时,16 位计数器被拆成两个,TL0 用作 8 位定时/计数器,TH0 用作计数初值寄存器保持不变。定时器 T0 工作于方式 2 的结构框图见图 6-12。

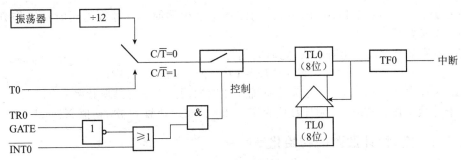

图 6-12 定时器 T0(T1)方式 2 的结构图

T0 工作在方式 2 时,TH0 和 TL0 置入相同的初值。在 T0 启动后,TL0 按 8 位加 1 定时/计数器计数。每当它计满回零时,在向 CPU 发出溢出中断请求的同时从 TH0 中重新获得初值并再次启动计数,也就是 CPU 自动将 TH0 中存放的初值重新装回 TL0,并在此初值的基础上对 TL0 开始新一轮计数,周而复始,直到写入停止计数或更改工作方式命令为止。

和前两种方式相比,工作于方式 2 的定时精度比较高,但定时、计数范围小。设计数初值为 X_0,则 TL0 从计数初值加 1 计数到溢出的定时时间(μs)t 为

$$t = (2^8 - X_0) \times T_m = (2^8 - X_0) \times 1/f_{osc} \times 12,$$

式中,X_0 为计数初值;T_m 为 12 分频的系统脉冲周期;f_{osc} 为系统晶振频率。

用于计数工作方式时,最大计数值为 $2^8 = 256$。如果计数 N 次,则初值 $X_0 = 2^8 - N$。

4. 工作方式 3

方式 3 只适用于定时/计数器 T0,定时/计数器 T1 处于方式 3 时相当于 TR1=0,停止计数。定时器 T0 工作于方式 3 的结构框图见图 6-13。

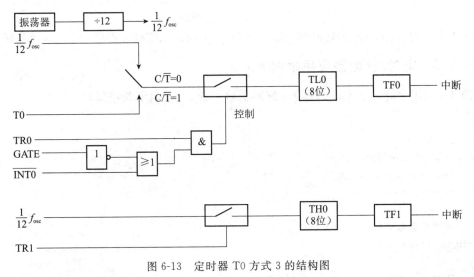

图 6-13 定时器 T0 方式 3 的结构图

T0 分为两个独立的 8 位计数器 TL0 和 TH0。TL0 使用 T0 的所有状态控制位 GATE、TR0、INT0(P3.2)、T0(P3.4)、TF0 等,可以作为 8 位定时/计数器,计数溢出时,溢出标志 TF0 置 1。TL0 计数初值每次都必须由软件设定。TH0 被固定为一个 8 位定时器方式,并使用 T0 的状态控制位 TR0、TF0。TR0 为 1 时,允许 TH0 计数,当 TH0 计数溢出时,溢出标志 TF0 置 1。

一般情况下,只有当 T1 用于串行口的波特率发生器时,T0 才在需要时选工作方式 3,以增加一个计数器。

若 T0 工作于方式 3 定时方式,定时时间为

$$t=(2^8-X_0)\times T_m=(2^8-X_0)\times 1/f_{osc}\times 12,$$

式中,X_0 为计数初值;T_m 为 12 分频的系统脉冲周期;f_{osc} 为系统晶振频率。

用于计数工作方式时,最大计数值为 $2^8=256$。如果计数 N 次,初值 $X_0=2^8-N$。

▶▶▶ 6.2.4 定时/计数器的初始化 ▶▶▶ ▶

1. 初始化的步骤

80C51 单片机的定时/计数器可编程,因此,在使用定时/计数器工作前必须对它进行初始化。初始化步骤如下:

(1) 确定工作方式——对 TMOD 赋值;

(2) 预置定时/计数器的初值——直接将初值写入 TH0、TL0 或 TH1、TL1;

(3) 根据需要开启中断,确定中断优先级——直接对 IE,IP 寄存器赋值;

(4) 启动或禁止定时/计数器工作——将 TR0 或 TR1 置 1 或清 0。

2. 定时/计数器初值的计算

计数器初值的计算:

$$X=2^n-N,$$

式中,X 为计数初值;n 为多少位计数;N 为计数的次数。

定时器初值的计算:

$$t=N\times T_m=(2^n-X)\times 1/f_{osc}\times 12,$$

则

$$X=2^n-t\times(f_{osc}/12),$$

式中,t 为定时时长(μs);X 为定时器初值;T_m 为 12 分频的系统脉冲周期;f_{osc} 为系统晶振频率。

▶▶▶ 6.2.5 定时/计数器应用举例 ▶▶▶ ▶

例 4 利用定时器 0 完成每隔 1 s 蜂鸣器响一次。(利用中断控制)

源程序:

```
# include<reg51. h>
# define uchar unsigned char
# define uint unsigned int
sbit beep = P2^0;

/** 定时计数器 0 初始化 ***/
void init_time0()
{
    TMOD = 0x01;              //选择模式 1,16 位定时,最大计数 65.536 ms
```

```
    THO = (65536 - 50000)/256;
    TL0 = (65536 - 50000)%256;       //50 ms 中断一次

    ET0 = 1;                         //开中断
    EA = 1;
}

/** 定时计数器 0 中断服务程序,蜂鸣器 1000 ms 响一次 ***/
void tim0() interrupt 1
{
    uchar n;
    TH0 = (65536 - 50000)/256;     //重装初值
    TL0 = (65536 - 50000)%256;
    n + +;
    if(n> = 20)
    {
        beep = ~beep;
        n = 0;
    }

}

void main()
{
    beep = 1;
    init_time0();
    TR0 = 1;                        //开定时器
    while(1);                       //等待中断发生

}
```

Proteus 仿真电路如图 6-14 所示。

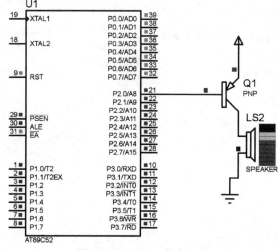

图 6-14　Proteus 仿真电路

例 5 一单片机系统,由于外部中断接口已经全部用完,请利用定时/计数器 0 充当外部中断,定时器 1 工作在方式 2 生成一方波,方波周期为 1 ms。系统晶振频率为 6 MHz。

分析:

(1) 要使定时/计数器 0 充当外部中断,只能利用其计数模式,定时/计数器 0 初值装满,再来一个脉冲溢出,引发中断。

(2) 方波的产生。只需要反复在相应的输出管脚完成电平的跳变即可。题目要求方波周期为 1 ms,那么定时器定时时长应该就是半个周期 0.5 ms。定时/计数器 1 工作在方式 2,精准定时 0.5 ms,改变输出电平即可。

源程序:

```c
# include<reg51. h>
sbit pulse_out = P1^0;
unsigned char flag;

void init_timer()
{
    TMOD = 0X25;              //定时/计数器 0 计数模式,定时/计数器 1 工作在方式 2 精准定时
    TL0 = 0XFF;              //定时/计数器 0 初值装满,再来一个脉冲溢出,引发中断
    TH0 = 0XFF;
    TL1 = (256 - (6/12) * 500) % 256;   //定时计数器 1 工作在方式 2,500 μs 定时初值计算
    TH1 = (256 - (6/12) * 500) % 256;
    IE = 0X8A;               //开中断
    TR0 = 1;
}

void t0_int() interrupt 1  //定时器 0 中断服务程序
{
    TR0 = 0;
    flag = 1;
}

void t1_int() interrupt 3  //方波发生函数
{
    pulse_out = ! pulse_out;
}

void main()
{
    init_timer();
    flag = 0;
    while(!flag);
    TR1 = 1;
    while(1);
}
```

Proteus 仿真电路如图 6-15 所示。

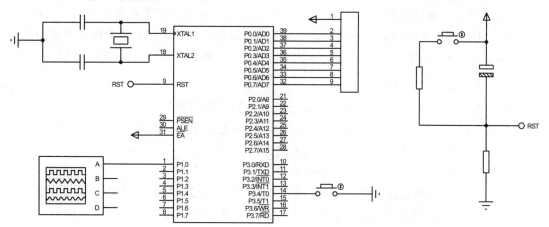

图 6-15　Proteus 仿真电路

6.3　串行通信技术

伴随着单片机技术的发展,其应用已经不再只是单机之间的简单通信,而是从单机逐渐转向多机或联网,而多机应用的关键在于单片机之间的相互通信、互相传送数据信息。89C51 单片机除具有 4 组 8 位并行口外,还具有一个全双工串行通信接口,即能同时进行串行发送和接收。它可以作 UART(通用异步接收和发送器)用,也可以作同步位移寄存器用。应用串行接口可以实现 51 单片机系统之间点对点的单机通信、多机通信和 51 与系统机的单机或多机通信。

▶▶▶ 6.3.1　串行通信的基本概念 ▶▶▶ ▶

1. 数据通信的基本方式

在微机系统中,CPU 与外部设备的通信有两种基本方式:并行通信和串行通信。并行通信是指被传送数据信息的各位同时出现在数据传送端口上,信息的各位同时进行传送;而串行通信是把被传送的数据按组成数据各位的相对位置一位一位顺序传送,而接收时再把顺序传送的数据位按原数据形式恢复。图 6-16 为并行通信和串行通信的原理。

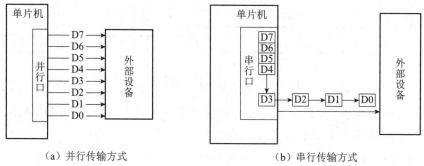

（a）并行传输方式　　　　　（b）串行传输方式

图 6-16　并行通信与串行通信

从图 6-16 可看出,在并行通信中,数据有多少位就需要多少条传送线,而串行通信只需要一条传送线,故串行通信线路简单,特别是当数据位数很多和远距离数据传送时,这一优点更加突出。串行通信方式的缺点是传送速度比并行通信慢。实际应用中通常根据要求的速度和电路结构选择通信方式。但大部分的硬件系统为了节省接口,往往选择串行通信。

2.异步通信和同步通信

按照串行数据的同步方式,串行通信可以分为同步通信和异步通信两类。同步通信按照软件识别同步字符来实现数据的发送和接收;异步通信是一种利用字符再同步技术的通信方式。在单片机中,主要使用异步通信方式。

(1) 异步通信(asynchronous communication)

在异步通信中,数据通常是以字符(或字节)为单位组成字符帧传送的。字符帧由发送端一帧一帧地发送,通过传输线被接收设备一帧一帧地接收。发送端和接收端的时钟没有严格要求。

在异步通信中,接收端依靠字符帧格式来判断发送端何时开始发送及何时结束发送。当传输线路没有使用时,发送线为高电平(逻辑"1"),每当接收端检测到传输线上发送过来低电平逻辑"0"(字符帧中的起始位)时,就知道发送端已开始发送,每当接收端接收到字符帧中的停止位时,就知道一帧字符信息已发送完毕。

异步通信数据帧格式:首先是一个起始位(0),然后是 1~8 位数据(规定低位在前,高位在后),接下来是奇偶校验位(可省略),最后是停止位(1)。起始位(0)信号只占用 1 位,用来通知接收设备一个待接收的字符开始到达。线路在不传送字符时应保持为 1。接收端不断检测线路的状态,若连续为 1 以后又测到一个 0,就知道发来一个新字符,应马上准备接收。字符的起始位还被用作同步接收端的时钟,以保证以后的接收能正确进行。如图 6-17 所示。

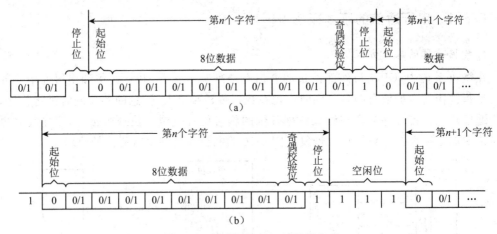

图 6-17 异步通信的一帧数据格式

异步通信的特点是不要求收发双方时钟的严格一致,实现容易,设备开销小,但每次只能传输一个字节的信息,因此传输效率不高。

(2) 同步通信(synchronous communication)

同步通信利用同步字符,配合收发双方严格按照同一时钟频率完成数据的发送和接收。数据同步传送的格式如图 6-18 所示。

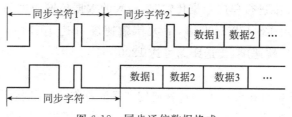

图 6-18 同步通信数据格式

数据传送时，数据与同步脉冲同时发出，在数据块中首先发同步字符，一般为 1～2 个。接收端首先接收同步字符，确认同步后开始接收数据。

同步通信的特点是要以同步字符或特定的二进制位组合作为帧的开始，连续传送多个字节数据，所以传输效率高，但实现的硬件设备较为复杂。

3. 波特率

波特率（baud rate）：每秒钟传送二进制数码的位数（亦称 Byte 数），单位是 b/s。波特率是串行通信的重要指标，用于表征数据传送的速率。波特率越高，数据传输速度越快。字符的实际传送速率与波特率不同，是指每秒钟内所传字符帧的帧数，与字符帧格式有关。

假设数据传送速率是 120 字符/s，而每个字符格式包含 10 个代码（1 个起始位、1 个终止位、8 个数据位），这时传送的波特率为

$$10 \text{ b/字符} \times 120 \text{ 字符/s} = 1200 \text{ b/s}$$

异步通信的传送速率在 50～19200 b/s 之间。波特率不同于发送时钟和接收时钟，时钟频率常是波特率的 1 倍、16 倍或 64 倍。

在异步串行通信中，接收设备和发送设备保持相同的传送波特率，并以字符数据的起始位与发送设备保持同步，起始位、奇偶校验位和停止位的约定在同一次传送过程中必须保持一致，这样才能成功地传送数据。

▶▶ 6.3.2 串行接口标准 ▶▶▶▶

在单片机应用系统中，串行通信被广泛应用，在设计通信接口时，选择什么样的标准接口，如何完成电平转换，选择什么样的传输介质等是设计者需要考虑的问题。

1. 串行通信接口

异步串行通信接口有以下三种：

- RS-232C（RS-232A、RS-232B）；
- RS-449、RS-422、RS-423 和 RS-485；
- 20 mA 电流环。

采用标准接口能够方便地把单片机和外部设备、测量仪器有机地连接起来，构成一个测量、控制系统。为了保证通信可靠性的要求，在选择接口标准时，需注意以下两点：

（1）通信速度和通信距离

通常的标准串行接口的电气特性都要满足可靠传输时的最大通信速度和传送距离指标。但这两个指标之间具有相关性，适当地降低传输速度，可以增加通信距离，反之亦然。

例如,采用 RS-232C 标准进行单向数据传输时,最大的数据传输速度为 20 kbit/s,最大的传输距离为 15 m,而采用 RS-422 标准时,最大传输速度可达 10 Mbit/s,最大传输距离为 300 m,适当降低数据传输速度,传送距离可达 1200 m。

(2) 抗干扰能力

通常,选择的标准接口在保证不超过其使用范围时都有一定的抗干扰能力,以保证可靠的信号传输,但在一些工业测控系统中,通信环境往往十分恶劣,因此在通信介质选择、接口标准选择时,要充分注意其抗干扰能力,并采取必要的抗干扰措施。例如在长距离传输时,使用 RS-422 标准能有效地抑制共模信号干扰;使用 20 mA 电流环技术能大大降低对噪声的敏感程度。

在高噪声污染的环境中,通过使用光纤介质减少噪声的干扰、通过光电隔离提高通信系统的安全性是行之有效的方法。

2. RS-232C 接口

RS-232C 是使用最早、应用最多的一种异步串行通信总线标准,是由美国电子工业协会(EIA)1962 年公布,1969 年最后修订而成的。其中,RS 表示 recommended standard,232 是该标准的标识号,C 表示最后一次修订。

RS-232C 主要用来定义计算机系统的一些数据终端设备(DTE)和数据电路终接设备(DCE)之间的电气性能。例如,CRT、打印机与 CPU 的通信大都采用 RS-232C 接口,MCS-51 单片机与 PC 机的通信也采用该种类型的接口。由于 MCS-51 系列单片机本身有一个全双工的串行接口,该系列单片机用 RS-232C 串行接口总线非常方便。

(1) RS-232C 信息格式标准

RS-232C 采用串行格式,该标准规定:信息的开始为起始位,信息的结束为停止位;信息本身可以是 5~8 位再加一位奇偶校验位。如果两个信息之间无信息,则写"1",表示空。其格式标准如图 6-19 所示。

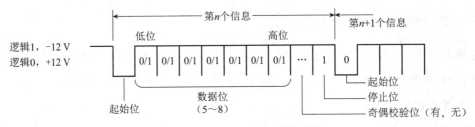

图 6-19　RS-232C 数据传输格式

(2) RS-232C 电平转换器

RS-232C 电气标准采用负逻辑,即低电平"0"在 +3~+15 V 之间,高电平"1"在 −3~−15 V 之间。而单片机采用的是 TTL 电平,即输出高电平"1"在 +2.4~5 V 之间,输出低电平"0"在 0~0.8 V 之间,因此,RS-232C 不能和 TTL 电平直接相连,使用时必须进行电平转换,否则将烧坏 TTL 电路,这一点在实际应用时必须注意。常用的电平转换集成电路是 MAX232 芯片,是美信(MAXIM)公司专为 RS-232 标准串口设计的单电源电平转换芯片,它可以实现两路串口电平的转换,实现 TTL 电平和 232 电平之间的相互转换。芯片使用 +5 V 单电源供电。其常规连接如图 6-20 所示。

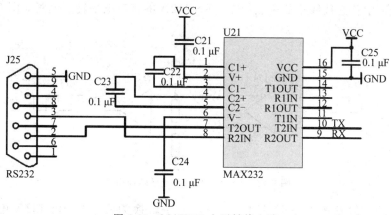

图 6-20　MAX232 电平转换电路

（3）RS-232C 总线标准

RS-232C 标准总线为 25 根,采用标准的 D 型 25 芯插头座。在最简单的全双工系统中,仅用发送数据、接收数据和信号地三根线即可。对于 MCS-51 单片机,利用其 RXD（串行数据接收端）线、TXD（串行数据发送端）线和一根地线就可以构成符合 RS-232C 接口标准的全双工通信口。

3. RS-449、RS-422A、RS-423A 标准接口

RS-232C 虽然应用广泛,但因为推出较早,在现代通信系统中存在以下缺点:数据传输速率慢,传输距离短,未规定标准的连接器,接口处各信号间易产生串扰。鉴于此,EIA 制定了新的标准 RS-449,该标准除了与 RS-232C 兼容外,在提高传输速率,增加传输距离,改善电气性能等方面有了很大改进。

（1）RS-449 标准接口

RS-449 是 1977 年公布的标准接口,在很多方面可以代替 RS-232C 使用。

RS-449 与 RS-232C 的主要差别在于信号在导线上的传输方法不同:RS-232C 是利用传输信号与公共地的电压差,RS-449 是利用信号导线之间的信号电压差,可在 1219.2 m 的 24-AWG 双绞线上进行数字通信。RS-449 规定了两种接口标准连接器,一种为 37 脚,一种为 9 脚。

RS-449 可以不使用调制解调器,它比 RS-232C 传输速率高,通信距离长,且因为 RS-449 系统用平衡信号差传输高速信号,所以噪声低,又可以多点或者使用公共线通信,故 RS-449 通信电缆可与多个设备并联。

（2）RS-422A、RS-423A 标准接口

RS-422A 文本给出了 RS-449 中对于通信电缆、驱动器和接收器的要求,规定了双端电气接口形式,其标准是双端线传送信号。它通过传输线驱动器将逻辑电平转换成电位差完成发送端的信息传递;通过传输线接收器把电位差转换成逻辑电平实现接收端的信息接收。RS-422A 比 RS-232C 传输距离长、速度快,传输速率最大可达 10 Mb/s,在此速率下,电缆的允许长度为 12 m,如果采用低速率传输,最大距离可达 1200 m。

RS-422A 和 TTL 进行电平转换最常用的芯片是传输线驱动器 SN75174 和传输线接收器 SN75175,这两种芯片的设计都符合 EIA 标准 RS-422A 规范,均采用+5 V 电源供电,适

用于噪声环境、中长总线线路的多点传输。RS-422A 的接口电平转换电路如图 6-21 所示。

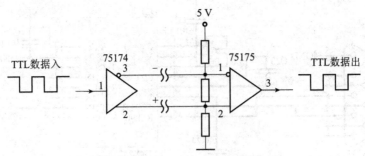

图 6-21 RS-422A 接口电平转换电路

图 6-21 所示的发送器 SN75174 将 TTL 电平转换为标准的 RS-422A 电平；接收器 SN75175 将 RS-422A 接口信号转换为 TTL 信号。

RS-423A 和 RS-422A 文本一样，也给出了 RS-449 中对于通信电缆、驱动器和接收器的要求。RS-423A 给出了不平衡信号差的规定，而 RS-422A 给出的是平衡信号差的规定。RS-423A 驱动器在 90 m 长的电缆上传送数据的最大速率为 100 kb/s，若降低到 1000 b/s，则允许电缆长度为 1200 m。

RS-423A 也需要进行电平转换，常用的驱动器和接收器为 3691 和 26L32。其接口电平转换电路如图 6-22 所示。

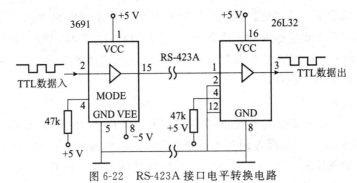

图 6-22 RS-423A 接口电平转换电路

4. RS-485 标准接口

RS-485 是 RS-422A 的变形，RS-422A 用于全双工，而 RS-485 用于半双工。RS-485 是一种多发送器标准，在通信线路上最多可以使用 32 对差分驱动器/接收器，如果在一个网络中连接的设备超过 32 个，还可以使用中继器。如图 6-23 所示。

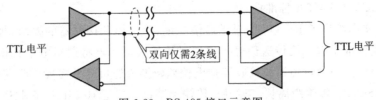

图 6-23 RS-485 接口示意图

RS-485 的信号传输采用两线间的电压来表示逻辑 1 和逻辑 0。由于发送方需要两根传输线，接收方也需要两根传输线。传输线采用差动信道，所以它的干扰抑制性极好；又因为它的阻抗低，无接地问题，所以传输距离可达 1200 m，传输速率可达 1 Mb/s。

RS-485 是一点对多点的通信接口，一般采用双绞线的结构。普通的 PC 机一般不带 RS-485 接口，因此要使用 RS-232C/RS-485 转换器，对于单片机可以通过芯片 MAX485 来完成 TTL/RS-485 的电平转换。在计算机和单片机组成的 RS-485 通信系统中，下位机由单片机系统组成，上位机为普通的 PC 机，负责监视下位机的运行状态，并对其状态信息进行集中处理，以图文方式显示下位机的工作状态以及工业现场被控设备的工作状况。系统中各节点(包括上位机)的识别是通过设置不同的站地址来实现的。

►►► 6.3.3　常用串行通信接口 ►►► ►

1. 80C51 串行口的结构

80C51 单片机通过引脚 RXD(P3.0，串行数据接收端)、TXD(P3.1，串行数据发送端)与外界进行通信。串行接口简化结构如图 6-24 所示。

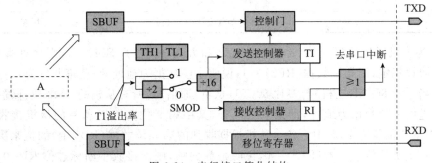

图 6-24　串行接口简化结构

图中有两个物理上独立的接收、发送缓冲器 SBUF，它们占用同一地址 99H，可同时发送、接收数据。发送缓冲器只能写入，不能读出；接收缓冲器只能读出，不能写入。串行发送与接收的速率与移位时钟同步，定时器 T1 作为串行通信的波特率发生器，T1 溢出率经 2 分频(或不分频)又经 16 分频作为串行发送或接收的移位时钟。移位时钟的速率即波特率。

接收器是双缓冲结构，由于在前一个字节从接收缓冲器读出之前就开始接收第二个字节(串行输入至移位寄存器)，在第二个字节接收完毕而前一个字节未被读走时，就会丢失前一个字节的内容。串行接口的发送和接收都是以特殊功能寄存器 SBUF 的名称进行读或写的，当向 SBUF 发"写"命令时(执行"MOV SBUF, A"指令)，即是向发送缓冲器 SBUF 装载并开始由 TXD 引脚向外发送一帧数据，发送完后便发送中断标志 TI＝1；在串行接口接收中断标志 RI(SCON.0)＝0 的条件下，置允许接收位 REN(SCON.4)＝1 就会启动接收过程，一帧数据进入输入移位寄存器，并装载到接收 SBUF 中，同时使 RI＝1。执行读 SBUF 的命令(执行"MOV A, SBUF"指令)，则可以由接收缓冲器 SBUF 取出信息并通过内部总线送 CPU。

对于发送缓冲器，因为发送时 CPU 是主动的，不会产生重叠错误。

2. 80C51 串行接口控制寄存器

单片机串行接口通过两个特殊功能寄存器 SCON(98H)和电源控制寄存器 PCON (97H)完成初始化设置。

（1）串行控制寄存器 SCON

SCON 用以设定串行接口的工作方式、接收/发送控制以及设置状态标志。字节地址为98H，可进行位寻址，其格式如表6-9所示。

表 6-9　SCON 寄存器

D7	D6	D5	D4	D3	D2	D1	D0
SM0	SM1	SM2	REN	TB8	RB8	TI	RI

SM0 和 SM1 为工作方式选择位，可选择四种工作方式，如表6-10所示。

表 6-10　串行接口的工作方式

SM0	SM1	方式	说明	波特率
0	0	0	移位寄存器	$f_{osc}/12$
0	1	1	10 位异步收发器（8 位数据）	可变
1	0	2	11 位异步收发器（9 位数据）	$f_{osc}/64$ 或 $f_{osc}/32$
1	1	3	11 位异步收发器（9 位数据）	可变

SM2 为多机通信控制位，主要用于方式 2 和方式 3。若置 SM2＝1，则允许多机通信。多机通信协议规定，第九位数据（RB8）为 1，说明本帧数据为地址帧；若第九位为 0，则本帧为数据帧。当一片 80C51（主机）与多片 80C51（从机）通信时，所有从机的 SM2 位都置"1"。主机首先发送的一帧数据为地址，即某从机机号，其中第 9 位为"1"，所有的从机接收到数据后，将其中第 9 位装入 RB8 中。各个从机根据收到的第九位数据（RB8 中）的值来决定从机可否再接收主机的信息。若（RB8）＝0，说明是数据帧，则使接收中断标志位 RI＝0，信息丢失；若（RB8）＝1，则说明是地址帧，数据装入 SBUF 并置 RI＝1，中断所有从机，被寻址的目标从机清除 SM2 以接收主机发来的一帧数据。其他从机仍然保持 SM2＝1。

若 SM2＝0，即不属于多机通信情况，则接收一帧数据后，不管第 9 位数据是 0 还是 1，都置 RI＝1，接收到的数据装入 SBUF 中。

根据 SM2 这个功能，可实现多个 80C51 应用系统的串行通信。

在方式 1 时，若 SM2＝1，则只有接收到有效停止位时，RI 才置"1"，以便接收下一帧数据。在方式 0 时，SM2 必须是 0。

REN 为允许串行接收位。若软件置 REN＝1，则启动串行口接收数据；若软件置 REN＝0，则禁止接收。

TB8，在方式 2 或方式 3 中，是发送数据的第 9 位，可以用软件规定其作用，也可以用作数据的奇偶校验位，根据发送数据的需要由软件置位或复位，在多机通信中，作为地址帧/数据帧的标志位。TB8＝1，为地址；TB8＝0，为数据。在方式 0 和方式 1 中，该位未用。

RB8，在方式 2 或方式 3 中，是接收数据的第 9 位，作为奇偶校验位或地址帧/数据帧的标志位。在方式 1 时，若 SM2＝0，则 RB8 是接收到的停止位。在方式 0 时该位未用。

RI 为接收中断标志位。在方式 0 时，当串行接收第 8 位数据结束时，或在其他方式串行接收停止位的中间时，由内部硬件使 RI 置 1，向 CPU 发中断申请。必须在中断服务程序中，用软件将其清 0，才能取消此中断申请。

串行发送中断标志 TI 和接收中断标志 RI 是同一个中断源，CPU 事先不知道是发送中断 TI 还是接收中断 RI 产生的中断请求，所以，在全双工通信时，必须由软件来判别。

复位时,SCON 所有位均清 0。

(2)电源控制寄存器(PCON)

PCON 主要是为 HCMOS 型单片机的电源控制而设置的专用寄存器,地址为 87H。PCON 中只有一位与串行口工作有关,即 SMOD(PCON.7),是波特率倍增位。在串行口方式 1、方式 2、方式 3 时,波特率与 SMOD 有关,当 SMOD=1 时,波特率提高一倍。复位时,SMOD=0。

▶▶▶ 6.3.4　串行口的工作方式及波特率计算 ▶▶▶

1.工作方式

根据实际需要,80C51 串行口可设置四种工作方式,它们是由 SCON 寄存器中的 SM0、SM1 两位定义的。下面分别介绍这四种方式。

(1)工作方式 0

方式 0 时,串行口为同步移位寄存器的输入输出方式,主要用于扩展并行输入或输出口。数据由 RXD(P3.0)引脚输入或输出,同步移位脉冲由 TXD(P3.1)引脚输出。发送和接收的均为 8 位数据,低位在先,高位在后。

(2)工作方式 1

方式 1 为波特率可调的 8 位通用异步通信接口。发送或接收一帧信息为 10 位,分别为 1 位起始位(0)、8 位数据位和 1 位停止位(1)。

发送时,数据从 TXD 端输出。当执行 MOV SBUF,A 指令时,数据被写入发送缓冲器 SBUF,启动发送器发送。当发送完一帧数据后,置中断标志 TI 为 1。

接收时,数据从 RXD 端输入。当允许接收控制位 REN 为 1 后,串行口采样 RXD,当采样由 1 到 0 跳变时,确认是起始位"0",启动接收器开始接收一帧数据。当 RI=0 且接收到停止位为 1(或 SM2=0)时,将停止位送入 RB8,8 位数据送入接收缓冲器 SBUF,同时置中断标志 RI=1。因此,方式 1 接收时,应先用软件清除 RI 或 SM2 标志。

(3)工作方式 2、3

在工作方式 2、3 下,串行口为 9 位异步通信接口,发送、接收一帧信息为 11 位,即 1 位起始位(0)、8 位数据位、1 位可编程位和 1 位停止位(1)。传送波特率与 SMOD 有关。

发送时,数据由 TXD 端输出,附加的第 9 位数据为 SCON 中的 RB8(由软件设置)。用指令将要发送的数据写入 SBUF,即可启动发送器。送完一帧信息时,TI 由硬件置 1。

接收时,当 REN=1 时,允许接收。与方式 1 相同,CPU 开始不断采样 RXD,将 8 位数据送入 SBUF 中,接收到的第 9 位数据送入 RB8 中,当 R1=0,SM2=0 或接收到的第 9 位数据为 1 这三个条件都满足时,置 RI=1,否则接收数据无效。

2.串行口的波特率计算

在串行通信中,收发双方必须采用相同的数据传输速度,即采用相同的波特率。MCS-51 单片机的串行口有 4 种工作方式,其中方式 0 和方式 2 的波特率是固定的,方式 1 和方式 3 的波特率是可变的,由定时器 T1 的溢出率决定。

(1)方式 0 和方式 2

在方式 0 中,波特率为时钟频率的 1/12,即 $f_{osc}/12$,固定不变。

在方式 2 中,波特率取决于 PCON 中的 SMOD 值,当 SMOD=0 时,波特率为 $f_{osc}/64$;当 SMOD=1 时,波特率为 $f_{osc}/32$,即波特率$=2SMOD \times f_{osc}/64$。

(2)方式 1 和方式 3

在方式 1 和方式 3 下,波特率由定时器 T1 的溢出率和 SMOD 共同决定,即:

$$波特率=2SMOD/32 \times n$$

式中,n 为定时器 T1 的溢出率。定时器 T1 的溢出率取决于定时器 T1 的预置值。通常定时器选用工作模式 2,即自动重装载的 8 位定时器,此时 TL1 作计数用,自动重装载值存在TH1 内。设定定时器的预置值(初始值)为 X,那么每过 $(256-X)$ 个机器周期,定时器溢出一次,此时应禁止 T1 中断。溢出周期为:

$$12/f_{osc} \times (256-X)。$$

溢出率为溢出周期的倒数,所以波特率为:

$$波特率=(2SMOD/32) \times f_{osc}/[12 \times (256-X)]。$$

常用的波特率以及相应的振荡器频率、T1 工作方式和计数初值见表 6-11。

表 6-11　常用波特率与其他参数选取关系

串口工作方式	波特率(b/s)	f_{osc}/MHz	定时器 T1			
			SMOD	$C/\bar{T}$	模式	定时器初值
方式 0	1 M	12	×	×	×	×
	0.5 M	6	×	×	×	×
方式 2	375 K	12	1	×	×	×
	187.5 K	12	0	×	×	×
方式 1 和 方式 3	19.2 K	6	1	0	2	FEH
	9.6 K	6	1	0	2	FDH
	4.8 K	6	0	0	2	FDH
	2.4 K	6	0	0	2	FAH
	1.2 K	6	0	0	2	F3H
	9.6 K	11.0592	0	0	2	FDH
	4.8 K	11.0592	0	0	2	FAH
	2.4 K	11.0592	0	0	2	F4H

值得注意的是,以上表格里的初值和波特率之间是有一定误差的。例如用初值 FDH,在 6 MHz 时钟下,当 SMOD=1 时,算出的波特率是 10416 波特,和要求的 9600 波特有一定的误差。所以如果要求比较准确的波特率,只能靠调整单片机的时钟频率 f_{osc}。

例 6　通信波特率为 2400 b/s,$f_{osc}=11.0592$ MHz,T1 工作在模式 2,其 SMOD=0,计算 T1 的初值 X。

根据

$$波特率=2^{SMOD}/32 \times n,$$
$$2400=2^0/32 \times n,$$

得 $n=76800$。

根据,$n=f_{osc}/[12 \times (256-X)]$ 得 $X=244$,即 $X=$F4H,相应定时器初始化程序为

```
TMOD = 0x20;
TL1 = TH1 = 0XF4;
TR1 = 1;
```

▶▶▶ 6.3.5　串行口应用举例 ▶▶▶

在计算机分布式测控系统中，经常要利用串行通信方式进行数据传输。下面介绍利用80C51单片机的串行口进行点对点通信和多机通信的应用方法。

1. 点与点通信

点与点通信也称为双机通信，用于单片机和单片机之间交换信息，也常用于单片机和微机间进行信息交换。

（1）硬件连接

两个单片机之间采用 TTL 电平直接传输信息，其传输距离不超过 5 m，所以实际应用中通常采用 RS-232C 标准电平进行点对点的通信连接。图 6-25 为两个单片机之间的通信连接方法，电平转换采用 MAX232 芯片。图 6-26 为单片机与 PC 机之间的通信连接方法。

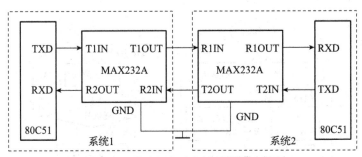

图 6-25　单片机点对点的通信接口电路

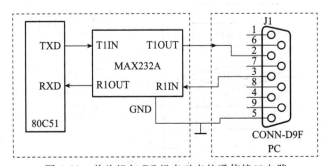

图 6-26　单片机与 PC 机点对点的通信接口电路

（2）甲机查询、乙机中断方式通信程序设计

例 7　甲乙两机为确保通信成功，约定软件"协议"如下：

通信双方均采用 2400 b/s 的速率传送数据（假定 $f_{osc} = 6$ MHz），甲机发送数据，乙机接收数据。双机开始通信时，甲机发送一个呼叫信号"06"，询问乙机是否可以接收数据；乙机收到呼叫信号后，若同意接收数据则发回"00"作为应答，否则发"15"表示暂不能接收数据。甲机只有收到乙机答应信号"00"后才可把存放在片外 RAM 中的内容发送给乙机，否则继续向乙机呼叫，直到乙机同意接收。其发送数据格式为：

字节数 n	数据 1	数据 2	...	数据 n	累加校验和

字节数 n：甲机将向乙机发送的数据字节数；

数据 1～数据 n：甲机将向乙机发送的 n 个字节数据；

累加校验和：为字节数 n，数据 1，…，数据 n 这 $(n+1)$ 个字节内容的算术累加和（向高位进位丢失）。

乙机根据接收到的"校验和"判断已接收到的数据是否正确。若接收正确，向甲机回发"0F"信号，否则回发"F0"信号给甲机。甲机只有接到信号"0F"才算完成发送任务，返回主程序，否则继续呼叫，重发数据。

① 甲机以查询方式发送子程序

发送程序约定：

波特率设置初始化：定时器 T1 模式 2 工作，计数初值 F3H，SMOD＝1。

串行口初始化：方式 1 工作，启动接收。

内片 RAM 和工作寄存器设置：31H 和 30H 存放发送的数据块首地址；2FH 存放发送的数据块长度；R6 为累加和寄存器。

甲机发送子程序框图见图 6-27。

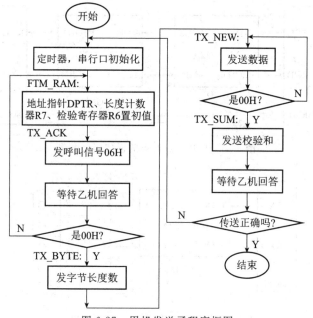

图 6-27　甲机发送子程序框图

甲机发送子程序清单：

```
FMT_T_S:    MOV    TMOD,#20H        ;波特率设置

            MOV    TH1,#0F3H        ;装载定时器初值,波特率2400

            MOV    TL1,#0F3H

            SETB   TR1              ;启动定时器T1

            MOV    SCON,#50H        ;串行口初始化,方式1并启动接收应答

            MOV    PCON,#80H        ;置SMOD=1
```

```
FMT_RAM:    MOV     DPH,31H             ;设置 DPTR 指针
            MOV     DPL,30H
            MOV     R7,2FH              ;送字节数至 R7
            MOV     R6,#00H             ;清累加和寄存器
TX_ACK:     MOV     A,#06H              ;发呼叫信号"06"
            MOV     SBUF,A
WAIT1:      JBC     TI,RX_YES           ;等待发送完一个字节
            SJMP    WAIT1
RX_YES:     JBC     RI,NEXT1            ;接收乙机回答
            SJMP    RX_YES
NEXT1:      MOV     A,SBUF
            CJNE    A,#00H,TX_ACK
TX_BYTES:   MOV     A,R7               ;向乙机发送要传送的字节个数
            MOV     SBUF,A
            ADD     A,R6               ;求累加和
            MOV     R6,A
WAIT2:      JBC     TI,TX_NEWS
            SJMP    WAIT2
TX_NEWS:    MOVX    A,@DPTR             ;发送数据
            MOV     SBUF,A
            ADD     A,R6
            MOV     R6,A
            INC     DPTR                ;指针加 1
WAIT3:      JBC     TI,NEXT2
            SJMP    WAIT3
NEXT2:      DJNZ    R7,TX_NEWS          ;判断发送是否结束
TX_SUM:     MOV     A,R6               ;数据已发送完,发累加和给乙机
            MOV     SBUF,A
WAIT4:      JBC     TI,RX_0FH
            SJMP    WAIT4
RX_0FH:     JBC     RI,IF_0FH           ;等待乙机回答
            SJMP    RX_0FH
IF_0FH:     MOV     A,SBUF              ;读入
            CJNE    A,#0FH,FMT_RAM      ;判断传送正确否
            RET
```

② 乙机中断接收子程序

在中断接收程序中,需设置三个标志位来判断所接收的信息是呼叫信号还是数据块长度,是数据还是校验和。本例约定:

- 波特率设置:T1 方式 2 工作,计数初值 F3H,SMOD=1。
- 串行口初始化:方式 1,启动接收。
- 寄存器设置:

31H,30H——接收的数据将存放在以 31H、30H(送 DPTR)为地址指针的片外 RAM 区中。

32H——数据块长度,寄存片内 RAM 单元。

33H——累加校验和,寄存片内 RAM 单元。

bit 7FH、7EH、7DH——标准位。

中断接收程序框图如图 6-28 所示。

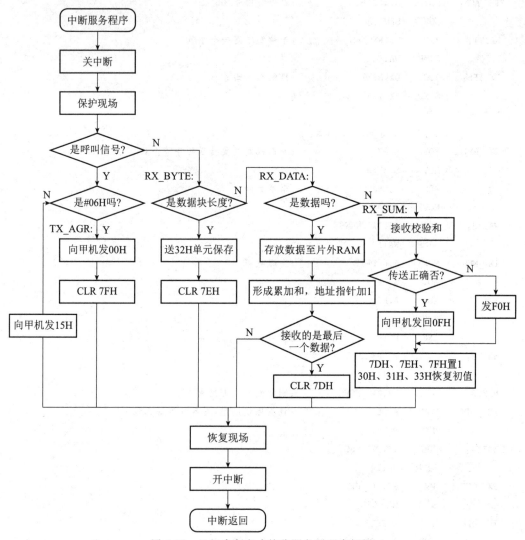

图 6-28　乙机中断方式接收服务子程序框图

在主程序中,应安排对定时器、串行口的初始化程序。中断服务子程序所接收到的数据存放到何处,也需在主程序中规定下来。本例规定,31H 和 30H(内容送 DPTR)为接收数据的地址指针,并假设数据存入以 1000H 为首地址的片外 RAM 中。

主程序 FMT_T_S 及中断服务程序 SERVE 如下:

```
ORG     0000H
LJMP    FMT_T_S         ;转至初始化程序
ORG     0023H
LJMP    SERVE           ;串行口中断程序入口
ORG     0050H
```

```
FMT_T_S:  MOV    TMOD,#20H        ;定时器 T1 为方式 2,波特率 2400
          MOV    TH1,#0F3H
          MOV    TL1,#0F3H
          MOV    SCON,#50H        ;串行口方式 1,允许接收
          MOV    PCON,#80H
          SETB   TR1              ;启动定时器
          SETB   7FH              ;标志位初始化置 1
          SETB   7EH
          SETB   7DH
          MOV    31H,#10H         ;接收到的数据存入以 1000H 为首地址的片外 RAM
          MOV    30H,#00H
          MOV    33H,#00H         ;清累加和寄存器
          SETB   EA               ;开中断
          SETB   ES               ;允许串行口中断
          LJMP   MAIN             ;转入主程序(本例未给出)
          ⋮
```

中断服务程序:

```
SERVE:    CLR    EA               ;关中断
          CLR    RI               ;清除中断标志
          PUSH   DPH              ;保持现场
          PUSH   DPL
          PUSH   A
          JB     7FH,RX_ACK       ;是呼叫信号吗?
          JB     7EH,RX_BYTES     ;是数据块长度吗?
          JB     7DH,RX_DATA      ;是数据吗?
RX_SUM:   MOV    A,SBUF           ;接收甲方发来的校验和
          CJNE   A,33H.TX_ERR     ;判断传送是否正确.正确回发 0FH,不正确回发 F0H
TX_RIGHT: A,#0FH
          MOV    SBUF,A
WAIT1:    JNB    TI,WAIT1
          CLR    TI
          SJMP   AGAIN
TX_ERR:   MOV    A,#0F0H          ;向甲机回发传送失败信息
          MOV    SBUF.A
WAIT2:    JNB    TI,WAIT2
          CLR    TI
          SJMP   AGAIN
RX_ACK:   MOV    A,SBUF           ;判断是否是甲机的呼叫信号
          XRL    A,#06H
          JZ     TX_AGREE         ;是呼叫信号#06H,转 TX_AGREE
          MOV    A,#15H           ;接收到的呼叫信号不正确,回发 15H 给甲机,要求重发呼叫信号
          MOV    SBUF,A
WAIT3:    JNB    TI,WAIT3
          CLR    TI
          SJMP   RETURN
```

157

```
        TX_AGREE:  MOV    A,#00H          ;接收到的是呼叫信号,向甲机回发00H,同意接收
                   MOV    SBUF,A
        WAIT4:     JNB    TI,WAIT4
                   CLR    TI
                   CLR    7FH             ;清呼叫信号标志
                   SJMP   RETURN
        RX_BYTES:  MOV    A,SBUF
                   MOV    32H,A
                   ADD    A,33H           ;形成累加和
                   MOV    33H,A
                   CLR    7EH             ;清数据块长度标志
                   SJMP   RETURN
        RX_DATA:   MOV    DPH,31H         ;取存储数据地址指针
                   MOV    DPL,30H
                   MOV    A,SBUF          ;接收数据
                   MOVX   @DPTR,A         ;转存到存储器中
                   INC    DPTR            ;存储指针加1
                   MOV    31H,DPH         ;指针存放到31H、30H中
                   MOV    30H,DPL
                   ADD    A,33H           ;形成累加和
                   MOV    33H,A
                   DJNZ   32H,RETURN      ;数据没接收完,中断返回,等待下次中断继续接收
                   CLR    7DH             ;数据接收完,清数据标志位
                   SJMP   RETURN
        AGAIN:     SETB   7FH             ;恢复标志位
                   SETB   7EH
                   SETB   7DH
                   MOV    33H,#00H        ;累加和寄存器清0
                   MOV    31H,#10H        ;恢复接收数据缓冲区首地址
                   MOV    30H,#00H
        RETURN:    POP    A
                   POP    DPL
                   POP    DPH
                   SETB   EA
                   RET1
```

该程序顺序安排4次进入中断服务,并按顺序CLR 7FH,CLR 7EH,CLR 7DH,才能依次完成接收呼叫号06H,接收数据块长度,接收一字节数据和最后接收校验和。

上述乙机接收也可以采用查询方式,请参考甲机发送程序编制。

2. 多机通信

在许多场合,单机及双机通信不能满足实际需要,而需要多台单片机互相配合才能完成某个过程或任务。多台单片机之间的相互配合是按实际需要将它们组成一定形式的网络,使它们之间相互通信,以完成各种功能。目前,最常使用的多机网络形式是星型网络结构、串行总线型网络结构、环型网络结构和树型结构,其中总线型网络结构接口简单,使用灵活,

因此在许多场合使用。下面说明总线型主从式结构的多机通信方法。

（1）硬件连接

主从式通信是在数个单片机中，有一个是主机，其余的是从机，从机要服从主机的调度、支配。80C51单片机的串行口方式2和方式3适于这种主从式的通信结构。当然，采用不同的通信标准时，还需进行相应的电平转换，有时还要对信号进行光电隔离。在实际的多机应用系统中，常采用RS-485串行标准总线进行数据传输，以增大通信距离，如图6-29所示。

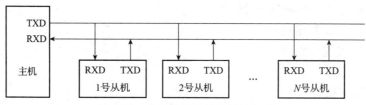

图6-29　多机通信系统的硬件连接

（2）多机通信原理

80C51的全双工串行通信接口具有多机通信功能。在多机通信中，为了保证主机与所选择的从机实现可靠的通信，必须保证通信接口具有识别功能，可以通过控制80C51的串行口控制寄存器SCON中的SM2位来实现多机通信的功能，其控制原理简述如下：

利用80C51串行口方式2或方式3及串行口控制寄存器SCON中的SM2和RB8的配合可完成主从式多机通信。串行口以方式2或方式3接收时，若SM2为1，则仅当从机接收到的第9位数据（在RB8中）为1时，数据才装入接收缓冲器SBUF，并置RI＝1向CPU申请中断，如果接收到的第9位数据为0，则不置位中断标志RI，信息将丢失；而SM2为0时，在接收到一个数据字节后，不管第九位数据是1还是0都产生中断标志RI，接收到的数据装入SBUF。应用这个特点，便可实现多个80C51之间的串行通信。

（3）多机通信协议

多个80C51单片机通信过程可约定如下：

① 使所有从机的SM2位置1，处于只接收地址帧的监听状态。

② 主机向从机发送一帧地址信息，其中包含8位地址，可编程的第9位为1（FB8＝1），表示发送的是地址，这样可以中断所有从机。

③ 从机接收到地址后，都来判别主机发来的地址信息是否与本从机地址相符。若为本机地址，则清除SM2，进入正式通信状态，并把本机的地址发送回主机作为应答信号，然后开始接收主机发送过来的数据或命令信息。其他从机由于地址不符，它们的SM2＝1保持不变，无法与主机通信，从中断返回。

④ 主机接收从机发回的应答地址信号后，与其发送的地址信息进行比较，如果相符，则清除TB8，正式发送数据信息；如果不相符，则发送错误信息。

⑤ 通信的各机之间必须以相同的帧（字符）格式及波特率进行通信。

（4）主机查询、从机中断方式通信程序设计

在实际应用中，经常采用主机查询、从机中断的通信方式。主机程序部分以子程序方式给出，要进行串行通信时，可直接调用；从机部分以串行口中断服务方式给出，其中断入口地址为0023H。若从机未做好接收或发送准备，就从中断程序返回，在执行主程序中做好准备。主机应重新和从机联络，使从机再次进入串行口中断。

例8 主从式多机通信约定如下通信协议:

① 系统中允许接有 255 台从机,其地址分别为 00H～FFH。

② 地址 FFH 是对所有从机都起作用的一条控制命令,命令各从机恢复 SM2＝1 状态。

③ 主机和从机的联络过程为:主机首先发送地址帧,被寻址从机返回本机地址给主机,在判断地址相符后主机向被寻址从机发送控制命令,被寻址从机根据其命令向主机回送自己的状态,若主机判断状态正常,主机开始发送或接收数据,发送或接收的第一个字节是数据块长度。

④ 假定主机发送的控制命令代码为:

00,要求从机接收数据块;

01,要求从机发送数据块;

其他为非法命令。

⑤ 从机状态字格式

如表 6-12 所示。

表 6-12 从机状态字

D7	D6	D5	D4	D3	D2	D1	D0
ERR	0	0	0	0	0	TRDY	RRDY

其中,若 ERR＝1,从机接收到非法命令;若 TRDY＝1,从机发送准备就绪;若 RRDY＝1,从机接收准备就绪。

⑥ 主机串行通信子程序 MCOM1

主机程序部分以子程序的方法给出,要与从机通信时,主程序可以直接调用该子程序。主机在接收或发送完一个数据块后可返回主程序,以便完成其他任务。但在调用这个MCOM1 子程序之前,必须在有关寄存器内预置入口参数,现规定入口参数如下:

R2——被寻址从机地址;

R3——主机命令(00H 或 01H);

R4——数据块长度;

R0——主机发送的数据块首址;

R1——主机接收的数据块首址。

例如,若主机向 5 号从机发送数据块,数据块放置在内部 RAM 区的 50H～5FH 单元中,则在主程序中调用该子程序 MCOM1 的方法是:

```
MOV   R2,#05H      ;寻址 5# 从机
MOV   R3,#00H      ;主机命令,要求从机接收数据块
MOV   R4,#10H      ;16 字节
MOV   R0,#50H      ;发送数据块首址
LCALL  MCOM1
```

若主机要求 5 号从机发送数据给主机,接收的数据放在 60H 开始的单元,则在主程序中调用该子程序 MCOM1 的方法是:

```
MOV   R2,#05H
MOV   R3,#01H       ;主机命令,要求从机发送数据块
```

```
MOV  R1,♯60H         ;接收数据块首址
LCALL MCOM1
```

在调用 MCOM1 后,在 60H 单元存放接收的数据块长度,60H 以后的单元存放 5 号从机发过来的数据。

下面给出主机查询方式通信程序框图,见图 6-30。

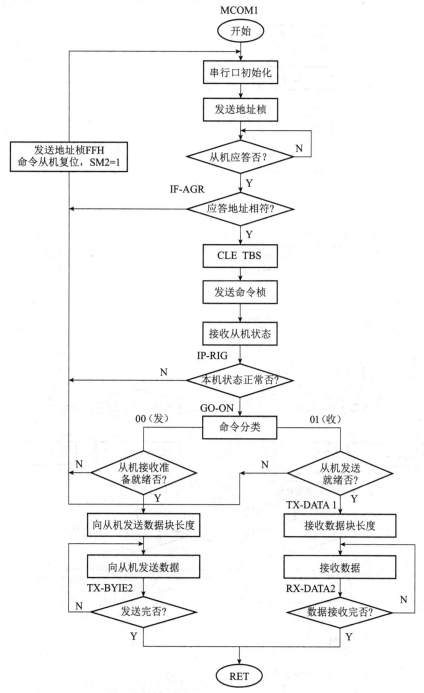

图 6-30　多机通信主机查询方式子程序框图

具体程序请参照前述双机通信自行编写,在此从略。

⑦ 从机中断方式通信程序

从机的串行通信采用中断方式,其流程图如图 6-31 所示。在串行通信启动后仍采用查询方式来接收或发送数据块。初始化程序安排在主程序中,中断服务程序选用工作寄存器组 1。本程序实例中用标志位 PSW.1 作发送准备就绪标志,PSW.5 作接收准备就绪标志,由主程序置位。

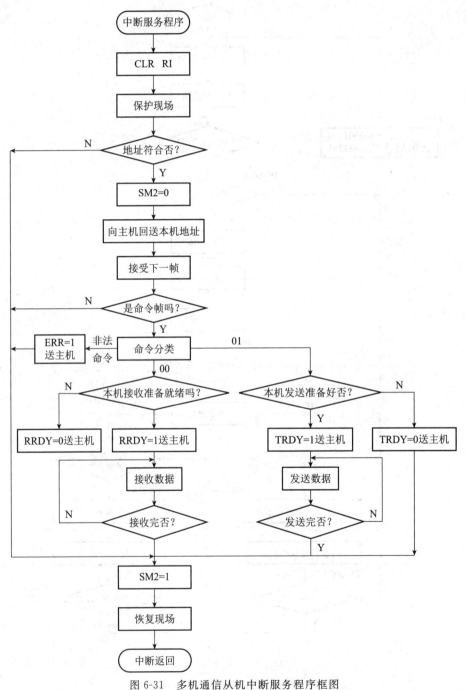

图 6-31 多机通信从机中断服务程序框图

程序中还规定:发送数据放置在片内 RAM 区内,首地址为 50H 单元;第一个数据为发送数据块的长度;接收数据存放在片内 RAM 区中,首址为 60H 单元,接收的第一个数据为数据块长度。

6.3.6　I2C 串行通信

1. I2C 串行通信概述

I2C(inter-integrated circuit)总线是由 Philips 公司开发的用于连接微控制器及其外围设备的一种简单、双向二线制同步串行总线(串行数据:SDA,串行时钟频率:SCL)。利用电阻将电位上拉,典型的电压准位为+3.3 V 或+5 V,使用多主从架构,主机初始化总线数据传输并产生允许传输的时钟信号。任何被寻址的器件都被认为是从机,每个器件都有一个唯一的地址识别(一般为 7 bit,包括主机和从机),而且都可以作为发送器或接收器(由器件的功能决定,如 LCD 驱动器只可以作为接收器,而存储器既可以作为接收器也可以作为发送器)。其基本连接结构如图 6-32 所示。

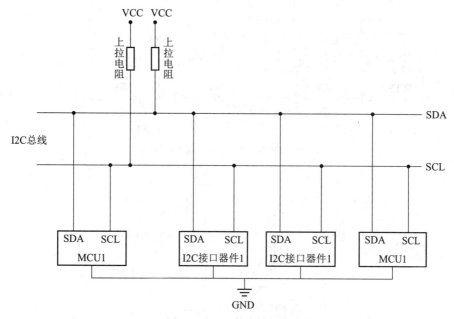

图 6-32　I2C 总线结构图

2. I2C 基本特点

I2C 总线上的每一个设备都可以作为主设备或者从设备,而且每一个设备都会对应一个唯一的地址,主从设备之间就通过这个地址来确定与哪个器件进行通信。一条 I2C 总线上可挂接的设备数量受总线的最大电容 400 pF 限制,如果所挂接的是相同型号的器件,则还受器件地址位的限制。I2C 总线数据传输速率在标准模式下可达 100 kbit/s,快速模式下可达 400 kbit/s,高速模式下可达 3.4 Mbit/s。一般通过 I2C 总线接口可编程时钟来实现传输速率的调整,同时也跟所接的上拉电阻的阻值有关。I2C 总线上的主设备与从设备之间以字节(8 位)为单位进行双向数据传输。

I2C 总线设备的连接关系为"线与"形式,这种形式很好地解决了 I2C 总线多主机控制权的竞争冲突。将多个单片机连接到 I2C 总线,就可能有多个主机同时尝试启动数据传输。为了避免这种事件可能引起的混乱,就需要制定一个仲裁程序。该程序依赖于所有 I2C 接口到 I2C 总线的线与连接。

我们假设一个场景:如果总线上的一个 A 设备将 SDA 拉高,这时总线上另一个 B 设备已将 SDA 拉低,这时由于 1&0=0,A 设备检查 SDA 的时候会发现不是高电平而是低电平,这就表明总线上已经有其他设备占用总线了,A 只好放弃。

I2C 设备的输出为开漏输出,如图 6-33(a)所示。由于 I2C 协议支持多个主设备与多个从设备,在一条总线上如果不用开漏输出,而用推挽输出,在 SDA 或 SCL 总线上同一时刻某些设备输出高电平、某些设备输出低电平时,连接电源的上拉开关管和连接地的下拉开关管之间就会短路,导致开关功耗过大(如有限流保护)或者烧坏器件。设备之间短路的情况如图 6-33(b)所示。

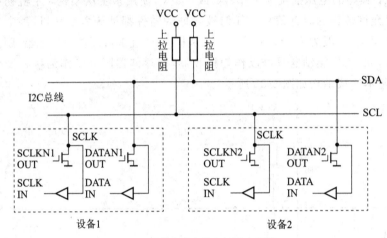

(a) I2C设备内部输入、输出结构

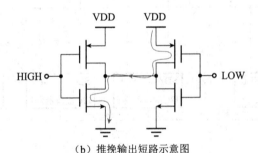

(b) 推挽输出短路示意图

图 6-33　I2C 设备内部端口结构与推挽输出短路示意图

I2C 通信需要输出高电平的能力,一般开漏输出无法输出高电平,如果在漏极接上拉电阻,就可以进行电平转换。关于上拉电阻阻值,一般而言,I/O 端口的驱动能力在 2～4 mA 量级。阻值不能过小,如果上拉阻值过小,VDD 灌入端口的电流将较大,功耗会很大,导致端口输出的低电平值增大(I2C 协议规定,端口输出低电平的最高允许值为 0.4 V)。故通常上拉电阻应选取不低于 1 kΩ 的电阻(当 VDD=3 V 时,灌入电流不超过 3 mA)。阻值不能过大,它取决于上拉电阻和线上电容形成的 RC 延时,RC 延时越大,波形越偏离方波趋向于正弦波,数据读写正确的概率就越低,所以上拉电阻不能过大。I2C 总线上的负载电容不能超过 400 pF。当 I2C 总线上器件逐渐增多时,总线负载电容也相应增加。当总的负载电容大于 400 pF 时,就不能可靠地工作。这也是 I2C 的局限性。建议上拉电阻选用 1.5 kΩ、2.2 kΩ、4.7 kΩ。

3. I2C 总线设备主机、从机分配关系的确定

在 I2C 总线上设备之间使用串行数据（SDA）和串行时钟（SCL）两条总线来传输信息。在执行数据传输时，有的设备可以作为主机，有的设备可以作为从机。主机在总线上启动数据传输并产生时钟信号以允许传输的设备，此时，任何被寻址的设备都被视为从机。

I2C 总线是一种多主机总线，也就是在总线上可以连接多个主机，这些主机都可以发起对总线的控制，通过仲裁机制，同一个时刻只能有一个主机获得控制权，其他主机轮流获取总线的控制权。一般来说，主机由微控制器充当。

我们以图 6-32 所示 I2C 总线上有 2 个单片机设备为例，来说明设备之间传输数据时主机与从机的关系以及发送器与接收器的关系（这些关系不是永久的，取决于当时数据传输的方向）。设备之间数据的传输分为如下几种情况：

第一种情况：单片机和单片机之间传输数据（单片机是可收可发、可主可从的设备）。

这种情况代表了主机和主机之间的数据传输，由于数据传输时只能在主从之间进行，某个主机将转变为从机角色。根据传输需要主从角色可以互换。

(1) 单片机 1 充当主机，单片机 2 充当从机的时候

① 假设单片机 1 想要向单片机 2 发送信息：

单片机 1（主机），寻址单片机 2（从机）；

单片机 1（主机/发送器）向单片机 2（从机/接收器）发送数据；

单片机 1 终止传输。

② 假设单片机 1 想要从单片机 2 接收信息：

单片机 1（主机）寻址单片机 2（从机）；

单片机 1（主机/接收器）从单片机 2（从机/发送器）接收数据；

单片机 1 终止传输。

(2) 单片机 2 充当主机，单片机 1 充当从机的时候

① 假设单片机 2 想要向单片机 1 发送信息：

单片机 2（主机），寻址单片机 1（从机）；

单片机 2（主机/发送器）向单片机 1（从机/接收器）发送数据；

单片机 2 终止传输。

② 假设单片机 2 想要从单片机 1 接收信息：

单片机 2（主机）寻址单片机 1（从机）；

单片机 2（主机/接收器）从单片机 1（从机/发送器）接收数据；

微控制器 2 终止传输。

第二种情况：单片机 1 和设备 1 之间传输数据（设备 1 是可收可发、只当从机的设备）。

这种情况代表了主机和从机之间的数据传输，而且从机是可收可发的设备，这种情况主从角色是固定的，数据传输是双向的。

① 假设单片 1 想要向设备 1 发送信息：

单片机 1（主机）寻址设备 1（从机）；

单片机 1（主机/发送器）向设备 1（从机/接收器）发送数据；

单片机 1 终止传输。

② 假设单片机 1 想要从设备 1 接收信息：

单片机 1(主机)寻址设备 1(从机);

单片机 1(主机/接收器)从设备 1(从机/发送器)接收数据;

微控制器 1 终止传输。

第三种情况:单片机 1 和设备 2 之间传输数据(设备 2 是只能收信息、只能当从机的设备)。

这种情况代表了主机和从机之间的数据传输,而且从机是只收不发的设备,这种情况主从角色是固定的,数据传输是单向的。

① 假设单片 1 想要向设备 2 发送信息:

单片机 1(主机)寻址设备 2(从机);

单片机 1(主机/发送器)向设备 2(从机/接收器)发送数据;

单片机 1 终止传输。

② 假设单片机 1 想要从设备 2 接收信息:

无法实现。因为设备 2 是只收不发的设备。

4.总线的拉高和拉低

图 6-34 展示了 I2C 总线拉低和拉高的过程。

拉低:设备的逻辑电路控制 FET 打开,总线通过导通的 FET 连接到 GND 从而被拉低。

拉高:设备的逻辑电路控制 FET 关闭,总线通过上拉电阻 R_{PU} 连接到 VDD 从而被拉高。

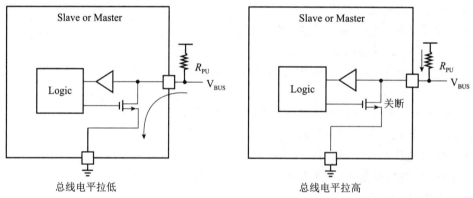

图 6-34　I2C 总线电平拉高、拉低示意图

5.工作原理

主机用于启动总线传送数据,并产生时钟以开放传送的器件,此时任何被寻址的器件均被认为是从机。在总线上主和从、发和收的关系不是恒定的,而取决于此时数据的传送方向。如果主机要发送数据给从机,则主机首先寻址从机,然后主动发送数据至从机,最后由主机终止数据传送;如果主机要接收从机的数据,首先由主机寻址从机,然后主机接收从机发送的数据,最后由主机终止接收过程。在这种情况下。主机负责产生定时时钟并终止数据传送。

(1)空闲状态

I2C 总线的 SDA 和 SCL 两条信号线同时处于高电平时,规定为总线的空闲状态。此时各个器件的输出级场效应管均处在截止状态,即释放总线,由两条信号线各自的上拉电阻把电平拉高。但是这里注意:当 SDA 和 SCL 两条线路都是高电平时,并不一定是总线空闲状态,譬如总线正在传输数据"1"时,SDA 和 SCL 都是高电平,但此时并不是总线空闲状态。

所以,总线空闲状态不但要求 SDA 和 SCL 线要同时为高电平,而且要求同时为高电平的保持时间不小于 tBUF(tBUF:标准模式≥4.7 μs,快速模式≥1.3 μs,快速增强模式≥0.5 μs,超快模式≥80 ns)。如图 6-35 所示。

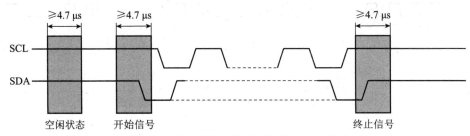

图 6-35 I2C 总线空闲、起始、停止时序条件

(2)起始信号

SCL 保持高电平,SDA 由高电平变为低电平后,延时(≥4.7 μs),SCL 变为低电平。

(3)停止信号

当 SCL 为高电平期间,SDA 由低到高的跳变;停止信号也是一种电平跳变时序信号,而不是一个电平信号。

(4)有效数据

I2C 信号在数据传输过程中,SDA 是串行数据线,此处的"数据"是"数据的传输地址、数据的处理命令、数据的真正内容"的统称。

在串行时钟 SCL 线的高电平期间,SDA 线的"高电平"或者"低电平"状态必须保持稳定,此时 SDA 线上稳定的"高电平"或"低电平"就是有效数据"1"或者"0"。SDA 线的"高电平"或者"低电平"状态的改变只能在 SCL 线的低电平期间进行。串行时钟 SCL 线每产生一个高电平脉冲,串行数据 SDA 线就传输一位有效数据。SDA 线在 SCL 线的低电平期间准备数据(改变电平),SDA 数据准备完毕(电平改变结束并保持稳定)后,SCL 线由低电平变为高电平并保持稳定,此时 SDA 线的稳定电平就是有效数据。其时序见图 6-36 所示。

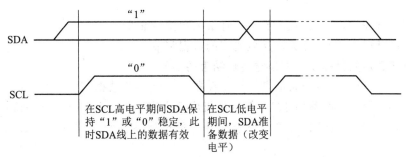

图 6-36 I2C 通信 SDA 信号线数据有效性

(5)字节传输格式

总线启动后,串行数据 SDA 线上每次传输一个字节(8 bit),每个字节后必须跟随一个应答位,可以连续传输多次。数据首先从最高有效位(MSB)开始。如果从机由于内部繁忙(如内部中断或处理其他事件)无法立即接收或发送下一个字节的数据,则可以拉低并保持时钟线 SCL,以迫使主机进入等待状态,直到从机做好接收或发送准备后,从机再释放时钟线 SCL,并继续接收或发送数据。数据传输格式如图 6-37 所示。

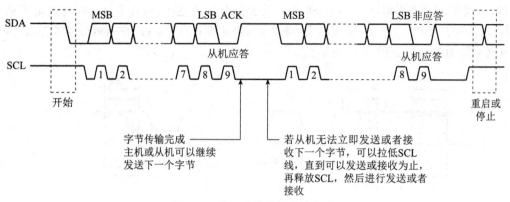

图 6-37　I2C 通信数据传输格式

（6）应答信号

如图 6-37 所示，应答发生在每个字节之后。应答位是接收器向发送器发送的确认信号，告知该字节已成功接收，并且可以发送另一个字节。主机控制 SCL 线产生所有时钟脉冲，包括第 9 个应答时钟脉冲。

应答（ACK）信号定义如下：在第 9 个应答时钟脉冲 SCL 保持高电平期间，发送器释放SDA 线（外部上拉使 SDA 变为高电平），接收器拉低 SDA 线并保持稳定。主机或从机收到ACK 应答信号后，可以继续进行接下来的传输。

不应答（NACK）信号定义如下：在第 9 个应答时钟脉冲 SCL 保持高电平期间，发送器释放 SDA 线（外部上拉使 SDA 变为高电平），接收器也释放 SDA 线，并使 SDA 保持高电平稳定。主机接收到 NACK 信号后，可以发出一个停止信号来中止传输，或者发出一个重启信号开始新的传输。从机接收到 NACK 信号后，自我结束本次发送，进入接收待机状态。

导致 NACK 产生的条件有五个：

① 总线上不存在带有发送地址的接收器，因此没有设备做出应答。

② 接收器不能接收或发送，因为它正在执行一些实时功能，并且没有准备好开始与控制器通信。

③ 在传输过程中，接收器接收到它不理解的数据或命令。

④ 在传输过程中，接收器无法接收更多的数据字节。

⑤ 接收器必须向目标发送器发送传输结束的信号。

例 9　某一主机向从机设备的某一个寄存器写一个字节数据，其传输过程如下：开始信号＋设备地址（7 位）＋读/写（1 位）＋等待从机应答＋寄存器地址（8 位）＋等待从机应答＋要写的数据（8 位）＋等待从机应答＋终止信号。图 6-38 为主机向寄存器写数据时 SDA 线上的数据流。

图 6-38　SDA 数据线完整数据流过程

例 10　利用 0.96 寸 OLED 模块完成显示，其中 OLED 与单片机按照 I2C 协议通信。

程序源码：

```
/****************************************************************
功能：OLED I2C 接口(51 系列)
说明：
GND   电源地
VCC   接 5 V 或 3.3 V 电源
D0    P2^0(SCL)
D1    P2^1(SDA)
RES   接高
DC    接地
CS    接地
****************************************************************/
// I2C   文件
#include "oled.h"
#include "picture.h"


/*********************   IIC 启动   *********************/
void I2C_Start()
{
    SCL = high;
    SDA = high;
    SDA = low;
    SCL = low;
}


/*********************   IIC 停止   *********************/
void I2C_Stop()
{
    SCL = low;
    SDA = low;
    SCL = high;
    SDA = high;
}
/*********************   IIC 写一个字节   *********************/
void Write_I2C_Byte(unsigned char I2C_Byte)
{
    unsigned char i;
    for(i = 0;i<8;i + + )
    {
        if(I2C_Byte & 0x80)
            SDA = high;
        else
```

```
            SDA = low;
            SCL = high;
            SCL = low;
            I2C_Byte<<= 1;
      }
      SDA = 1;
      SCL = 1;
      SCL = 0;
}
```

/ ******************** I2C 写命令 ********************* /
```c
void Write_I2C_Command(unsigned char I2C_Command)
{
    I2C_Start();
    Write_I2C_Byte(0x78);              //Slave address,SA0 = 0
    Write_I2C_Byte(0x00);              //write command
    Write_I2C_Byte(IIC_Command);
    IIC_Stop();
}
```

/ ******************** I2C 写数据 ********************* /
```c
void Write_I2C_Data(unsigned char I2C_Data)
{
    I2C_Start();
    Write_I2C_Byte(0x78);              //D/C# = 0; R/W# = 0
    Write_I2C_Byte(0x40);              //write data
    Write_I2C_Byte(IIC_Data);
    I2C_Stop();
}
```

/ ************************ 填充图片 ******************* /
```c
void fill_picture(unsigned char fill_Data)
{
    unsigned char m,n;
    for(m = 0;m<8;m++)
    {
        Write_I2C_Command(0xb0 + m); //page0 - page1
        Write_I2C_Command(0x00);     //low column start address
        Write_I2C_Command(0x10);     //high column start address
        for(n = 0;n<132;n++)
        {
            Write_I2C_Data(fill_Data);
        }
    }
}
```

/ ****************** Picture 用来显示一个图片 ******************* /

```
void Picture()
{
    unsigned char x,y;
    unsigned int i = 0;
    for(y = 0;y<8;y + + )
    {
        Write_I2C_Command(0xb0 + y);
        Write_I2C_Command(0x0);
        Write_I2C_Command(0x10);
        for(x = 0;x<132;x + + )
        {
            Write_I2C_Data(show[i + + ]);
        }
    }
}


/ * * * * * * * * * * * * * * *  Delay 延时  * * * * * * * * * * * * * * * * * * * * * * * * * * * * * * /
void Delay_50ms(unsigned int Del_50ms)
{
    unsigned int m;
    for(;Del_50ms>0;Del_50ms - - )
        for(m = 6245;m>0;m - - );
}


void Delay_1ms(unsigned int Del_1ms)
{
    unsigned char j;
    while(Del_1ms - - )
    {
        for(j = 0;j<123;j + + );
    }
}


/ * * * * * * * * * * * *  OLED 初始化  * * * * * * * * * * * * * * * * * * * * * * * * * /
void Initial_M096128x64_ssd1306()
{
    Write_I2C_Command(0xAE);   //Display off
    Write_I2C_Command(0x20);   //Set Memory Addressing Mode
    Write_I2C_Command(0x10);   //00,Horizontal Addressing Mode;01,Vertical
    //Addressing Mode;10,Page Addressing Mode (RESET);11,Invalid
    Write_I2C_Command(0xb0);   //Set page start address for page addressing mode,0～7
    Write_I2C_Command(0xc8);   //Set COM output scan direction
    Write_I2C_Command(0x00);   // - - Set low column address
```

```
    Write_I2C_Command(0x10);    // - - Set high column address
    Write_I2C_Command(0x40);    // - - Set start line address
    Write_I2C_Command(0x81);    // - - Set contrast control register
    Write_I2C_Command(0xdf);
    Write_I2C_Command(0xa1);    // - - Set segment re - map 0 to 127
    Write_I2C_Command(0xa6);    // - - Set normal display
    Write_I2C_Command(0xa8);    // - - Set multiplex ratio(1 to 64)
    Write_I2C_Command(0x3F);
    Write_I2C_Command(0xa4);    //0xa4,Output follows RAM content;0xa5,Output ignores //RAM content
    Write_I2C_Command(0xd3);    // - - Set display offset
    Write_I2C_Command(0x00);    // - - Not offset
    Write_I2C_Command(0xd5);    // - - Set display clock divide ratio/oscillator //frequency
    Write_I2C_Command(0xf0);    // - - Set divide ratio
    Write_I2C_Command(0xd9);    // - - Set pre - charge period
    Write_I2C_Command(0x22);
    Write_I2C_Command(0xda);    // - - Set com pins hardware configuration
    Write_I2C_Command(0x12);
    Write_I2C_Command(0xdb);    // - - Set vcomh
    Write_I2C_Command(0x20);    //0x20,0. 77xVcc
    Write_I2C_Command(0x8d);    // - - Set DC - DC enable
    Write_I2C_Command(0x14);
    Write_I2C_Command(0xaf);    // - - Turn on oled panel
}


/ * * * * * * * * * * * * * * * * * * * * * * * * 显示图片代码 * * * * * * * * * * * * * * * * * * * * * * * * * * * /

# ifndef__PICTURE_H
# define__PICTURE_H

unsigned char code show[] =
{
    0x00,0x00,0x00,0x06,0x0A,0xFE,0x0A,0xC6,0x00,0xE0,0x00,0xF0,0x00,0xF8,0x00,0x00,
    0x00,0x00,0x00,0x00,0xFE,0x7D,0xBB,0xC7,0xEF,0xEF,0xEF,0xEF,0xEF,0xEF,0xEF,0xC7,
    0xBB,0x7D,0xFE,0x00,0x00,0x00,0x00,0x00,0x00,0x00,0x00,0x00,0x00,0x00,0x00,0x00,
    0x00,0x00,0x00,0x00,0x00,0x00,0x00,0x00,0x00,0x00,0x00,0x00,0x00,0x00,0x00,0x00,
    0x00,0x00,0x00,0x00,0x00,0x00,0x00,0x00,0x00,0x00,0x00,0x00,0x00,0x00,0x00,0x00,
    0x00,0x00,0x00,0x00,0x00,0x00,0x00,0x00,0x00,0x00,0x00,0x00,0x00,0x00,0x00,0x00,
    0x00,0x08,0x0C,0xFE,0xFE,0x0C,0x08,0x20,0x60,0xFE,0xFE,0x60,0x20,0x00,0x00,0x00,
    0x78,0x48,0xFE,0x82,0xBA,0xBA,0x82,0xBA,0xBA,0x82,0xBA,0xBA,0x82,0xBA,0xBA,0x82,
    0xFE,0x00,0x00,0x00,0x00,0x00,0x00,0x00,0x00,0x00,0x00,0x00,0x00,0x00,0x00,0x00,
    0x00,0x00,0x00,0x00,0x00,0x00,0x00,0x00,0x00,0x01,0x01,0x01,0x01,0x01,0x01,0x01,
    0x01,0x01,0x01,0x01,0x01,0x01,0x00,0x00,0x00,0x00,0x00,0x00,0x00,0x00,0x00,0x00,
    0x00,0x00,0x00,0x00,0x00,0x00,0x00,0x00,0x00,0x00,0x00,0x00,0x00,0x00,0x00,0x00,
```

```
0x00,0x00,0x00,0x00,0x00,0x00,0x00,0x00,0x00,0x00,0x00,0x00,0x00,0x00,0x00,0x00,
0x00,0x00,0x00,0x00,0x00,0x00,0x00,0x00,0x00,0x00,0x00,0x00,0x00,0x00,0x00,0x00,
0x00,0x00,0x00,0x00,0x00,0x00,0x00,0x00,0x00,0x00,0x00,0x00,0x00,0x00,0x00,0x00,
0x00,0x00,0x00,0x00,0x00,0x00,0x00,0x00,0x00,0x00,0x00,0x00,0x00,0x00,0x00,0x00,
0x00,0x00,0x00,0x00,0x00,0x00,0x00,0x00,0x00,0x00,0x00,0x00,0x00,0x00,0x00,0x00,
0x00,0x00,0x00,0x00,0x00,0x00,0x00,0x00,0x00,0x00,0x00,0x00,0x00,0x00,0x00,0x00,
0x00,0x00,0x00,0x00,0x00,0x00,0x00,0x00,0xFE,0xFF,0x03,0x03,0x03,0x03,0x03,0x03,
0x03,0x03,0x03,0xFF,0xFF,0x00,0x00,0xFE,0xFF,0x03,0x03,0x03,0x03,0x03,0x03,0x03,
0x03,0x03,0xFF,0xFE,0x00,0x00,0x00,0x00,0xC0,0xC0,0xC0,0x00,0x00,0x00,0x00,0xFE,
0xFF,0x03,0x03,0x03,0x03,0x03,0x03,0x03,0x03,0x03,0xFF,0xFE,0x00,0x00,0xFE,0xFF,
0x03,0x03,0x03,0x03,0x03,0x03,0x03,0x03,0x03,0xFF,0xFE,0x00,0x00,0x00,0x00,0x00,
0x00,0x00,0x00,0x00,0x00,0x00,0x00,0x00,0x00,0x00,0x00,0x00,0x00,0x00,0x00,0x00,
0x00,0x00,0x00,0x00,0x00,0x00,0x00,0x00,0x00,0x00,0x00,0x00,0x00,0x00,0x00,0x00,
0x00,0x00,0x00,0x00,0x00,0x00,0x00,0x00,0x00,0x00,0x00,0x00,0x00,0x00,0x00,0x00,
0x00,0x00,0x00,0x00,0x00,0x00,0x00,0x00,0x00,0x00,0x00,0x00,0xFF,0xFF,0x00,0x00,
0x00,0x00,0x00,0x00,0x00,0x00,0x00,0xFF,0xFF,0x00,0x00,0xFF,0xFF,0x0C,0x0C,0x0C,
0x0C,0x0C,0x0C,0x0C,0x0C,0x0C,0xFF,0xFF,0x00,0x00,0x00,0x00,0xE1,0xE1,0xE1,0x00,
0x00,0x00,0x00,0xFF,0xFF,0x00,0x00,0x00,0x00,0x00,0x00,0x00,0x00,0x00,0xFF,0xFF,
0x00,0x00,0xFF,0xFF,0x0C,0x0C,0x0C,0x0C,0x0C,0x0C,0x0C,0x0C,0x0C,0xFF,0xFF,0x00,
0x00,0x00,0x00,0x00,0x00,0x00,0x00,0x00,0x00,0x00,0x00,0x00,0x00,0x00,0x00,0x00,
0x00,0x00,0x00,0x00,0x00,0x00,0x00,0x00,0x00,0x00,0x00,0x00,0x00,0x00,0x00,0x00,
0x00,0x00,0x00,0x00,0x00,0x00,0x00,0x00,0x00,0x00,0x00,0x00,0x00,0x00,0x00,0x00,
0x0F,0x1F,0x18,0x18,0x18,0x18,0x18,0x18,0x18,0x18,0x18,0x1F,0x0F,0x00,0x00,0x0F,
0x1F,0x18,0x18,0x18,0x18,0x18,0x18,0x18,0x18,0x1F,0x0F,0x00,0x00,0x00,0x00,
0x00,0x00,0x00,0x00,0x00,0x00,0x00,0x0F,0x1F,0x18,0x18,0x18,0x18,0x18,0x18,
0x18,0x18,0x1F,0x0F,0x00,0x00,0x0F,0x1F,0x18,0x18,0x18,0x18,0x18,0x18,0x18,0x18,
0x18,0x1F,0x0F,0x00,0x00,0x00,0x00,0x00,0x00,0x00,0x00,0x00,0x00,0x00,0x00,0x00,
0x00,0x00,0x00,0x00,0x00,0x00,0x00,0x00,0x00,0x00,0x00,0x00,0x00,0x00,0x00,0x00,
0x00,0x00,0x00,0x00,0x00,0x00,0x00,0x00,0x00,0x00,0x00,0x00,0x00,0x00,0x00,0x00,
0x00,0x00,0x00,0x00,0x00,0x00,0x00,0x00,0x00,0x00,0x00,0x00,0x00,0x00,0x00,0x00,
0x00,0x00,0x00,0x00,0x00,0x00,0x00,0x00,0x00,0x00,0xE2,0x92,0x8A,0x86,0x00,
0x00,0x7C,0x82,0x82,0x82,0x7C,0x00,0xFE,0x00,0x82,0x92,0xAA,0xC6,0x00,0x00,0xC0,
0xC0,0x00,0x7C,0x82,0x82,0x82,0x7C,0x00,0x00,0x02,0x02,0x02,0xFE,0x00,0x00,0xC0,
0xC0,0x00,0x7C,0x82,0x82,0x82,0x7C,0x00,0x00,0xFE,0x00,0x00,0x00,0x00,0x00,0x00,
0x00,0x00,0x00,0x00,0x00,0x00,0x00,0x00,0x00,0x00,0x00,0x00,0x00,0x00,0x00,0x00,
0x00,0x00,0x00,0x00,0x00,0x00,0x00,0x00,0x00,0x00,0x00,0x00,0x00,0x00,0x00,0x00,
0x00,0x00,0x00,0x00,0x00,0x00,0x00,0x00,0x00,0x00,0x00,0x24,0xA4,0x2E,0x24,0xE4,
0x24,0x2E,0xA4,0x24,0x00,0x00,0x00,0xF8,0x4A,0x4C,0x48,0xF8,0x48,0x4C,0x4A,0xF8,
0x00,0x00,0x00,0x00,0x00,0x00,0x00,0x00,0x00,0x00,0x00,0x00,0x00,0x00,0x00,0x00,
0x00,0x00,0x00,0x00,0x00,0x00,0x00,0x00,0x00,0x00,0x00,0x00,0x00,0x00,0x00,0x00,
0x00,0x00,0x00,0x00,0x00,0x00,0x00,0x00,0x00,0x00,0x00,0x00,0x00,0x00,0x00,0x00,
0x00,0x00,0x00,0x00,0x00,0x00,0x00,0x00,0x00,0x00,0x00,0x00,0x00,0x00,0x00,0x00,
```

```
    0x00,0x00,0x00,0x00,0x00,0x00,0x00,0x00,0x00,0x00,0x00,0x00,0x00,0x00,0x00,0x00,
    0x00,0x00,0x00,0x00,0x00,0x00,0xC0,0x20,0x10,0x10,0x10,0x10,0x20,0xC0,0x00,0x00,
    0xC0,0x20,0x10,0x10,0x10,0x10,0x20,0xC0,0x00,0x00,0x00,0x00,0x00,0x00,0x00,0x12,
    0x0A,0x07,0x02,0x7F,0x02,0x07,0x0A,0x02,0x00,0x00,0x00,0x0B,0x0A,0x0A,0x0A,0x7F,
    0x0A,0x0A,0x0A,0x0B,0x00,0x00,0x00,0x00,0x00,0x00,0x00,0x00,0x00,0x00,0x00,0x00,
    0x00,0x00,0x00,0x00,0x00,0x00,0x00,0x00,0x00,0x00,0x00,0x00,0x00,0x00,0x00,0x00,
    0x00,0x00,0x00,0x00,0x00,0x00,0x00,0x00,0x00,0x00,0x00,0x00,0x00,0x00,0x00,0x00,
    0x00,0x00,0x00,0x00,0x00,0x00,0x00,0x00,0x00,0x00,0x00,0x00,0x00,0x00,0x00,0x00,
    0x00,0x00,0x00,0x00,0x00,0x00,0x00,0x00,0x00,0x00,0x00,0x00,0x00,0x00,0x00,0x00,
    0x00,0x00,0x00,0x00,0x00,0x00,0x00,0x00,0x00,0x00,0x1F,0x20,0x40,0x40,0x40,0x50,
    0x20,0x5F,0x80,0x00,0x1F,0x20,0x40,0x40,0x40,0x50,0x20,0x5F,0x80,0x00,0x00,0x00,
};

// OLED. h 头文件

#include "reg52. h"
#ifndef__OLED_H
#define__OLED_H

#define high 1
#define low 0

sbit SCL = P2^0;
sbit SDA = P2^1;

void Initial_M096128x64_ssd1306();
void Delay_50ms(unsigned int Del_50ms);
void Delay_1ms(unsigned int Del_1ms);
void fill_picture(unsigned char fill_Data);
void Picture();
void IIC_Start();
void IIC_Stop();
void Write_I2C_Command(unsigned char I2C_Command);
void Write_I2C_Data(unsigned char I2C_Data);
void Write_I2C_Byte(unsigned char I2C_Byte);

/************************* 主函数 **************************/

#include "reg52. h"
#include "oled. h"

void main(void)
{
    Initial_M096128x64_ssd1306();
```

```
        Delay_1ms(5);
        while(1)
        {
            fill_picture(0xff);     //全屏显示
            Delay_50ms(25);
            fill_picture(0xf0);     //半屏熄灭,出现一条一条的亮线
            Delay_50ms(25);
            Picture();              //显示一张图片
            Delay_50ms(25);
        }
}
```

Proteus 仿真电路如图 6-39 所示。

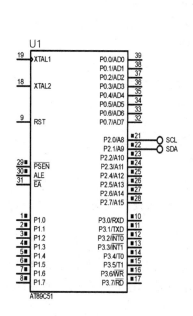
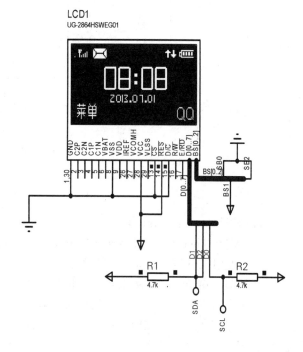

图 6-39   Proteus 仿真电路

▶▶▶ 6.3.7 SPI 串行通信 ▶▶▶

1. SPI 概述

SPI(serial peripheral interface,串行外设接口)是一种高速、全双工、同步的通信总线。20 世纪 80 年代中期 SPI 通信协议由摩托罗拉公司开发而成。SPI 总线是一种 4 线总线,因其硬件功能很强,所以与 SPI 有关的软件就相当简单,使 CPU 有更多的时间处理其他事务。正是因为这种简单易用的特性,越来越多的芯片集成了这种通信协议。例如 SD 卡、液晶显示器、一般闪存等都使用 SPI 进行通信。

SPI 作为串行通信接口脱颖而出的原因很多:全双工比 I2C 传输速率更高,推挽输出接

口能够减少走线分叉,能够保证在高速传输下信号的完整性,传输协议更加灵活,信息帧大小可以任意调节,不需要上拉电阻,功耗可以更低,外围电路和软件配置更简单。

同时 SPI 的缺点也很明显:SPI 通常仅支持一个主设备;传输距离短,一般只适合板内信号传输;没有硬件级别的错误检查协议;无法内部寻址,多重设备时需要额外的片选信号线;没有指定的流控制,没有应答机制确认是否接收到数据。

2. SPI 基本通信原理

SPI 的通信原理很简单,它以主从方式工作,这种模式通常有一个主设备和一个或多个从设备,需要至少 4 根线,事实上 3 根也可以(单向传输时)。它们是 MISO(主设备数据输入)、MOSI(主设备数据输出)、SCLK(时钟)、CS(片选),基本硬件连接形式如图 6-40 所示。

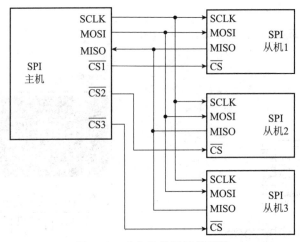

图 6-40　独立从机配置关系图

（1）MISO(master input slave output),主设备数据输入,从设备数据输出;

（2）MOSI(master output slave input),主设备数据输出,从设备数据输入;

（3）SCLK(serial clock),时钟信号,由主设备产生;

（4）CS(chip select),从设备使能信号,由主设备控制。

其中,CS 是从芯片是否被主芯片选中的控制信号,也就是说只有片选信号为预先规定的使能信号时(高电位或低电位),主芯片对此从芯片的操作才有效。这就使在同一条总线上连接多个 SPI 设备成为可能。

通信是通过数据交换完成的,SPI 是串行通信协议,也就是说数据是一位一位传输的。这就是 SCLK 时钟线存在的原因,由 SCLK 提供时钟脉冲,SDI、SDO 则基于此脉冲完成数据传输。数据输出通过 SDO 线,数据在时钟上升沿或下降沿时改变,在紧接着的下降沿或上升沿被读取,完成一位数据传输,输入也是同样的原理。因此,至少需要 8 次时钟信号的改变(上沿和下沿为一次),才能完成 8 位数据的传输。

时钟信号线 SCLK 只能由主设备控制,从设备不能控制。同样,在一个基于 SPI 的设备中,至少有一个主设备。这样的传输方式有一个优点,就是在数据位的传输过程中可以暂停,也就是时钟的周期可以为不等宽,因为时钟线由主设备控制,当没有时钟跳变时,从设备不采集或传送数据。SPI 还是一个数据交换协议,因为 SPI 的数据输入和输出线独立,所以允许同时完成数据的输入和输出。芯片集成的 SPI 串行同步时钟极性和相位可以通过寄存器配置,SPI 串行同步时钟需要根据从设备支持的时钟极性和相位来通信。

3. SPI 通信特点

（1）采用主-从模式（master-slave）的控制方式

SPI 规定了两个 SPI 设备之间通信必须由主设备（master）来控制从设备（slave）。一个主设备可以通过提供时钟以及对从设备进行片选（slave select）来控制多个从设备。SPI 协议还规定从设备的时钟由主设备通过 SCK 管脚提供，从设备本身不能产生或控制时钟，没有时钟则从设备不能正常工作。

（2）采用同步方式（synchronous）传输数据

主设备会根据将要交换的数据来产生相应的时钟脉冲（clock pulse），时钟脉冲组成时钟信号（clock signal），时钟信号通过时钟极性（CPOL）和时钟相位（CPHA）控制两个 SPI 设备间何时数据交换以及何时对接收到的数据进行采样，以保证数据在两个设备之间是同步传输的。

（3）数据交换（data exchanges）

SPI 设备间的数据传输之所以又称为数据交换，是因为 SPI 协议规定一个 SPI 设备不能在数据通信过程中仅仅只充当一个"发送者（transmitter）"或者"接收者（receiver）"。在每个时钟周期内，SPI 设备都会发送并接收一个 bit 大小的数据（不管是主设备还是从设备），相当于该设备有一个 bit 大小的数据被交换了。一个从设备要想能够接收到主设备发过来的控制信号，就必须在此之前能够被主设备进行访问（access）。所以，主设备必须首先通过 SS/CS pin 对从设备进行片选，把想要访问的从设备选上。在数据传输的过程中，每次接收到的数据必须在下一次数据传输之前被采样。如果之前接收到的数据没有被读取，那么这些已经接收完成的数据将有可能被丢弃，导致 SPI 物理模块最终失效。因此，在程序中一般都会在 SPI 传输完数据后，去读取 SPI 设备里的数据，即使这些数据（dummy data）在我们的程序里是无用的（虽然发送后紧接着的读取是无意义的，但仍然需要从寄存器中读出来）。其过程如图 6-41 所示。

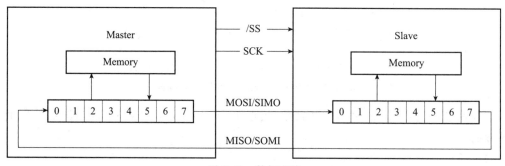

图 6-41 数据交换

SPI 没有读和写的说法，因为实质上每次 SPI 都是主从设备在交换数据。也就是说，发一个数据必然会收到一个数据，要收一个数据必须先发一个数据。

4. SPI 的工作模式

SPI 通信有 4 种不同的模式，不同的从设备可能在出厂时就配置为某种模式，不能更改，但我们的通信双方必须是工作在同一模式下，所以我们可以对主设备的 SPI 模式进行配置，通过 CPOL（时钟极性）和 CPHA（时钟相位）来控制主设备的通信模式。

(1)SPI 总线的时钟极性

时钟极性会直接影响 SPI 总线空闲时的时钟信号是高电平还是低电平。

CPOL = 1:表示空闲时是高电平;

CPOL = 0:表示空闲时是低电平。

由于数据传输往往是从跳变沿开始的,也就表示开始传输数据的时候,是下降沿或上升沿。图 6-42 所示为不同极性总线空闲和数据传输开始方式。

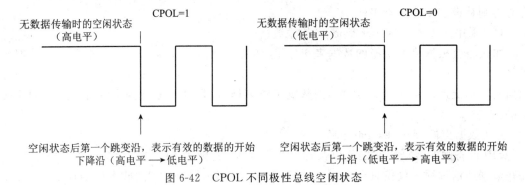

图 6-42　CPOL 不同极性总线空闲状态

(2) SPI 总线的时钟相位

一个时钟周期会有 2 个跳变沿,而相位直接决定 SPI 总线从哪个跳变沿开始采样数据。如图 6-43 所示为不同相位数据采样位置。

CPHA = 0:表示从第 1 个跳变沿开始采样;

CPHA = 1:表示从第 2 个跳变沿开始采样。

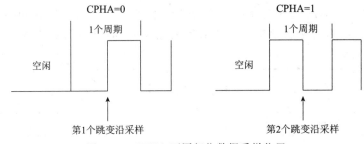

图 6-43　CPHA 不同相位数据采样位置

至于跳变沿究竟是上升沿还是下降沿,这取决于 CPOL。记住,CPHA 只决定是哪个跳变沿采样。

(3) SPI 总线传输的四种模式

CPOL 和 CPHA 的不同组合,形成了 SPI 总线的不同模式,见表 6-13。

表 6-13　SPI 通信四种工作模式

模式	CPOL(时钟极性)	CPHA(时钟相位)
Mode 0	0	0
Mode 1	0	1
Mode 2	1	0
Mode 3	1	1

时钟极性 CPOL 用来配置 SCLK 的电平处于哪种状态时是空闲态或者有效状态,时钟相位 CPHA 用来配置数据采样是在第几个边沿:

CPOL＝0,表示当 SCLK＝0 时处于空闲态,所以有效状态就是 SCLK 处于高电平时;

CPOL＝1,表示当 SCLK＝1 时处于空闲态,所以有效状态就是 SCLK 处于低电平时;

CPHA＝0,表示数据采样是在第 1 个边沿,数据发送在第 2 个边沿;

CPHA＝1,表示数据采样是在第 2 个边沿,数据发送在第 1 个边沿。

例如:

CPOL＝0,CPHA＝0:此时空闲态时,SCLK 处于低电平,数据采样是在第 1 个边沿,也就是 SCLK 由低电平到高电平的跳变,所以数据采样是在上升沿,数据发送是在下降沿。

CPOL＝0,CPHA＝1:此时空闲态时,SCLK 处于低电平,数据发送是在第 1 个边沿,也就是 SCLK 由低电平到高电平的跳变,所以数据采样是在下降沿,数据发送是在上升沿。

CPOL＝1,CPHA＝0:此时空闲态时,SCLK 处于高电平,数据采集是在第 1 个边沿,也就是 SCLK 由高电平到低电平的跳变,所以数据采集是在下降沿,数据发送是在上升沿。

CPOL＝1,CPHA＝1:此时空闲态时,SCLK 处于高电平,数据发送是在第 1 个边沿,也就是 SCLK 由高电平到低电平的跳变,所以数据采集是在上升沿,数据发送是在下降沿。

四种工作模式时序图如图 6-44 所示。

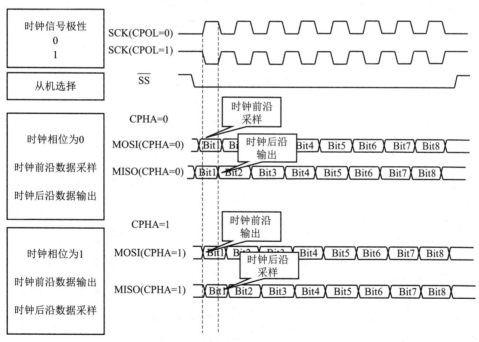

图 6-44 SPI 通信四种工作模式时序图

需要注意的是:我们的主设备能够控制时钟,因为 SPI 通信并不像 UART 或者 I2C 通信那样有专门的通信周期,有专门的通信起始信号,有专门的通信结束信号;所以 SPI 协议能够通过控制时钟信号线使没有数据交流时的时钟线要么保持高电平,要么保持低

5. UART、I2C、SPI 比较

（1）通信速率比较

SPI ＞I2C ＞UART

① 同步通信＞异步通信；

② 同步通信时必须有一根时钟线连接传输的两端；

③ 都是串行通信方式，并行通信用于内部存储间的通信，如 Flash；

④ 适合传输的距离和通信速率成反比关系。

（2）连线方式

SPI：2 数据线、1 时钟线、1 CS（设备片选线），串行同步通信全双工；

I2C：1 数据线、1 时钟线，串行同步通信半双工，传输距离比 UART 短；

UART：2 数据线、1 地线，串行异步通信全双工，传输距离比 I2C 长些。

（I2C 接口是"器件间"接口，是在一块板子之内传输数据；UART 是"设备间"接口，更多的是用于两台设备之间传输数据。）

例 11 利用 SPI 通信协议完成单片机向 X5045 芯片内部指定地址"0x10"写入一个数据"0xaa"，并读出，利用 P0 口 8 个 LED 灯显示该字节数据。

C 语言源程序：

```
# include<reg51.h>          //包含单片机寄存器的头文件
# include<intrins.h>        //包含_nop_()函数定义的头文件


//x5045 引脚定义
sbit SCK = P3^4;            //将 SCK 位定义为 P3.4 引脚
sbit SI = P3^5;             //将 SI 位定义为 P3.5 引脚
sbit SO = P3^6;             //将 SO 位定义为 P3.6 引脚
sbit CS = P3^7;             //将 CS 位定义为 P3.7 引脚


//功能变量定义
# define WREN 0x06          //写使能锁存器允许
# define WRDI 0x04          //写使能锁存器禁止
# define WRSR 0x01          //写状态寄存器
# define READ 0x03          //读出
# define WRITE 0x02         //写入


/ ***********************************************
函数功能:延时 1 ms
(3j + 2) * i = (3×33 + 2)×10 = 1010(μs),可以认为是 1 ms
*********************************************** /
void delay1ms()
{
```

```
    unsigned char i,j;
    for(i = 0;i<10;i+ +)
        for(j = 0;j<33;j+ +);
}


/ *******************************************************
函数功能:延时若干 ms
入口参数:n
 ****************************************************** /
void delaynms(unsigned char n)
{
    unsigned char i;
    for(i = 0;i<n;i+ +)
        delay1ms();
}


/ *******************************************************
函数功能:从 X5045 的当前地址读出数据
出口参数:x
 ****************************************************** /
unsigned char ReadCurrent(void)
{
    unsigned char i;
    unsigned char x = 0x00;   //储存从 X5045 中读出的数据
    SCK = 1;                  //将 SCK 置于已知的高电平状态
    for(i = 0; i <8; i+ +)
    {
        SCK = 1;             //拉高 SCK
        SCK = 0;             //在 SCK 的下降沿输出数据
        x<< = 1;             //将 x 中的各二进位向左移一位,因为首先读出的是字节的最高位数据
        x| = (unsigned char)SO;  //将 SO 上的数据通过按位"或"运算存入 x
    }
    return(x);                    //将读取的数据返回
}


/ *******************************************************
函数功能:写数据到 X5045 的当前地址
入口参数:dat
 ****************************************************** /
void WriteCurrent(unsigned char dat)//0x06
{
    unsigned char i;
```

```
    SCK = 0;                      //将 SCK 置于已知的低电平状态
    for(i = 0; i <8; i + +)       //循环移入 8 个位
    {
        SI = (bit)(dat&0x80);     //通过按位"与"运算将最高位数据送到 S,
                                  //因为传送时高位在前,低位在后
        SCK = 0;
        SCK = 1;                  //在 SCK 上升沿写入数据
        dat<< = 1;                //将 y 中的各二进位向左移一位,因为首先写入的
                                  //是字节的最高位
    }
}
/ * * * * * * * * * * * * * * * * * * * * * * * * * * * * * * * * * * * * * * * * * * * * * * * * *
函数功能:写状态寄存器,可以设置看门狗的溢出时间及数据保护
入口参数:rs; //储存寄存器状态值
 * * * * * * * * * * * * * * * * * * * * * * * * * * * * * * * * * * * * * * * * * * * * * * * * * /
void WriteSR(unsigned char rs)
{
    CS = 0;                       //拉低 CS,选中 X5045
    WriteCurrent(WREN);           //写使能锁存器允许
    //      CS = 1;               //拉高 CS
    //      CS = 0;               //重新拉低 CS,否则下面的写寄存器状态指令将被丢弃
    WriteCurrent(WRSR);           //写状态寄存器
    VWriteCurrent(rs);            //写入新设定的寄存器状态值
    CS = 1;                       //拉高 CS
}

/ * * * * * * * * * * * * * * * * * * * * * * * * * * * * * * * * * * * * * * * * * * * * * * * * *
函数功能:写数据到 X5045 的指定地址
入口参数:addr
 * * * * * * * * * * * * * * * * * * * * * * * * * * * * * * * * * * * * * * * * * * * * * * * * * /
void WriteSet(unsigned char dat,unsigned char addr)
{
    SCK = 0;                      //将 SCK 置于已知状态
    CS = 0;                       //拉低 CS,选中 X5045
    WriteCurrent(WREN);           //写使能锁存器允许
    //      CS = 1;               //拉高 CS
    //      CS = 0;               //重新拉低 CS,否则下面的写入指令将被丢弃
    WriteCurrent(WRITE);          //写入指令
    WriteCurrent(addr);           //写入指定地址
    WriteCurrent(dat);            //写入数据
    CS = 1;                       //拉高 CS
    SCK = 0;                      //将 SCK 置于已知状态
}
```

```
/************************************************
函数功能:从 X5045 的指定地址读出数据
入口参数:addr
出口参数:dat
************************************************/
unsigned char ReadSet(unsigned char addr)
{
    unsigned char dat;
    SCK = 0;                    //将 SCK 置于已知状态
    CS = 0;                     //拉低 CS,选中 X5045
    WriteCurrent(READ);         //开始读
    WriteCurrent(addr);         //写入指定地址
    dat = ReadCurrent();        //读出数据
    CS = 1;                     //拉高 CS
    SCK = 0;                    //将 SCK 置于已知状态
    return dat;                 //返回读出的数据
}
/************************************************
函数功能:看门狗复位程序
************************************************/
void WatchDog(void)
{
    CS = 1;                     //拉高 CS
    CS = 0;                     //CS 引脚的一个下降沿复位看门狗定时器
    CS = 1;                     //拉高 CS
}
/************************************************
函数功能:主程序
************************************************/
void main(void)
{
    WriteSR(0x12);   //写状态寄存器(设定看门狗溢出时间为 600 ms,写不保护)
    delaynms(5);     //X5045 的写入周期约为 10 ms
    while(1)
    {
        WriteSet(0xaa,0x10);   //将数据"0xaa"写入指定地址"0x10"
        delaynms(5);           //X5045 的写入周期约为 10 ms
        P0 = ReadSet(0x10);    //将数据读出送 P0 口显示
        WatchDog();            //复位看门狗
    }
}
```

Proteus 仿真电路如图 6-45 所示。

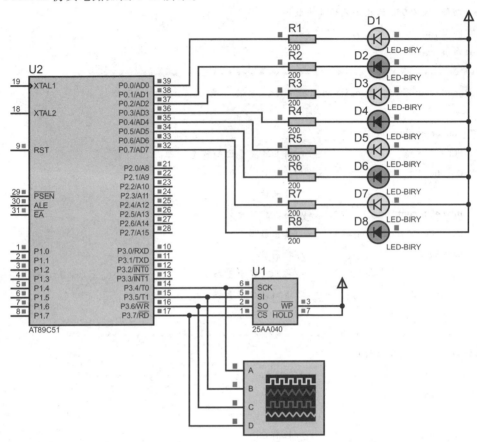

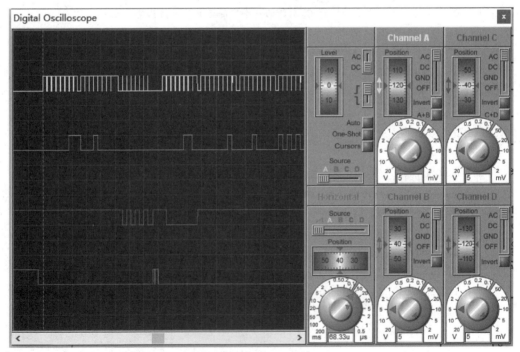

图 6-45　Proteus 仿真电路

习题六

1. 什么是中断？中断服务程序的调用与子程序调用的区别是什么？

2. 中断响应的过程及优先级如何设定？

3. 中断处理过程包括哪四个步骤？简述中断处理过程。

4. 什么是现场保护(断点保护)？为什么要保护现场？现场哪些内容需要保护？

5. 为什么在一般情况下,在中断入口地址区间要设置一条跳转指令,转移到中断服务程序的实际入口处？

6. 定时/计数器初始化主要包括哪些内容？

7. 定时/计数器初值如何计算？

8. 说明定时/计数器四种工作方式的特点与区别。

9. 定时/计数器工作方式 2 的特点、实用场景是什么？

10. 利用定时/计数器完成从 P1.0 输出周期为 1 s 方波信号,系统晶振频率为 12 MHz。试设计程序。

11. 什么是串行通信和并行通信？并行通信、串行通信各自的特点是什么？

12. 什么叫波特率？串行通信对波特率有什么要求？

13. 请描述异步串行通信的数据帧格式。

14. I2C 串行通信接口为什么常常需要漏极开路连接方式？

15. I2C 通信的特点是什么？

16. SPI 通信协议的通信特点是什么？

17. 比较 UART、I2C、SPI 三种串行通信方式。

第7章
89C51 单片机的接口技术

知识与能力目标

- 掌握独立式键盘、矩阵式键盘的工作原理、使用方法和程序设计过程。
- 掌握 LED 数码管显示器静态显示方式、动态显示方式的工作原理、使用方法和程序设计过程。
- 了解液晶显示器的工作原理,掌握液晶显示器的使用方法和程序设计过程。
- 理解 A/D 转换的主要指标,掌握 ADC0808 的使用方法和程序设计过程。
- 理解 D/A 转换的主要指标,掌握 DAC0832 的使用方法和程序设计过程,掌握 PWM 的程序设计过程。

思政目标

- 激发学生勇于追求真知的动力,强化学生持续学习、不断改进的能力。
- 在接口电路设计环节培养学生的创新意识,提高学生的研究与探索能力。

以单片机为核心的智能应用系统常常需要进行系统-人的对话。对话的主要内容是人对智能系统的控制和信息输入,智能系统向人显示运行状态,输出信息结果。单片机的接口就是用来完成系统-人对话的通道,常见的接口技术包含键盘、显示器、A/D 转换和 D/A 转换。

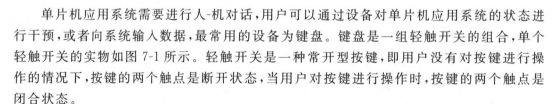

7.1 键盘接口技术及处理程序

单片机应用系统需要进行人-机对话,用户可以通过设备对单片机应用系统的状态进行干预,或者向系统输入数据,最常用的设备为键盘。键盘是一组轻触开关的组合,单个轻触开关的实物如图 7-1 所示。轻触开关是一种常开型按键,即用户没有对按键进行操作的情况下,按键的两个触点是断开状态,当用户对按键进行操作时,按键的两个触点是闭合状态。

单片机对按键的识别可以通过两种方式来完成:一种为编码键盘识别,编码键盘会产生

图7-1　轻触开关实物图

特定的键盘编码(如 BCD 码、ASCII 码),在单片机系统中添加特定的译码器来识别编码,进而识别键盘;一种为软件识别,需要编写与键盘相对应的程序代码才能实现键盘键值的识别,也称为非编码键盘识别。与编码键盘识别方式相比较,软件识别方式不需要特定的译码器,电路结构简单,成本低,且编写程序代码的实现方式应用灵活,因此在由单片机组成的智能系统中,对键盘的识别一般用软件实现。本节将重点讨论软件识别的原理、接口技术及其实现的程序代码。

▶▶▶ 7.1.1　软件识别的原理 ▶▶ ▶

轻触开关有两种工作方式,即按下和释放。当轻触开关为按下状态时,开关引脚接通;当开关为释放状态时,开关引脚断开。单片机只能够识别高电平与低电平,因此按下和释放的状态要能够被识别,需要将这两种状态转换为与之对应的低电平和高电平。这可以通过图 7-2 所示的电路实现。在图 7-2 所示的电路图中,将按键信号直接接入单片机 I/O 口中的P1.0 口,当单片机识别管脚 P1.0 为高电平时,轻触开关为释放状态;当单片机识别管脚P1.0 为低电平时,轻触开关为按下状态。

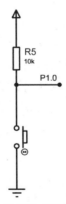

R5
10k

P1.0

图 7-2　按键状态的识别电路

对按键进行识别时,因为按键的按下与释放状态是随机的,所以捕捉按键电路信号的变化就变得非常重要,一般有两种方法来进行信号的捕捉。

1. 外部中断捕捉

图 7-3 是用外部中断捕捉按键信号状态变化的电路图。从图 7-3 中可发现,4 个轻触开关的信号端经导线接单片机的 P1.0～P1.3 端口,同时信号端通过"与"门电路与单片机的外部中断 0 端口相连。当没有键按下时,P1.0～P1.3 端口全为高电平,经过"与"运算后外部中断 0 端口也为高电平。当有任意按键按下时,外部中断 0 端口电平信号都由高电平转向

低电平,则外部中断源向单片机CPU发出中断请求,若此时单片机CPU开放外部中断0,则响应外部中断请求,执行中断服务程序,对键盘电路的信号变化进行捕捉。

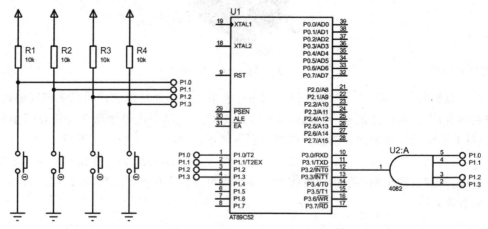

图 7-3 外部中断捕捉按键信号

使用外部中断捕捉方式的优点是单片机CPU只需要等待外部中断请求信号,可以节省CPU资源,缺点是必须等待已按下的按键释放后才可以对其他按键进行识别,需要额外增加芯片,电路较复杂,且容易受到干扰。

2.定时查询捕捉

轻触开关的状态变化的完整过程是从初始的释放状态到按下状态,然后再回到释放状态,每一次状态变化的时间需要50 ms以上。若单片机CPU在50 ms内对按键的信号状态进行查询,按键的按下和释放信号就不会丢失,可以被完整地查询到。因此,可以编写程序代码,使得单片机CPU每隔50 ms以内的时间(经典值为20 ms)对按键信号进行查询,查询轻触开关的按下状态和释放状态,就可以正确地识别用户对轻触开关的操作。

定时查询捕捉方式的优点是无需使用额外的芯片,电路连接简洁,抗干扰能力强,应用灵活简单,但是会占用较多的CPU时间资源。定时查询捕捉方式优点明显,且单片机CPU的资源已被大大增强,因此一般情况下,会使用定时查询捕捉方式来完成对键盘的识别。

▶▶▶ 7.1.2 按键的消抖实现 ▶▶▶

按键的信号变化过程是一个理想的负脉冲波形,如图7-4所示,当由高电平状态变为低电平状态时为按下动作,当由低电平变为高电平时为释放动作。但按键的按下和释放都会经过一个信号的变化过程才能够稳定,如同落地的乒乓球一样,经过上下的弹跳动作才会稳定在地面上,因此实际的信号变化过程波形如图7-5所示。从图7-5可发现,按下和释放都需要经过一个过程才能达到稳定,这一过程是处于高低电平之间的一种不稳定状态,称为抖动。抖动持续时间的长短、频率的高低与按键的机械特性以及用户的操作有关,抖动持续时间的典型值在5～10 ms之间。抖动的存在使得CPU对一次按键过程做多次按键信号变换的捕捉,会对按键的识别造成较大的干扰,因此应采取有效而简单的措施来消除抖动。

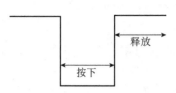
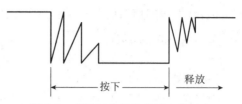

图 7-4　理想的按键的信号变化过程　　　　图 7-5　实际的按键的信号变化过程

消抖一般可以采取软件延时的方法来完成,即当 CPU 捕捉到按键的信号从高电平转向低电平时,间隔 10 ms 以上时间,CPU 再进行一次按键信号从高电平到低电平的捕捉,这样就过了抖动过程,完成了按键按下动作的消抖。同样地,对于按键释放动作也应进行相同的处理,当 CPU 捕捉到按键的信号从低电平转向高电平时,间隔 10 ms 以上时间,再进行信号从低电平到高电平的捕捉,完成按键释放的消抖。按键的按下和释放消抖后,才能转入该键的处理程序。

例 1　已知有一延时函数 Delay(20),该函数可完成延时 20 ms 的功能。观察图 7-2 所示的电路图,使用 C 语言编辑程序,完成单片机对轻触按键的识别,要求有消抖功能。

```
解:if(P1_0 = = 0)              //判断按键是否按下
   {
       Delay(20);              //按下消抖
       while(P1_0 = = 0);      //检测是否松手
       Delay(20);              //释放消抖
   }
```

▶▶▶ 7.1.3　独立式键盘 ▶▶▶

在如图 7-6 所示的电路中,直接用单片机的 I/O 口与按键电路相连接,每个按键占用一个单片机的 I/O 口,按键电路彼此独立,该按键电路就组成了独立式键盘。

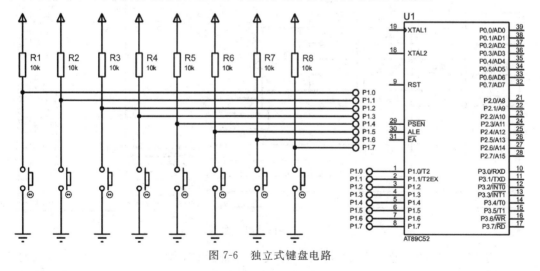

图 7-6　独立式键盘电路

当独立式键盘中的某一个按键被按下时,相对应的 I/O 口电平变为低电平,当 CPU 捕捉到 I/O 口为低电平时,就可以判别出与其对应的按键处于按下状态,反之处于释放状态。

以下是一个简单的独立式键盘的按键识别子程序,可将每一个按键的结果返回给相对应的按键值,获取按键值后的服务子程序可由用户根据实际需要来编写代码。

```
unsigned char MatrixKey()
{
    unsigned char KeyNumber = 0;
    if(P1_7 = = 0){Delay(20);while(P1_7 = = 0);Delay(20);KeyNumber = 8;}
    if(P1_6 = = 0){Delay(20);while(P1_6 = = 0);Delay(20);KeyNumber = 7;}
    if(P1_5 = = 0){Delay(20);while(P1_5 = = 0);Delay(20);KeyNumber = 6;}
    if(P1_4 = = 0){Delay(20);while(P1_4 = = 0);Delay(20);KeyNumber = 5;}
    if(P1_3 = = 0){Delay(20);while(P1_3 = = 0);Delay(20);KeyNumber = 4;}
    if(P1_2 = = 0){Delay(20);while(P1_2 = = 0);Delay(20);KeyNumber = 3;}
    if(P1_1 = = 0){Delay(20);while(P1_1 = = 0);Delay(20);KeyNumber = 2;}
    if(P1_0 = = 0){Delay(20);while(P1_0 = = 0);Delay(20);KeyNumber = 1;}
    return KeyNumber;
}
```

独立式键盘的电路结构和子程序代码均比较简单,但是从图 7-6 中可发现,其占用的单片机 I/O 口资源相对较多,不适合在按键较多的情景下采用。

▶▶▶ 7.1.4　矩阵式键盘 ◀◀◀

为解决独立式键盘占用单片机 I/O 口资源相对较多的问题,出现了矩阵式按键。将单片机 I/O 口的一部分作为行线,另外一部分作为列线,在行线和列线的交叉点上设置按键电路信号的连接处,就构成了矩阵式(又称行列式)键盘。矩阵式键盘中按键的数量是行线数 n 乘以列线数 m。典型的矩阵式按键电路如图 7-7 所示。从图 7-7 中可发现,该矩阵键盘有 4 条行线和 4 条列线,因此有 16 个按键,但是所用的 I/O 口只有 8 个,节省了 I/O 口资源。

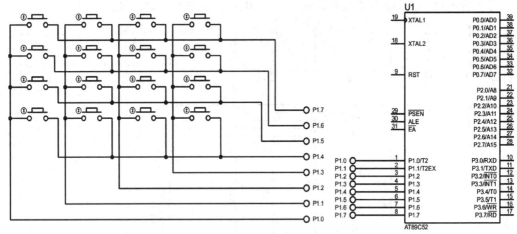

图 7-7　矩阵式键盘电路

对于图 7-7 中的典型矩阵式键盘,其工作原理是:先识别列线 P1.3～P1.0,获取按键所在的列数 1～4;然后识别行线 P1.7～P1.4,获取按键所在的行数 1～4,即可完成按键的识别动作。例如按的键在第 3 列、第 2 行,则按键为第 7 个按键。具体的做法是首先使 P1 端口全部为高电平,然后依次使列线 P1.3～P1.0 中的一根输出为低电平,则只有与之对应的

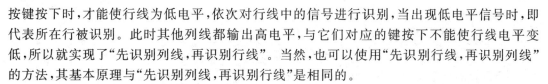

按键按下时,才能使行线为低电平,依次对行线中的信号进行识别,当出现低电平信号时,即代表所在行被识别。此时其他列线都输出高电平,与它们对应的键按下不能使行线电平变低,所以就实现了"先识别列线,再识别行线"。当然,也可以使用"先识别行线,再识别列线"的方法,其基本原理与"先识别列线,再识别行线"是相同的。

由于矩阵式键盘的按键数量比较多,为了使程序代码简洁,一般在键盘识别程序中,给键盘中的每一个按键赋予一个键值,这里采用"从左到右,从上到下"的方式赋予 16 个按键的键值 1~16,然后使用该键值进入不同按键的服务子程序代码。

以下是一个简单、易于理解的矩阵式键盘的按键识别子程序,可将每一个按键的结果返回给相对应的按键值 KeyNumber,16 个按键的返回值 KeyNumber 依次为 1~16。

```
unsigned char MatrixKey()
{
    unsigned char KeyNumber = 0;
    P1 = 0xFF;
    P1_3 = 0;
    if(P1_7 = = 0){Delay(20);while(P1_7 = = 0);Delay(20);KeyNumber = 1;}
    if(P1_6 = = 0){Delay(20);while(P1_6 = = 0);Delay(20);KeyNumber = 5;}
    if(P1_5 = = 0){Delay(20);while(P1_5 = = 0);Delay(20);KeyNumber = 9;}
    if(P1_4 = = 0){Delay(20);while(P1_4 = = 0);Delay(20);KeyNumber = 13;}
    P1 = 0xFF;
    P1_2 = 0;
    if(P1_7 = = 0){Delay(20);while(P1_7 = = 0);Delay(20);KeyNumber = 2;}
    if(P1_6 = = 0){Delay(20);while(P1_6 = = 0);Delay(20);KeyNumber = 6;}
    if(P1_5 = = 0){Delay(20);while(P1_5 = = 0);Delay(20);KeyNumber = 10;}
    if(P1_4 = = 0){Delay(20);while(P1_4 = = 0);Delay(20);KeyNumber = 14;}
    P1 = 0xFF;
    P1_1 = 0;
    if(P1_7 = = 0){Delay(20);while(P1_7 = = 0);Delay(20);KeyNumber = 3;}
    if(P1_6 = = 0){Delay(20);while(P1_6 = = 0);Delay(20);KeyNumber = 7;}
    if(P1_5 = = 0){Delay(20);while(P1_5 = = 0);Delay(20);KeyNumber = 11;}
    if(P1_4 = = 0){Delay(20);while(P1_4 = = 0);Delay(20);KeyNumber = 15;}
    P1 = 0xFF;
    P1_0 = 0;
    if(P1_7 = = 0){Delay(20);while(P1_7 = = 0);Delay(20);KeyNumber = 4;}
    if(P1_6 = = 0){Delay(20);while(P1_6 = = 0);Delay(20);KeyNumber = 8;}
    if(P1_5 = = 0){Delay(20);while(P1_5 = = 0);Delay(20);KeyNumber = 12;}
    if(P1_4 = = 0){Delay(20);while(P1_4 = = 0);Delay(20);KeyNumber = 16;}
    return KeyNumber;
}
```

7.2 LED 显示器接口技术及处理程序

LED(light emitting diode)显示器即发光二极管显示器,该显示器具有造价成本低廉、接口配置灵活方便、显示信息醒目等特点,因而被广泛应用在由单片机组成的智能系统中,常用它来显示智能系统的工作状态和信息输出、输入数值等。

LED显示器按其发光管排布结构的不同可分为LED数码管显示器和LED点阵显示器。LED数码管主要用来显示数字和少数字母,其常用发光颜色有红色、白色和蓝色,图7-8所示为常用的一位0.56英寸红色LED数码管。点阵显示器可显示数字、字母、汉字和图形等,显示信息丰富且显示方式灵活,图7-9所示为最小模块的8×8红色LED点阵显示器。LED点阵显示器虽然显示信息丰富且显示方式灵活,但会占用大量的单片机CPU资源,且接口较复杂,成本较高,因此除大屏幕LED点阵显示或有特殊显示要求的场景外,一般单片机智能系统都会选择LED数码管来作为显示器。

图7-8　一位0.56英寸红色LED数码管　　　图7-9　8×8红色LED点阵显示器

▶▶▶ 7.2.1　LED数码管显示器结构原理 ▶▶▶

LED数码管显示器的内部含有8段发光二极管,其中7段(分别命名为A、B、C、D、E、F、G)"长条形"发光二极管构成字形"8",剩下1段(命名为DP)"圆点形"发光二极管构成小数点,各段二极管位置如图7-10所示。通过不同二极管发光的组合,LED数码管可显示出数字0~9、字母A~F和小数点等有效信息。

LED数码管显示器内部的8段发光二极管有一管脚是连接在一起的,当二极管的阴极连接在一起时,就组成了共阴极数码管,其结构电路如图7-11所示;当二极管的阳极连接在一起时,就组成了共阳极数码管,其结构电路如图7-12所示。当

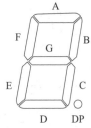

图7-10　各段二极管位置

给某段发光二极管施加正向导通电压时,该段二极管就点亮,不施加正向导通电压时,该段二极管就暗。同时为了保护LED数码管中的发光二极管,还需要给每个二极管添加限流电阻,如图7-11和7-12所示,每只二极管前都添加了限流电阻。共阴极数码管的公共端需要接地,当发光二极管另一端的阳极连接高电平时,相应的发光二极管就点亮。共阳极数码管的公共端也需要接地,当发光二极管另一端的阴极连接低电平时,相应的发光二极管就点亮。8段发光二极管中的7段排列成"8"字形,想显示某个数字或字母时,只需要点亮相应的二极管即可。如想显示数字"2",只需要点亮发光二极管中的"A、B、G、E、D"字段即可;想显示数字"3",只需要点亮发光二极管中的"A、B、C、D、G"字段即可。LED数码管显示数字0~9和字母A~F的输入信息称为LED显示字形编码,表7-1列出了共阴极和共阳极数码管的7段LED显示字形编码(忽略小数点DP),表7-2列出了共阴极和共阳极数码管的8段

LED 显示字形编码(点亮小数点 DP)。

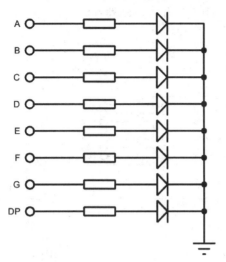

图 7-11　共阴极数码管

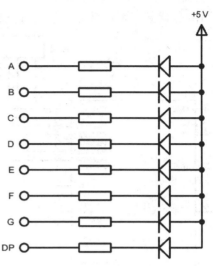

图 7-12　共阳极数码管

表 7-1　共阴极和共阳极数码管的 7 段 LED 显示字形编码

显示字符	0	1	2	3	4	5	6	7
共阴极段选码	0x3f	0x06	0x5b	0x4f	0x66	0x6d	0x7d	0x07
共阳极段选码	0xc0	0xf9	0xa4	0xb0	0x99	0x92	0x82	0xf8
显示字符	8	9	A	B	C	D	E	F
共阴极段选码	0x7f	0x6f	0x77	0x7c	0x39	0x5e	0x79	0x71
共阳极段选码	0x80	0x90	0x88	0x83	0xc6	0xa1	0x86	0x8e

表 7-2　共阴极和共阳极数码管的 8 段 LED 显示字形编码

显示字符	0	1	2	3	4	5	6	7
共阴极段选码	0xbf	0x86	0xdb	0xcf	0xe6	0xed	0xfd	0x87
共阳极段选码	0x40	0x79	0x24	0x30	0x19	0x12	0x02	0x78
显示字符	8	9	A	B	C	D	E	F
共阴极段选码	0xff	0xef	0xf7	0xfc	0xb9	0xde	0xf9	0xf1
共阳极段选码	0x00	0x10	0x08	0x03	0x46	0x21	0x06	0x0e

▶▶▶ 7.2.2　LED 数码管显示方式 ▶▶▶

数码管显示器有两种工作方式,即静态显示方式和动态显示方式。

1. LED 数码管静态显示方式

LED 数码管的静态显示方式需要数码管的 A～G 和 DP 端与单片机的一个 8 位的 I/O 口相连接。当需要在数码管上显示字符时,只要从对应的 I/O 口输出其需要显示字符的段选码即可。值得注意的是,如果 LED 数码管是共阴极的,则需要在 I/O 口与数码管之间添加驱动器。因一般情况下单片机的功率较低,I/O 口管脚上的电流较小,如果不添加驱动器,数码管中的发光二极管无法获得足够的能量来点亮,可能会造成数码管无法正确显示字符的情况。典型的 LED 共阴极数码管的静态显示方式电路如图 7-13 所示,从该图中可发现,LED 数码管与单片机 I/O 口之间添加了芯片 74HC573 作为驱动器。

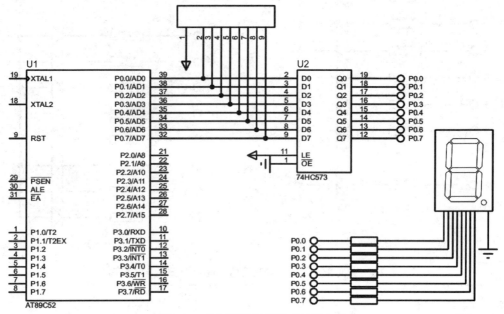

图 7-13　共阴极数码管静态显示电路

　　如果选用共阳极的数码管,因有＋5 V 电源的存在,可以提供足够大的电流,所以无需考虑在电路中添加驱动器的问题。典型的 LED 共阳极数码管的静态显示方式电路如图 7-14 所示,从该图中可发现,共阳极数码管的电路比共阴极数码管电路要简单得多。

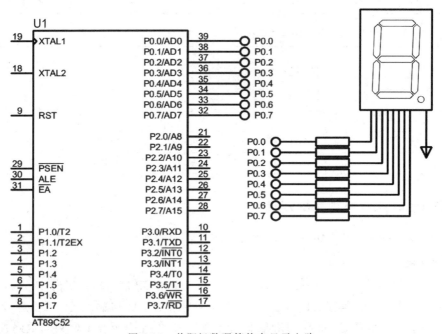

图 7-14　共阳极数码管静态显示电路

静态显示方式程序代码非常简单,且占用单片机的 CPU 时间资源很少,只需要在显示字符改变时调用一下显示程序。但静态显示方式下每个数码管需要一个 8 位 I/O 口、一个 8 位驱动、8 个限流电阻,需要额外的元器件且会占用单片机过多的 I/O 口,因此该方式一般应用在数码管位数较少的情景下。

例 2　已知有一延时函数 Delay(1000),该函数可完成延时 1 s 的功能。观察图 7-14 所示的共阳极数码管静态显示电路图,使用 C 语言编辑完整的程序代码,使数码管每隔 1 s 依次显示数字 0~9 和字母 A~F,要求小数点 DP 不显示。

解:

```
# include <REGX52.H>
# include "Delay.H"
//共阳极数码管段码表
unsigned char SegTable[] = {0xc0,0xf9,0xa4,0xb0,0x99,0x92,0x82,0xf8,0x80,0x90,
0x88,0x83,0xc6,0xa1,0x86,0x8e};
void main()
{
    while(1)
    {
        P0 = SegTable[0];Delay(1000);     //数码管显示数字"0",并延时 1 s
        P0 = SegTable[1];Delay(1000);     //数码管显示数字"1",并延时 1 s
        P0 = SegTable[2];Delay(1000);     //数码管显示数字"2",并延时 1 s
        P0 = SegTable[3];Delay(1000);     //数码管显示数字"3",并延时 1 s
        P0 = SegTable[4];Delay(1000);     //数码管显示数字"4",并延时 1 s
        P0 = SegTable[5];Delay(1000);     //数码管显示数字"5",并延时 1 s
        P0 = SegTable[6];Delay(1000);     //数码管显示数字"6",并延时 1 s
        P0 = SegTable[7];Delay(1000);     //数码管显示数字"7",并延时 1 s
        P0 = SegTable[8];Delay(1000);     //数码管显示数字"8",并延时 1 s
        P0 = SegTable[9];Delay(1000);     //数码管显示数字"9",并延时 1 s
        P0 = SegTable[10];Delay(1000);    //数码管显示字母"A",并延时 1 s
        P0 = SegTable[11];Delay(1000);    //数码管显示字母"B",并延时 1 s
        P0 = SegTable[12];Delay(1000);    //数码管显示字母"C",并延时 1 s
        P0 = SegTable[13];Delay(1000);    //数码管显示字母"D",并延时 1 s
        P0 = SegTable[14];Delay(1000);    //数码管显示字母"E",并延时 1 s
        P0 = SegTable[15];Delay(1000);    //数码管显示字母"F",并延时 1 s
    }
}
```

2. LED 数码管动态显示方式

当数码管位数较多时,使用静态显示方式会占用较多的 I/O 口,且有线路设计较为复杂和元器件使用较多的缺点。因此,当数码管位数较多时,一般会使用动态显示方式来表达信息。

动态显示方式一般会使用多位 LED 数码管,如图 7-15 所示为常用的四位一体 0.56 英寸红色 LED 数码管实物图,图 7-16 为其引脚图。从图 7-16 中可发现,四位一体数码管的管脚数只有 12 个,其中 A~DP 为段选码的输入端,1~4 为位选端,用来确定字符显示在多位数码管的哪一位。对于共阳极数码管,位选端为高电平有效;而对于共阴极数码管,位选端为低电平有效。

图 7-15　四位一体 LED 数码管实物图

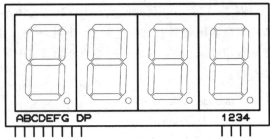

图 7-16　四位一体 LED 数码管管脚图

由于多位数码管只有一组段选码的输入端,即 4 位 LED 所有的段选均由一个 I/O 口来给予信号,使得 4 位 LED 会显示相同的字符。欲使 LED 显示不同的字符,只能逐个地循环点亮各位显示器,也就是说在任一时刻只有 1 位数码管在显示。为了使人看到所有显示器都在显示,就得加快循环点亮各位显示器的速度(提高扫描频率),利用人眼的视觉残留效应,使人感觉到像全部显示器持续点亮一样。一般人眼的视觉残留效应时间为 100 ms,所以每位显示信息的间隔不超过 20 ms,并保持延时一段时间,就可以造成人眼的视觉残留,段选码和位选码的经典数据延时时间为 1 ms。

例 3　已知有一延时函数 Delay(1),该函数可完成延时 1 ms 的功能。观察图 7-17 所示的四位一体共阴极数码管显示电路图,使用 C 语言编辑完整的程序代码,使两个四位一体数码管每位显示器依次显示数字 0～7,要求小数点 DP 不显示。

解:

```
# include <REGX52. H>
# include "Delay. h"
unsigned char SegTable[] = {0xc0,0xf9,0xa4,0xb0,0x99,0x92,0x82,0xf8,0x80,0x90,
0x88,0x83,0xc6,0xa1,0x86,0x8e};
void SegDisplay(unsigned char Location,Number)
{
    switch(Location)
    {
        case 1:P2 = 0xFF;P2_0 = 0;break;
        case 2:P2 = 0xFF;P2_1 = 0;break;
        case 3:P2 = 0xFF;P2_2 = 0;break;
        case 4:P2 = 0xFF;P2_3 = 0;break;
        case 5:P2 = 0xFF;P2_4 = 0;break;
        case 6:P2 = 0xFF;P2_5 = 0;break;
        case 7:P2 = 0xFF;P2_6 = 0;break;
        case 8:P2 = 0xFF;P2_7 = 0;break;
    }
    P0 = ~SegTable[Number];
    Delay(1);P0 = 0x00;
```

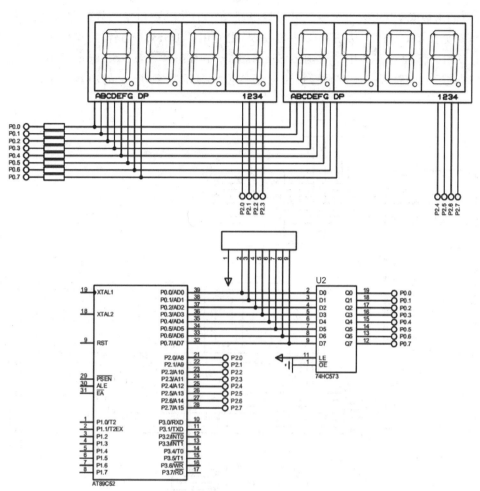

图 7-17 四位一体 LED 数码管动态显示电路图

```
}
void main()
{
    while(1)
    {
        SegDisplay(1,0); Delay(1);
        SegDisplay(2,1); Delay(1);
        SegDisplay(3,2); Delay(1);
        SegDisplay(4,3); Delay(1);
        SegDisplay(5,4); Delay(1);
        SegDisplay(6,5); Delay(1);
        SegDisplay(7,6); Delay(1);
        SegDisplay(8,7); Delay(1);
    }
}
```

观察图 7-17 所示的四位一体共阴极数码管动态显示电路图,可发现在该电路图中占用了 16 位的 I/O 口,占用数量过多。可对该电路图中的位选端口使用译码器进行改进,改进后的电路如图 7-18 所示,从图 7-18 中可发现,因使用 74LS138 译码器使得位选端只占用了 3 位 I/O 口。下面对例 3 中的子函数 SegDisplay(unsigned char Location,Number)进行改进,使改进后的电路可完成数码管每位显示器依次显示数字 0~7 的功能。改进后的代码如下:

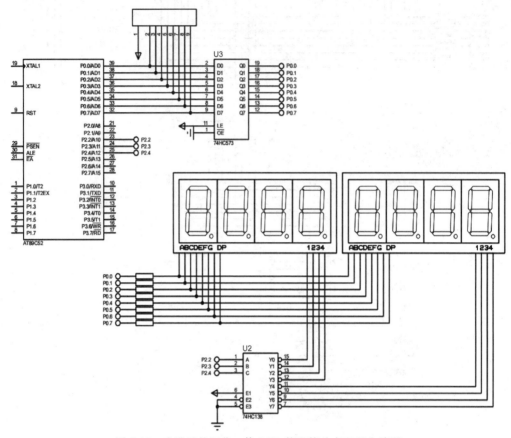

图 7-18　改进后的四位一体 LED 数码管动态显示电路图

```
void SegDisplay(unsigned char Location,Number)
{
    switch(Location)
    {
        case 1:P2_4 = 0;P2_3 = 0;P2_2 = 0;break;
        case 2:P2_4 = 0;P2_3 = 0;P2_2 = 1;break;
        case 3:P2_4 = 0;P2_3 = 1;P2_2 = 0;break;
        case 4:P2_4 = 0;P2_3 = 1;P2_2 = 1;break;
        case 5:P2_4 = 1;P2_3 = 0;P2_2 = 0;break;
        case 6:P2_4 = 1;P2_3 = 0;P2_2 = 1;break;
        case 7:P2_4 = 1;P2_3 = 1;P2_2 = 0;break;
        case 8:P2_4 = 1;P2_3 = 1;P2_2 = 1;break;
    }
```

```
    P0 = ～SegTable[Number];
    Delay(1);
    P0 = 0x00;
}
```

▶▶▶ 7.2.3 LED 点阵显示器 ▶▶▶

LED 数码管显示器的缺点是只能显示数字和少量的
字母,如果想要显示图形、多种字母、汉字、符号、数字并
将显示信息动态展示,就需要使用 LED 点阵显示器。

将发光二极管排列成矩阵形式就组成了 LED 点阵
显示器,其实物图如图 7-19 所示,每一个白色圆圈就是一
个 LED 灯。LED 点阵显示器的最小模块是 8×8,代表
发光二极管矩阵的行数是 8,列数也是 8,一共有 64 个发
光二极管。图 7-20 是 8×8 点阵显示器的内部等效电
路图。

图 7-19 LED 点阵显示器

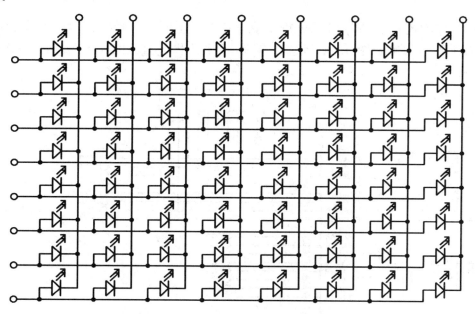

图 7-20 8×8 点阵显示器等效电路

LED 点阵显示器中的最小模块用了 64 个发光二极管,所以一般对发光二极管进行控制
时是以 8 个 LED 为一组来进行控制的。因常见的显示信息动画一般是左右进行滚动的,所
以点阵显示器的列管脚用来输入信息,行管脚用来确定输入信息位于第几列,也就是说在某
一瞬间,只有一列发光二极管被点亮,因此需要利用人眼的视觉残留效应,提高扫描频率来
使其看起来 8 列 LED 都是被点亮的。同时,因列管脚的信息输入量是巨大的,所以一般情
况下 LED 点阵显示器的输入信息都是由专门的取模软件完成的。图 7-21 给出了取模软件
完成的笑脸图形,可发现在图 7-21 的下方,软件自动生成了列管脚的输入信息,输入信息为
0x3C、0x42、0xA9、0x85、0x85、0xA9、0x42、0x3C。

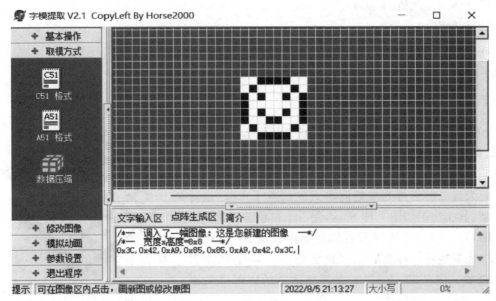

图 7-21　取模软件效果显示

例 4　已知有一延时函数 Delay(1)，该函数可完成延时 1 ms 的功能。观察图 7-22 所示 8×8 点阵显示器的电路图，使用 C 语言编辑完整的程序代码，使点阵显示器显示图 7-21 中的笑脸图形。

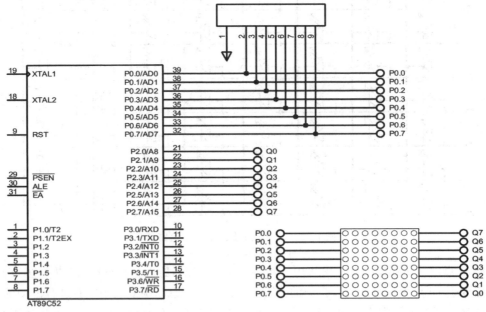

图 7-22　8×8 点阵显示器电路

解：

```
# include <REGX52. H>
# include "DELAY. H"
void MatrixLED_ShowColumn(unsigned char Column,Data)
```

```
{
    P2 = Data;
    P0 = ~(0x80>>Column);
    Delay(1);
    P0 = 0xFF;
}
unsigned char MatrixLED_Table[] =
{
    0x3C,0x42,0xA9,0x85,0x85,0xA9,0x42,0x3C,
};
void main()
{
    unsigned char i;
    while(1)
    {
        for(i = 0;i<8;i ++ )
        {
            MatrixLED_ShowColumn(i,MatrixLED_Table[i]);
        }
    }
}
```

例 5 已知有一延时函数 Delay(1)，该函数可完成延时 1 ms 的功能。观察图 7-23 所示 8×8 点阵显示器的电路图，在该电路图中使用芯片 74HC595 来降低 I/O 口的占用数量。使用 C 语言编辑完整的程序代码，使点阵显示器显示字符"Hello!"，并实现字符从左向右的连续滚动动画效果。

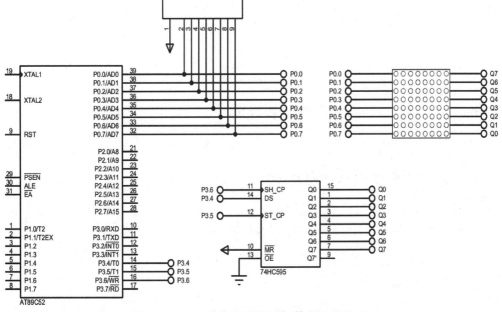

图 7-23　8×8 点阵显示器电路(使用 74HC595)

解：

主函数代码为：

```c
# include <REGX52. H>
# include "Delay. h"
# include "MatrixLED. h"
unsigned char Animation[] = {
                            0x00,0x00,0x00,0x00,0x00,0x00,0x00,0x00,
                            0xFF,0x10,0x10,0x10,0xFF,0x00,0x0E,0x15,
                            0x15,0x15,0x08,0x00,0x7E,0x01,0x02,0x00,
                            0x7E,0x01,0x02,0x00,0x0E,0x11,0x11,0x0E,
                            0x00,0x7D,0x00,0x00,0x00,0x00,0x00,0x00,};
void main()
{
    unsigned char i,offset = 1,Count = 0;
    Matrix_Init();
    while(1)
    {
        for(i = 0;i<8;i + +)
        {
            MatrixLED_ShowColumn(i,Animation[i + offset]);
        }
        Count + + ;
        if(Count>20)
        {
            Count = 10;
            offset + + ;
            if(offset>32)
            {
                offset = 0;
            }
        }
    }
}
```

MatrixLED_ShowColumn 子函数的代码为：

```c
# include <REGX52. H>
# include "Delay. h"
void _74HC595_WriteByte(unsigned char Byte)
{
    unsigned char i;
    for(i = 0;i<8;i + +)
    {
        P3_4 = Byte&(0x80>>i);
        P3_6 = 1;P3_6 = 0;
    }
    P3_5 = 1;P3_5 = 0;
```

```
}
void Matrix_Init()
{
    P3_6 = 0;P3_5 = 0;
}
void MatrixLED_ShowColumn(unsigned char Column,Data)
{
    _74HC595_WriteByte(Data);
    P0 = ~(0x80>>Column);
    Delay(1);
    P0 = 0xFF;
}
```

 ## 7.3　液晶显示器接口技术及处理程序

▶▶▶ 7.3.1　液晶显示器的基本原理 ▶▶▶

液晶显示器的英文全称为 liquid crystal display,因此常常被称为 LCD。LCD 是一种被动式显示器,该显示器显示信息量丰富,使用寿命长,功耗很低,产品外形易于工业设计,因而被广泛应用在单片机智能系统中。LCD 的主要参数有显示容量、芯片的工作电压和工作电流、显示字符尺寸、功耗、最佳工作温度范围。

液晶显示器显示信息的基本原理是调节光的亮度。LCD 的内部有中间夹杂液晶的两片导电玻璃,液晶经过特殊处理后,内部的分子会呈现 90°的扭曲,这个扭曲使得线性偏振光透过其偏振面便会旋转 90°,若液晶盒被平行放置在两片导电玻璃间,偏振光就无法通过。液晶有扭曲-向列效应,即当两片导电玻璃上加载电压后,液晶分子的 90°扭曲会消失,若液晶盒被平行放置在两片导电玻璃间,偏振光就可以通过;当取消加载电压后,液晶分子又会重新呈现 90°的扭曲,偏振光无法通过。LCD 就是利用导电玻璃间是否加载电压的方法,得到白底黑字或者黑底白字的显示信息。

液晶显示器作为应用最为广泛的单片机智能系统的显示器,种类非常多,一般主流的分类有以下两类:

1. 按液晶显示信息的排列形式分类

(1)笔段型。笔段型液晶显示模块是以长条状显示像素组成一位显示。该类型主要用于数字显示,也可用于显示西文字母或某些字符。这种段显示器通常有六段、七段、八段、九段、十四段和十六段等,在形状上总是围绕数字"8"的结构变化。其中以七段显示最常用,被广泛用于数字仪表中。图 7-24 所示为最简单的笔段型 LCD 的实物图。

(2)字符型。字符型液晶显示模块是专门用来显示字母、数字、符号等信息的点阵型显示模块。在电极图形设计上它由若干个 5×7 或 5×11 点阵组成,每一个点阵显示一个字符。这类模块广泛应用在单片机智能系统中,图 7-25 所示为单片机智能系统中应用最为广泛的 LCD1602 实物图。

(3)点阵图型。点阵图型液晶显示模块是在平板上排列多行和多列的显示像素,形成矩阵形式的晶格点阵,点的大小可根据显示的清晰度来设计。这类液晶显示器广泛用于图形显示设备,如手机、计算机显示器和彩色电视等中。

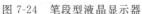

图 7-24　笔段型液晶显示器

图 7-25　字符型液晶显示器

2. 按采光方法分类

(1) 自然采光。自然采光是利用周围环境光为显示光源,靠 LCD 内面的反射膜将射入的自然光从正面反射出来显示。这种采光方式简单、方便,但其清晰度受周围环境光影响较大。目前大部分计数器、计时器、计算器等计量显示器件都采用这种方式。

(2) 背光源采光。液晶显示器件上增加背光源,用以增加显示器件的清晰度和稳定性。背光源通常采用点状小型白炽灯或卤素灯(LED)、线状冷阳极荧光灯、热阴极荧光灯或者面状扁平荧光灯(EL)。当前,塑料膜型的 EL 和三基色扁平荧光灯得到了更好的应用。同时,根据背光源的安装方式,又可将该类分为边光式和背光式。

现以笔段型 LCD 显示器为例,说明液晶显示器显示信息的原理。笔段型 LCD 有七个笔画(a~g),组成一个数字"8",同时还拥有一个公共管脚,显示器除了 a~g 这七画以外,还有一个公共极 COM。当加在笔画(a~g)中某个电极上的方波信号和公共电极(COM)上的方波信号相位相同时,相对电压为零,则该笔画段不显示;当加在某个笔画电极上的方波信号与公共电极上的方波信号相位相反时,则有幅值二倍于方波幅值的电压加在液晶上,该笔画被选中而显示,如图 7-26 所示。

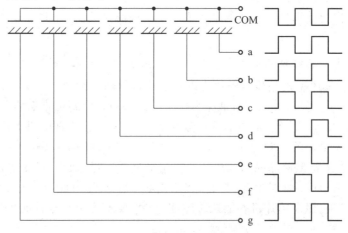

图 7-26　显示数字"3"的控制波形

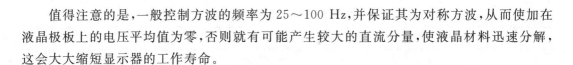

值得注意的是,一般控制方波的频率为 25～100 Hz,并保证其为对称方波,从而使加在液晶极板上的电压平均值为零,否则就有可能产生较大的直流分量,使液晶材料迅速分解,这会大大缩短显示器的工作寿命。

7.3.2　字符型液晶显示器 1602

字符型液晶显示器 1602 是单片机智能系统中应用最为广泛的显示器。不同液晶生产厂商均提供几乎相同规格的 1602 模块或兼容模块,不同生产厂商对自家产品的命名是不同的,但均会保留 1602 字样。1602 模块最初采用的 LCD 控制器是 HD44780,在各生产厂商生产的 1602 模块中,基本上也都采用了与之兼容的控制 IC,所以从特性上,不同生产厂商提供的 1602 模块基本上是一样的。当然,不同生产厂商提供的产品可能会有不同的字符颜色和背光色。

在一般情况下,1602 模块主要参数规格如下:显示容量为 16×2 个字符;芯片的工作电压范围为 4.5～5.5 V,最佳工作电压为 5 V;在最佳工作电压下,工作电流为 2.0 mA;显示字符尺寸为 2.95 mm×4.35 mm。从图 7-25 所示的 1602 模块的实物图可发现,1602 一共有 16 个管脚,每个管脚的功能如表 7-3 所示。值得注意的是,某些厂商提供的 1062 模块可能是没有背光源的,这时候 15 和 16 管脚就没有任何的意义。

表 7-3　1602 模块引脚功能表

编号	符号	引脚说明	编号	符号	引脚说明
1	VSS	电源地	9	D2	DATA I/O
2	VDD	电源正极	10	D3	DATA I/O
3	VL	液晶显示偏压信号	11	D4	DATA I/O
4	RS	数据/命令选择端(H/L)	12	D5	DATA I/O
5	R/W	读/写选择端(H/L)	13	D6	DATA I/O
6	E	使能信号	14	D7	DATA I/O
7	D0	DATA I/O	15	BLA	背光源正极
8	D1	DATA I/O	16	BLK	背光源负极

1602 模块的基本操作有四种:

(1) 状态字读操作:输入 RS=L,RW=H,E=H,则 D0～D7 读出为状态字;

(2) 数据读出操作:输入 RS=H,RW=H,E=H,则 D0～D7 读出为数据;

(3) 指令写入操作:输入 RS=L,RW=L,E=上升沿,无输出;

(4) 数据写入操作:输入 RS=H,RW=L,E=上升沿,无输出。

要正确地使用 1602 模块,除了掌握 1602 的基本操作外,还需要掌握 1602 的指令集,表 7-4 给出了 1602 的控制指令集。在表 7-4 中,1 代表高电平,0 代表低电平。同时,图 7-27 给出了典型的 1602 模块与单片机的连接电路图,在该电路图中,电位器可用来调节 1602 背光的亮度。

表 7-4　1602 模块控制指令集

序号	指令	RS	R/W	D7	D6	D5	D4	D3	D2	D1	D0
1	清显示	0	0	0	0	0	0	0	0	0	1
2	光标返回	0	0	0	0	0	0	0	0	1	*
3	置输入模式	0	0	0	0	0	0	0	1	I/D	S
4	显示开/关控制	0	0	0	0	0	0	1	D	C	B
5	光标或字符移位	0	0	0	0	0	1	S/C	R/L	*	*
6	置功能	0	0	0	0	1	DL	N	F	*	*
7	置字符发生存储器地址	0	0	0	1	字符发生存储器地址					
8	置数据存储器地址	0	0	1	显示数据存储器地址						
9	读忙标志或地址	0	1	BF	计数器地址						
10	写数到 CGRAM 或 DDRAM	1	0	要写的数据内容							
11	从 CGRAM 或 DDRAM 读数	1	1	读出的数据内容							

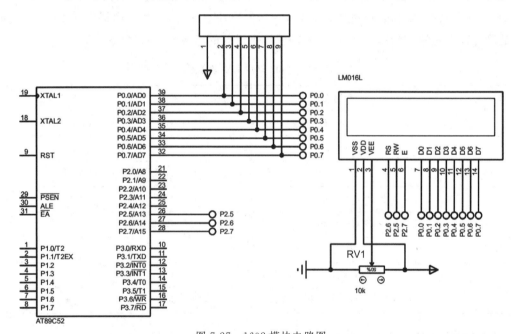

图 7-27　1602 模块电路图

1602 液晶显示器的驱动程序代码较为难写,需要对 C 语言、1602 的基本操作和指令集较为熟悉,因此本书提供一个用户可以直接利用的程序模块,并对该程序模块中的命令进行详细说明。用户需要对 1602 模块进行操作时,只需要对该模块进行声明,在主函数中对该模块进行加载,然后直接使用模块中的常用函数即可实现对 1602 液晶显示器的控制。

1602 模块程序代码如下:

```c
# include <REGX52.H>
sbit LCD_RS = P2^6;
sbit LCD_RW = P2^5;
```

```
sbit LCD_EN = P2^7;
#define LCD_DataPort P0
void LCD_Delay()
{
    unsigned char i, j;
    i = 2;j = 239;
    do
    {
        while ( - - j);
    } while ( - - i);
}
void LCD_WriteCommand(unsigned char Command)
{
    LCD_RS = 0;LCD_RW = 0;LCD_DataPort = Command;
    LCD_EN = 1;LCD_Delay();LCD_EN = 0;LCD_Delay();
}
void LCD_WriteData(unsigned char Data)
{
    LCD_RS = 1;LCD_RW = 0;LCD_DataPort = Data;
    LCD_EN = 1;LCD_Delay();
    LCD_EN = 0;LCD_Delay();
}
void LCD_SetCursor(unsigned char Line,unsigned char Column)
{
    if(Line = = 1)
    {
        LCD_WriteCommand(0x80|(Column - 1));
    }
    else if(Line = = 2)
    {
        LCD_WriteCommand(0x80|(Column - 1 + 0x40));
    }
}
void LCD_Init()
{
    LCD_WriteCommand(0x38);
    LCD_WriteCommand(0x0c);
    LCD_WriteCommand(0x06);
    LCD_WriteCommand(0x01);
}
void LCD_ShowChar(unsigned char Line,unsigned char Column,char Char)
{
    LCD_SetCursor(Line,Column);
    LCD_WriteData(Char);
}
```

```
void LCD_ShowString(unsigned char Line,unsigned char Column,char * String)
{
    unsigned char i;
    LCD_SetCursor(Line,Column);
    for(i = 0;String[i]! = '\0';i + + )
    {
        LCD_WriteData(String[i]);
    }
}
int LCD_Pow(int X,int Y)
{
    unsigned char i;int Result = 1;
    for(i = 0;i<Y;i + + )
    {
        Result * = X;
    }
    return Result;
}
void LCD_ShowNum(unsigned char Line,unsigned char Column,unsigned int Number,unsigned char Length)
{
    unsigned char i;
    LCD_SetCursor(Line,Column);
    for(i = Length;i>0;i - - )
    {
        LCD_WriteData(Number/LCD_Pow(10,i - 1) % 10 + '0');
    }
}
void LCD_ShowSignedNum(unsigned char Line,unsigned char Column,int Number,unsigned char Length)
{
    unsigned char i;
    unsigned int Number1;
    LCD_SetCursor(Line,Column);
    if(Number> = 0)
    {
        LCD_WriteData('+');
        Number1 = Number;
    }
    else
    {
        LCD_WriteData('-');
        Number1 = - Number;
    }
    for(i = Length;i>0;i - - )
    {
        LCD_WriteData(Number1/LCD_Pow(10,i - 1) % 10 + '0');
```

```
        }
    }
void LCD_ShowHexNum(unsigned char Line,unsigned char Column,unsigned int Number,unsigned char Length)
{
    unsigned char i,SingleNumber;
    LCD_SetCursor(Line,Column);
    for(i = Length;i>0;i- -)
    {
        SingleNumber = Number/LCD_Pow(16,i-1)%16;
        if(SingleNumber<10)
        {
            LCD_WriteData(SingleNumber + '0');
        }
        else
        {
            LCD_WriteData(SingleNumber - 10 + 'A');
        }
    }
}
void LCD_ShowBinNum(unsigned char Line,unsigned char Column,unsigned int Number,unsigned char Length)
{
    unsigned char i;
    LCD_SetCursor(Line,Column);
    for(i = Length;i>0;i- -)
    {
        LCD_WriteData(Number/LCD_Pow(2,i-1)%2 + '0');
    }
}
```

在上述的 1602 模块程序代码中，常用的函数有：

(1) LCD_Init()，1602 的初始化函数，功能是完成显示、点阵、光标等功能的设置。

(2) void LCD_ShowChar(unsigned char Line,unsigned char Column,char Char)，功能为在 1602 的指定位置显示一个字符。参数 Line 表示行的位置，取值范围为 1～2；参数 Column表示列的位置，取值范围为 1～16；参数 Char 表示要显示的字符。值得注意的是，输入的字符要加上单引号。

(3) LCD_ShowString(unsigned char Line,unsigned char Column,char * String)，功能为在 1602 的指定位置显示一个字符串。参数 Line 表示行的位置，取值范围为 1～2；参数 Column 表示列的位置，取值范围为 1～16；参数 char * String 表示要显示的字符串。值得注意的是，输入的字符要加上双引号。

(4) LCD_ShowNum(unsigned char Line,unsigned char Column,unsigned int Number,unsigned char Length)，功能为在 1602 的指定位置显示一个数字。参数 Line 表示行的位置，取值范围为 1～2；参数 Column 表示列的位置，取值范围为 1～16；参数 Number 表示要显示的数字，数字范围在 0～65535 之间；参数 Length 表示数字的长度，取值范围在 1～5 之间。

（5）LCD_ShowSignedNum（unsigned char Line，unsigned char Column，int Number，unsigned char Length），功能为在1602的指定位置显示一个有符号的数字。参数Line表示行的位置，取值范围为1～2；参数Column表示列的位置，取值范围为1～16；参数Number表示要显示的有符号数字，数字范围在－32768～32767之间；参数Length表示数字的长度，取值范围在1～5之间。

（6）LCD_ShowHexNum（unsigned char Line，unsigned char Column，unsigned int Number，unsigned char Length），功能为在1602的指定位置显示一个十六进制数字。参数Line表示行的位置，取值范围为1～2；参数Column表示列的位置，取值范围为1～16；参数Number表示要显示的十六进制数字，数字范围在0～0xFFFF之间；参数Length表示数字的长度，取值范围在1～4之间。

（7）LCD_ShowBinNum（unsigned char Line，unsigned char Column，unsigned int Number，unsigned char Length），功能为在1602的指定位置显示一个二进制数字。参数Line表示行的位置，取值范围为1～2；参数Column表示列的位置，取值范围为1～16；参数Number表示要显示的二进制数字，数字范围在0～1111111111111111之间；参数Length表示数字的长度，取值范围在1～16之间。

例6 已知有一延时函数Delay（500），该函数可完成延时0.5 s的功能；有1602的程序模块（.c文件）和声明模块（.h文件）。观察图7-27所示的1602模块电路图，在1602显示器中的第1行、第1列显示字符串"I Love 89C51"；在第2行、第2列显示数字"77"；在第2行、第6列显示数字"BB"；在第2行、第11列显示字母"Z"。同时，将上述信息进行向右滚动显示，实现动画效果。

解：

```
#include <REGX52.H>
#include "LCD1602.h"
#include "Delay.h"
void main()
{
    LCD_Init();
    LCD_ShowString(1,1,"I Love 89C51");
    LCD_ShowNum(2,2,77,3);
    LCD_ShowHexNum(2,6,0xBB,4);
    LCD_ShowChar(2,11,'Z');
    while(1)
    {
        LCD_WriteCommand(0x1C);
        Delay(500);
    }
}
```

7.3.3 OLED 显示器的基本原理

OLED显示器的全称为organic light-emitting diode，又称有机电激发光显示或者有机发光半导体,是一种利用多层有机薄膜结构产生电从而发光的器件。OLED 属于电流型的有机发光器件,其基本原理是 OLED 在电场的作用下,阳极产生的空穴和阴极产生的自由电子会发生移动,分别向空穴传输层和电子传输层注入,并且迁移到发光层,当二者在发光层相遇时,产生能量激子,从而激发发光分子最终产生可见光,可见光的发光强度与注入的电流成正比。

与 LCD(liquid crystal display)相似,OLED 的驱动背板也分为有源驱动(active matrix OLED,AMOLED)和无源驱动(passive matrix OLED,PMOLED)两种。其中 PMOLED 的驱动方式较为落后,需要对整个背板进行扫描,当面积变大时刷新率变慢,电流降低,因此难以实现高分辨率、大面积和高亮度,仅能用于较低端的小屏幕产品。AMOLED 是目前的主流技术,通过 LTPS-TFT(low temperature poly-Si thin film transistor,即低温多晶硅薄膜晶体管)对每个像素进行精确控制驱动。该驱动技术与目前市场中流行的 TFT-LCD 一致。

OLED 有很多的优点,它很容易制作,只需要低驱动电压,这些特征使得 OLED 在显示器中被广泛应用。与 LCD 相比,OLED 最大的特点就在于自发光,无需背光源,该特点带来了许多优点:自发光带来的色域控制、视角控制都要优于 LCD;由于不需对光路进行偏振,发光效率也显著提高,响应时间短,对比度高,功耗低;去除了背光源可有效减小器件的厚度;同时还可将电路板涂布在柔性薄膜上,将整个 OLED 显示屏柔性化,带来了电子产品显示器的颠覆性设计。这些性能上面的优势可以满足许多新兴消费需求,使得 OLED 成为发展迅猛的新一代显示技术。

▶▶▶ 7.3.4　汉字图形点阵 OLED 显示屏 12864 ▶▶▶

与 LCD1602 相比,汉字图形点阵 OLED 显示屏 12864 可显示图片、汉字、英文和数字,显示信息丰富,更加适用于以单片机为核心的智能系统。12864 内置 8192 个中文汉字,汉字默认使用 16×16 点阵。一行单元可显示 8 个汉字,有 4 行单元,可显示 128 个字符,使用 8×16 点阵。其主要技术参数和显示特性有:电源电压 VDD 使用 3.3~5 V,且内置升压电路,无需负压;显示内容有 128 列×64 行;显示颜色多样,主要为黄绿色;显示角度为 6:00 钟直视;与单片机配置接口多样,可使用 8 位或 4 位并行,或者使用 3 位串行。图 7-28 给出了 12864 显示器的模拟图。

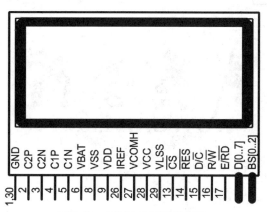

图 7-28　12864 显示器模拟图

从图 7-28 可发现,12864 显示器有 30 个管脚,每个管脚的功能如表 7-5 所示。

表 7-5 12864 模块引脚功能表

编号	符号	引脚说明	编号	符号	引脚说明
1/30	GND	接地端	29	VLSS	模拟信号接地端
2/3	C2P/C2N	终端电容 2 的选择	13	$\overline{CS}$	片选端
4/5	C1P/C1N	终端电容 1 的选择	14	$\overline{RES}$	复位端
6	VBAT	直流电源端	15	D/$\overline{C}$	数据/命令控制端
8	VSS	数字信号接地端	16	R/$\overline{W}$	读/写选择端
9	VDD	电源端	17	E/$\overline{RD}$	读/写使能端
26	IREF	显示屏亮度调整	18~25	D	数据总线
8	VCOMH	电压输出高电平信号	10~12	BS	通信协议选择总线
28	VCC	电源端			

例 7 已知有 12864 的程序模块(.c 文件)和声明模块(.h 文件);有一延时函数 Delay(500),该函数可完成延时 0.5 s 的功能。观察图 7-29 所示的 12864 显示电路图,在 12864 显示器中展示出单色位图 7-30,延时 0.5 s 后展示出汉字"武夷学院电子信息工程"、英文字符串"I Love MCU"和数字字符串"2022/9/1"。要求使用 C 语言完成主函数程序的编写。

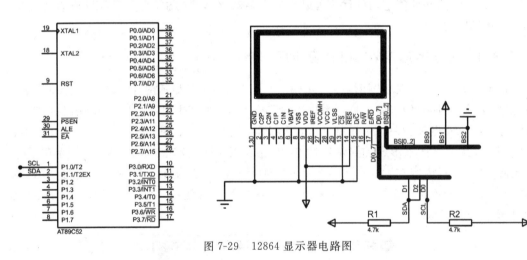

图 7-29 12864 显示器电路图

图 7-30 显示图像

解:主函数程序代码:

```
# include "REG51. h"
# include "oled. h"
# include "bmp. h"
int main(void)
```

```
{
    OLED_Init();                         //OLED 的初始化代码调用
    OLED_ColorTurn(0);                   //0 表示正常显示,1 表示反色显示
    OLED_DisplayTurn(0);                 //0 表示正常显示,1 表示屏幕翻转显示
    while(1)
    {
        OLED_DrawBMP(0,0,128,64,BMP);    //显示图像 BMP
        delay_ms(500);                   //延时 0.5 s
        OLED_Clear();                    //清屏
        OLED_ShowChinese(0,0,0,16);      //显示汉字"武"
        OLED_ShowChinese(16,0,1,16);     //显示汉字"夷"
        OLED_ShowChinese(32,0,2,16);     //显示汉字"学"
        OLED_ShowChinese(48,0,3,16);     //显示汉字"院"
        OLED_ShowChinese(64,0,4,16);     //显示汉字"电"
        OLED_ShowChinese(80,0,5,16);     //显示汉字"信"
        OLED_ShowChinese(96,0,6,16);     //显示汉字"专"
        OLED_ShowChinese(112,0,7,16);    //显示汉字"业"
        OLED_ShowString(20,3,"I LOVE MCU",16);
                                         //显示英文字符"I LOVE MCU"
        OLED_ShowString(20,5,"2022/09/01",16);
                                         //显示数字字符"2022/09/01"
        delay_ms(500);                   //延时 0.5 s
        OLED_Clear();                    //清屏
    }
}
```

显示结果如图 7-31、图 7-32 所示。

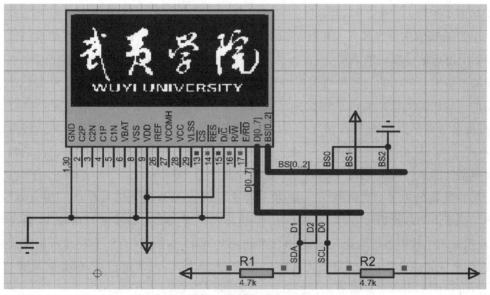

图 7-31　图像显示结果

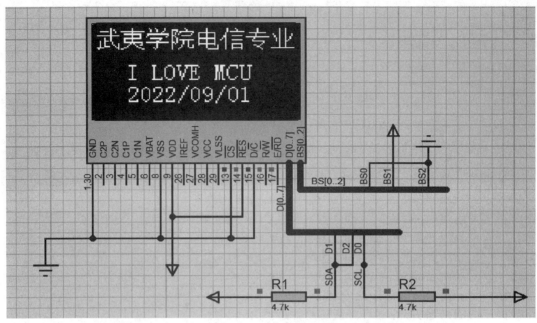

图 7-32　字符显示结果

 ## 7.4　模数(A/D)转换接口技术及处理程序

　　单片机只能够对数字信号(digital signal)进行处理,但是在由单片机构成的智能系统中,许多的输入量不是数字信号,而是模拟信号(analog signal),例如温度、压力、速度、长度、湿度、电流、电压、流速、转速等均为模拟信号。若单片机要处理上述的信号,就必须将上述的模拟信号转换为数字信号。将模拟信号转换为数字信号的过程称为A/D 转换。

　　A/D 转换的主要步骤有采样、保持、量化和编码。采样的过程是将待处理的模拟信号在时间轴上进行信号幅值的离散化,在离散化的过程中需要保持处理,使得离散化过程中可以稳定输出结果。量化的过程是将模拟信号幅值的离散化结果与一个标准的参考电平进行一定精度下的比例运算。编码是将比例运算后的结果转换为与之相对应的二进制数码。例如,标准参考电平为 5 V、转换精度为 8 位的 A/D 转换器,模拟信号幅值为 0 V 则转换结果为 00000000B,模拟信号幅值为 5 V 则转换结果为 11111111B,剩余在 0～5 V 之间的幅值量均可根据比例来转换为 00H～FFH 之间的数字量。

　　A/D 转换的过程主要依靠 A/D 转换芯片来完成。A/D 转换芯片生产厂商众多,不同生产厂商推出的芯片型号、性能各有不同,但其转换原理大都为直接并行比较式、逐次逼近式、双积分式。其中逐次逼近式精度、速度和价格均适中,应用最广泛;直接并行比较式速率最快,但是成本造价较高;双积分式精度高,抗干扰能力强,成本造价低,但是转换速度慢。使用时可根据不同的实际需要来选择不同型号的芯片。

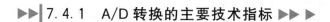

7.4.1 A/D 转换的主要技术指标 ▶▶▶ ▶

1. 转换时间和转换速率

转换时间是完成一次完整的 A/D 转换过程所需要的时间。转换时间的倒数即为转换速率。基于直接并行比较式原理的 A/D 转换芯片,转换的最短时间在 20～50 ns 之间,最高速率在 20～50 MHz 之间。基于双极性逐次逼近式原理的 A/D 转换芯片,转换的最短时间大约为 400 ns,最高速率大约为 2.5 MHz。

2. 分辨率

A/D 转换过程中的量化最小值称为分辨率,该分辨率与 A/D 转换芯片的输出位数有关,因此一般习惯上使用二进制的位数来表示分辨率。比如 ADC0809 芯片可输出的二进制位数为 8 位,即用 256 个离散点对待测模拟信号进行采样、量化。可量化的最小离散分割区间数值称为 1LSB(least significant bit),显然 ADC0809 芯片的 1LSB 为 1/256。A/D 转换过程中的分辨率就是 1LSB 的百分比表现,即 ADC0809 芯片的分辨率就是 $1/256 \times 100\% = 0.3906\%$。AD574 芯片可输出 12 位二进制数,那么该芯片的 1LSB 为 1/4096,分辨率为 $1/4096 \times 100\% = 0.0244\%$。

A/D 转换过程中出现的误差称为量化误差。量化误差是使用有限个离散点对模拟信号进行采样、量化引起的误差。量化误差理论上的最大值为 1LSB 的一半,提高分辨率可以减少量化误差。

3. 转换精度

A/D 转换器在量化过程中的实际值与理想值的差值定义为转换精度,可以使用绝对误差或相对误差来表示。

7.4.2 多通道 A/D 转换芯片 ADC0808 的接口技术 ▶▶▶ ▶

ADC0808 属于逐次逼近式的 A/D 转换芯片,该芯片的精度、速度和价格均适中,因此得到了广泛的应用。图 7-33 给出了 ADC0808 芯片的管脚图,从管脚图中可发现,该芯片有 28 个管脚,其中 IN0～IN7 属于模拟信号的输入端口,因此 ADC0808 属于多通道的 A/D 转换芯片。

ADC0808 芯片管脚的主要功能如下:

IN0～IN7:模拟信号的输入端口,IN7 为最高位,IN0 为最低位。

ADD C～A:模拟信号输入端口的选择控制信号。ADD C、ADD B、ADD A 可以与三根地址线或数据线相连,地址线或数据线的信号依次为 000～111 时,表示分别选择相对应的 IN0～IN7 模拟信号输入端口。

ALE:选择控制信号锁存端口。当模拟信号输入端口确定后,该端口可将模拟信号输入端口进行锁存处理。

VREF(+)和 VREF(-):标准参考电压输入端。

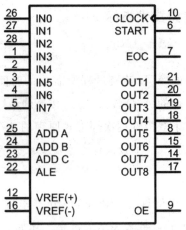

图 7-33 ADC0808 管脚图

START：A/D 开始转换的控制信号输入端。

CLOCK：时钟信号输入端。

OE：输出允许控制信号输入端。通过调整三态门的状态来完成输出允许控制。

EOC：A/D 信号转换结束查询端口。当信号转换结束后，该端口为高电平。

ADC0808 芯片的内部组成框图如图 7-34 所示，从图中可知进行 A/D 信号转换的步骤：
(1) 在 CLOCK 端口输入时钟信号，时钟信号的经典频率值为 640 kHz。(2) 确认 ALE、
STRAT、OE 端口的初始状态为低电平。(3) 通过控制 ADD C～A 选择模拟信号的输入
端口，同时置 ALE 端为高电平，对选择好的模拟信号输入端口进行锁存处理。(4) 置

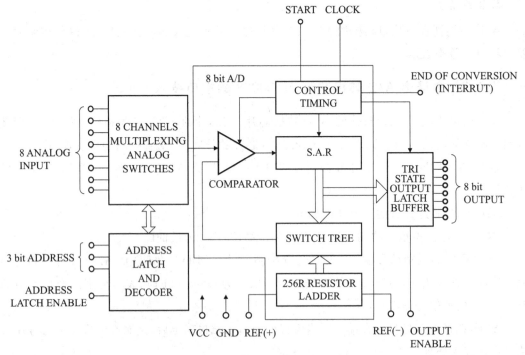

图 7-34 ADC0808 内部组成框图

START 端为低电平,开始进行 A/D 信号转换。(5)查询 EOC 端口信号,当 EOC 端口为低电平时,表示信号转换正在进行;当 EOC 端口为高电平时,表示信号转换结束。(6)信号转换结束并不代表芯片就会输出数字信号,需要置 OE 端口为高电平,打开芯片内部的三态输出锁存器,从而输出转换好的数字信号。(7)芯片输出数字信号,单片机读取数据后,重新关闭三态输出锁存器,表示完成了 A/D 信号转换的全过程。在 ADC0808 芯片进行信号转换的过程中,所有的控制信号必须符合图 7-35 所示的时序图。值得注意的是,从图 7-35 所示的时序图可知,START 和 ALE 的信号波形是相同的,因此在实际使用中,常常将这两个端口连接在一起,减少单片机 I/O 端口的使用,降低程序代码的复杂程度。

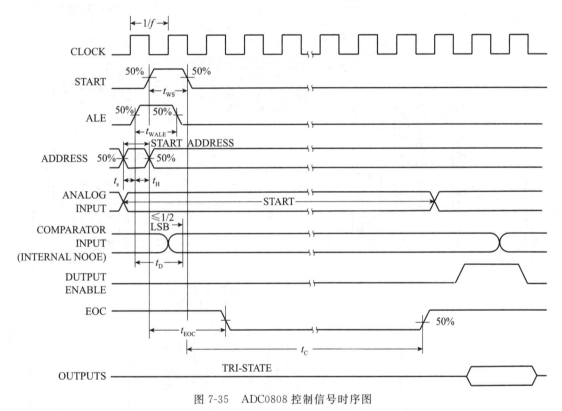

图 7-35 ADC0808 控制信号时序图

例 8 已知有一延时函数 Delay(500),该函数可完成延时 0.5 s 的功能;有 1602 的程序模块(.c 文件)和声明模块(.h 文件)。观察图 7-36 所示的由 ADC0808 芯片和单片机组成的经典 A/D 信号转换电路图,将模拟信号——电位器 RV3 中的电压信号转换为数字信号,并将转换结果显示在液晶显示屏中。要求使用模块化编程方式,使用 C 语言完成 A/D 信号转换子函数和功能实现主函数的程序编写。

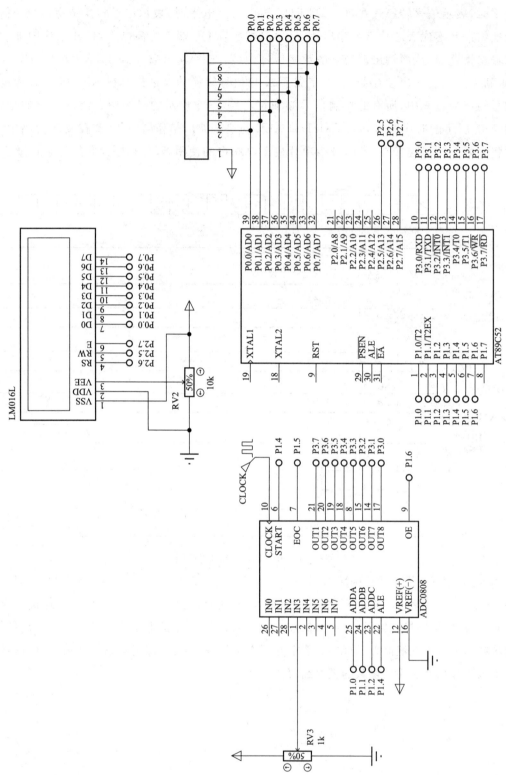

图 7-36 由 ADC0808 芯片组成的 A/D 信号变换电路图

解：ADC0808 模块代码如下：

```
# include <REGX52.H>
unsigned char ADC_Conv()
{
    unsigned char AD_Result = 0;
    P1_6 = 0;P1_4 = 0;            //确认 ALE、STRAT、OE 端口的初始状态为低电平
    P1_2 = 0;P1_1 = 1;P1_0 = 1;   //选择 IN3 模拟信号的输入端口
    P1_4 = 1;                     //置 ALE 端为高电平,对选择好的模拟信号输入端口进行锁存处理
    P1_4 = 0;                     //置 START 端为低电平,开始进行 A/D 信号的转换
    while(P1_5 = = 0);            //查询 EOC 端口信号
    P1_6 = 1;                     //置 OE 端口为高电平,打开三态门,输出数字信号
    AD_Result = P3;               //单片机读取信号
    P1_6 = 0;                     //置 OE 端口为低电平,关闭三态门
    return AD_Result;
}
```

主函数模块代码如下：

```
# include <REGX52.H>
# include "LCD1602.h"
# include "Delay.h"
# include "ADC0809.h"
unsigned char AD_Value = 0;
void main()
{
    LCD_Init();
    while(1)
    {
        LCD_ShowString(1,1,"Voltage:");
        AD_Value = ADC_Conv();
        LCD_ShowBinNum(2,9,AD_Value,8);
        Delay(10);
    }
}
```

例 9　已知有一延时函数 Delay(1000),该函数可完成延时 1 s 的功能;有 1602 的程序模块(.c 文件)和声明模块(.h 文件)。观察图 7-37 所示的由 ADC0808 芯片和单片机组成的经典 8 路 A/D 信号转换电路图,将 8 路模拟信号转换为数字信号,并将转换结果每隔 1 s 显示在液晶显示屏中。要求使用模块化编程方式,使用 C 语言完成 A/D 信号转换子函数和功能实现主函数的程序编写。

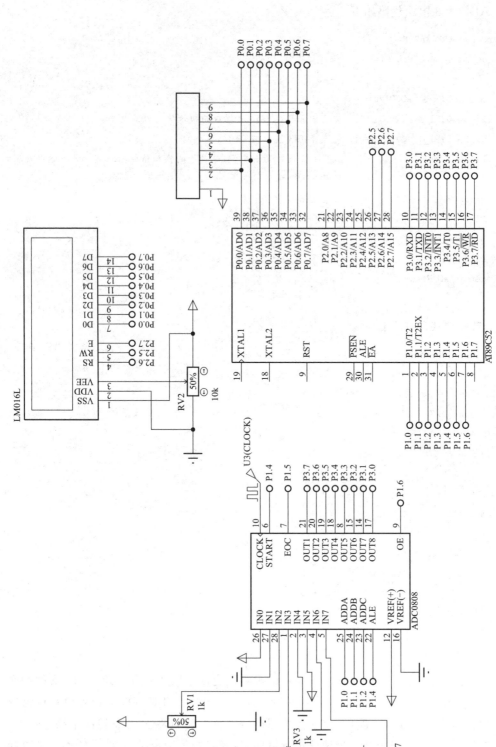

图 7-37　由 ADC0808 芯片组成的 8 路 A/D 信号转换电路图

解:ADC0808 模块代码如下:

```c
# include <REGX52. H>
void ADC_SETChannel(channel)
{
    switch(channel)
    {
        case 0:P1_2 = 0;P1_1 = 0;P1_0 = 0;break;
        case 1:P1_2 = 0;P1_1 = 0;P1_0 = 1;break;
        case 2:P1_2 = 0;P1_1 = 1;P1_0 = 0;break;
        case 3:P1_2 = 0;P1_1 = 1;P1_0 = 1;break;
        case 4:P1_2 = 1;P1_1 = 0;P1_0 = 0;break;
        case 5:P1_2 = 1;P1_1 = 0;P1_0 = 1;break;
        case 6:P1_2 = 1;P1_1 = 1;P1_0 = 0;break;
        case 7:P1_2 = 1;P1_1 = 1;P1_0 = 1;break;
        default:break;
    }
}
unsigned char ADC_Conv(unsigned char channel)
{
    unsigned char AD_Result = 0;
    P1_6 = 0;P1_4 = 0;
    ADC_SETChannel(channel);
    P1_4 = 1; P1_4 = 0;
    while(P1_5 = = 0);
    P1_6 = 1;AD_Result = P3;
    P1_6 = 0;
    return AD_Result;
}
```

主函数模块代码如下:

```c
# include <REGX52. H>
# include "LCD1602. h"
# include "Delay. h"
# include "ADC0808. h"
unsigned char AD_Value = 0;
unsigned char channel = 0;
unsigned char ad_flag = 1;
void Timer0Init()
{
    TMOD = 0x01;TL0 = 0x18;TH0 = 0xFC;
    TF0 = 0;TR0 = 1;ET0 = 1;EA = 1;
}
```

```
void main()
{
    LCD_Init();
    Timer0Init();
    while(1)
    {
        if(ad_flag = = 1)
        {
            LCD_ShowString(1,1,"Voltage:");
            AD_Value = ADC_Conv(channel);
            LCD_ShowNum(2,9,AD_Value,8);
            Delay(1000);
            channel + + ;
            if(channel>7)
            {
                channel = 0;
            }
        }
    }
}
unsigned int T0Count;
void Timer0() interrupt 1
{
    TL0 = 0x18;TH0 = 0xFC;T0Count + + ;
    if(T0Count> = 1000)
    {
        T0Count = 0;
        ad_flag = 1;
    }
}
```

7.5   数模(D/A)转换接口技术及处理程序

在由单片机组成的智能系统中,有很多的接口设备只能够接受连续变化的模拟信号,如步进电机、伺服电机等,因此很多场景下需要将单片机输出的数字信号转换为连续变化的模拟信号,用以控制、调节接口设备。数字信号转换为模拟信号由集成芯片完成,集成芯片转换速度快、体积小、造价成本低,非常适用于在单片机智能系统中进行 D/A 信号转换。

▶▶▶ 7.5.1   D/A 信号转换的原理 ▶▶▶ ▶

D/A 信号转换的作用是将数字信号转换成与其成比例的模拟信号。D/A 转换的核心电路是解码网络,解码网络主要分成两组组态:权电阻解码网络和 T 型电阻网络。

1. 权电阻解码网络 D/A 转换原理

图 7-38 给出了 4 位二进制权电阻解码网络的电路图。在该电路图中,V_R 是基准电压,$d_3 \sim d_0$ 表示 4 位二进制数,通过 4 位切换开关来进行控制,每位开关后跟随一个加权电阻,权电阻的比例为 8 : 4 : 2 : 1,输出端连接集成运算放大器的反向输入端,用来放大模拟信号,R_F 作为负反馈电阻。权电阻解码网络 D/A 转换原理是根据一个二进制数每一位的权,产生一个与二进制数的权成正比的电压,将代表每一个二进制位权的电压结果相加就可以得到该二进制数所对应的模拟电压信号。

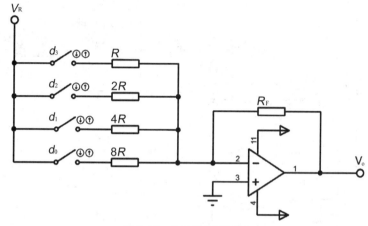

图 7-38　权电阻解码网络

D/A 信号转换的基本过程是位切换开关 $d_3 \sim d_0$ 受被转换的 4 位二进制数控制,当二进制数的某位为"1"时,位切换开关闭合,基准电压加在相应的权电阻上,由此产生与之对应的权电流输入运算放大器,运算放大器将输入电流转换为相对应的模拟信号输出电压。例如,$d_3 = 1$,就会产生一个权电流 I_8;同时若 $d_2 = 1$ 产生权电流 I_4,$d_1 = 1$ 产生权电流 I_2,$d_0 = 1$ 产生权电流 I_1,因此输入运算放大器的总电流为:

$$I = I_8 + I_4 + I_2 + I_1 = I_8(d_3/20 + d_2/21 + d_3/22 + d_3/23)$$
$$= V_R/(23R)(d_3/20 + d_2/21 + d_3/22 + d_3/23)$$

上式表明送入运算放大器的电流是各位二进制位对应的权之和。其中,$V_R/(23R)$ 可看成一个比例系数,该式完成了二进制数向模拟量的转换。然后通过运算放大器把权电流之和 I 转换为电压量,就将数字信号变更为了连续的模拟电压量。转换后的模拟电压如下:

$$V_0 = -R_F I = -V_R/(23R)(d_3/20 + d_2/21 + d_3/22 + d_3/23)$$

值得注意的是,不同的 D/A 转换器有不同的权电阻网络。当二进制位数较多时,该方法会存在精度不高的缺点。

2. T 型电阻网络 D/A 转换原理

图 7-39 给出了 4 位二进制 T 型电阻网络的电路图。从图 7-39 可发现,该电阻网络的基本组成与权电阻解码网络基本相同,只是每位切换开关后的电阻有 2 个,阻值均为 $2R$ 和 R,电阻组成 T 型,然后计算集成运算放大器的输出电阻。假定 4 位切换开关均连接电源(即二进制数的权值均为 1),电阻网络与运算放大器输入端从 A 点断开,开路电压为 V_A,根据叠

加原理和等效电压定理,各节点开路电压从上到下依次递减 1/2。应用叠加原理,A 点开路电压等于各节点开路电压之和,即

$$V_A = V_R \times d_3/21 + V_R \times d_2/22 + V_R \times d_1/23 + V_R \times d_0/24$$
$$= V_R(d_3 \times 23 + d_2 \times 22 + d_1 \times 21 + d_0 \times 20)/24$$

运算放大器输出电压:$V_0 = -R_F \times V_A/(3 \times R)$,然后有

$$V_0 = -R_F \times V_A/(3 \times R) = -R_F \times V_R(d_3 \times 23 + d_2 \times 22 + d_1 \times 21 + d_0 \times 20)/(3 \times 24 \times R)$$

上式表明送入运算放大器的输出电压是二进制各位对应的权之和。其中,$-R_F \times V_R/(3 \times 24 \times R)$ 可看成一个比例系数,该式完成了二进制数字信号向模拟信号的转换。

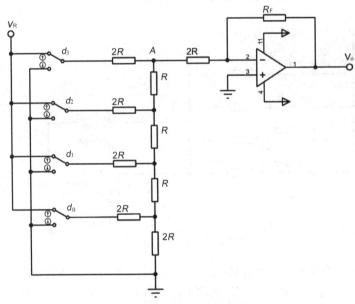

图 7-39 T 型电阻网络

7.5.2 D/A 转换器的主要技术指标

1. D/A 转换的分辨率

D/A 转换信号的分辨率指单位数字量变化引起的模拟量输出的变化。通常取满量程值与 2^n 之比(n 为二进制位数),也就是说二进制位数越多,信号转换的分辨率越高。例如,若满量程值为 5 V,数字信号的位数为 8,则 D/A 转换的分辨率为 5 V/2^8 = 19.5 mV,即二进制变化一位可引起模拟电压变化 19.5 mV,该值占满量程的 0.195%,常用符号 1LSB 表示。

2. D/A 转换精度

在理想的情况下,精度与分辨率在数值上是一致的。但在实际情况中,因电源电压、参考电压、电阻等各种电路元器件参数问题会存在无法避免的误差,使得精度与分辨率在数值上并不完全一致。一般情况下,只要位数相同,分辨率就相同,但相同位数的不同转换芯片精度会有所不同。

3. 影响精度的事项

失调误差(零位误差):当数值量输入全为"0"时,输出电压却不为 0 V,在此情况下的电

压值称为失调电压,该值越大,表明误差越大。

增益误差:实际转换增益与理想增益之间的误差。

线性误差:实际输出电压与理想输出电压之间的误差,一般用百分数表示,它是描述 D/A 转换线性度的参数。

D/A 转换速度:从输入二进制数到输出的模拟量时间的倒数,一般情况下,转换时间为几十到几百微秒。

▶▶▶ 7.5.3　D/A 转换芯片 DAC0832 的接口技术 ▶▶▶

DAC0832 芯片是常用的 8 位电流输出型 D/A 转换器,该芯片的精度、速度和价格均适中,因此得到了广泛的应用。图 7-40 给出了 DAC0832 芯片的管脚图,从管脚图中可发现,该芯片有 20 个管脚。图 7-41 给出了 DAC0832 芯片的内部结构组成框图,从图 7-41 可发现,DAC0832 芯片由数据寄存器、DAC 寄存器和 DA 转换器三部分组成。数据寄存器和 DAC 寄存器的联合配置,使得 DAC0832 可以实现两次缓冲,在输出模拟信号的同时,还可以输入下一个数字信号,大大提高了转换速度。当多个 DAC0832 芯片同时工作时,可用同步信号来实现多个模拟量的同时输出。

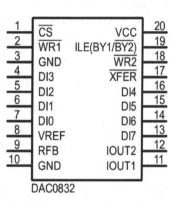

图 7-40　DAC0832 管脚图

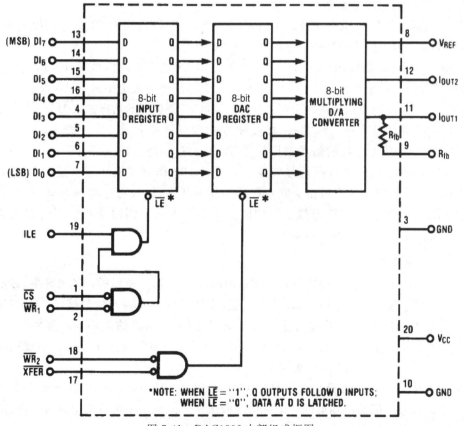

图 7-41　DAC0832 内部组成框图

DAC0832 芯片管脚的主要功能如下：

DI0～DI7：数字信号的输入端口，DI7 为最高位，DI0 为最低位。

I_{OUT1}：模拟信号的输出端口 1，当 DAC 的各位寄存器为 1 时，输出电流为最大；当 DAC 的各位寄存器为 0 时，输出电流为 0。

I_{OUT2}：模拟信号的输出端口 2，端口 2 的存在使得 I_{OUT1} ＋ I_{OUT2} 恒为常数，一般单极性输出时，I_{OUT2} 端口接地；双极性输出时，I_{OUT1} 端口接集成运算放大器。

V_{REF}：基准电源输入端，该端口与 0832 芯片内部的 R-2R 梯形网络相接，一般该端口输入±10 V 范围内的电源。

V_{CC}：标准电源输入端。

3 号管脚 GND：模拟信号接地端。

8 号管脚 VREF：数字信号接地端。

RFB：电阻，用来为外部集成运算放大器提供反馈电阻。

$\overline{CS}$：片选信号，低电平有效，与 ILE 信号相配合可以决定写信号$\overline{WR1}$是否拥有控制权。

ILE：允许输入锁存信号，高电平有效。8 位输入寄存器的锁存信号由$\overline{WR1}$、$\overline{CS}$、ILE 共同控制，当$\overline{WR1}$、$\overline{CS}$、ILE 均为有效信号时，可以在输入寄存器的锁存信号处产生正脉冲；当输入寄存器的锁存信号为高电平时，接受 DI7～DI0 的信号，然后当锁存信号为下降沿时，DI7～DI0 的信号进入输入寄存器中。

$\overline{WR1}$：写信号端口 1，低电平有效。当$\overline{WR1}$、$\overline{CS}$、ILE 均为有效信号时，可以将输入的数字信号写入 8 位输入寄存器中。

$\overline{WR2}$：写信号端口 2，低电平有效。当$\overline{WR2}$为有效信号时，在$\overline{XFER}$信号的控制下，可以决定输入寄存器输出的 8 位数据要不要进入 DAC 寄存器中。

$\overline{XFER}$：数据传送信号，低电平有效。当$\overline{WR2}$、$\overline{XFER}$均为有效信号时，可以在 8 位 DAC 寄存器的锁存信号处生正脉冲；当 DAC 寄存器的锁存信号为高电平时，DAC 寄存器输入和输出的状态不变；当锁存信号出现下降沿时，输入 DAC 寄存器的数据进入 DAC 寄存器。

DAC0832 芯片有两种工作方式：单缓冲方式和双缓冲方式。在单缓冲工作方式下，输入寄存器和 DAC 寄存器的信号被同时控制，输入数据经过输入寄存器进入 DAC 寄存器，然后在D/A 转换电路中进行信号转换。单缓冲的工作方式适用于一路模拟信号或是多路模拟信号的不同步输出系统。在双缓冲工作方式下，输入寄存器和 DAC 寄存器的信号被分开控制，可以实现多路模拟信号的同步输出。下面分别讨论两种不同方式的接口电路和实现程序。

1. 单缓冲工作方式

图 7-42 给出了经典的单缓冲方式的接口电路。从图 7-42 所示的电路可发现，该电路的片选信号$\overline{CS}$和数据传送信号$\overline{XFER}$连接在一起，信号端口 1 $\overline{WR1}$与信号端口 2 $\overline{WR2}$连接在一起，使得输入寄存器和 DAC 寄存器的信号同时被控制，所以该电路为单缓冲工作方式。同时，ILE 连接高电平，使得允许输入锁存信号有效，I_{OUT1}输出电流经过一个集成运算放大器 LM324 输出一个单极性电压，范围为 0～5 V。

例 10 观察图 7-42 所示的由 DAC0832 芯片和单片机组成的经典 D/A 信号转换电路图，使集成运算放大器输出端得到一个三角波电压波形。要求使用模块化编程方式，用 C 语言完成 D/A 信号转换子函数和功能实现主函数的程序编写。

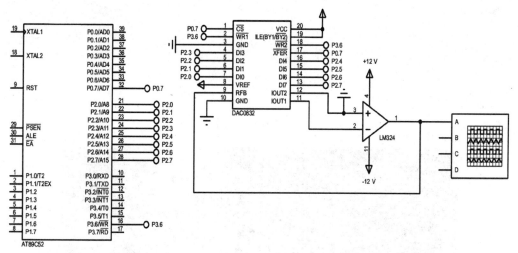

图 7-42 单缓冲方式的 D/A 转换接口电路

解：DAC0832 模块代码如下：

```
# include <regx52. h>
# define DAC0832_DATA P2
sbit DAC0832_CS = P0^7;
sbit DAC0832_WR = P3^6;
void DAC0832_Conv(unsigned char dat)
{
    DAC0832_CS = 0;
    DAC0832_WR = 0;
    DAC0832_DATA = dat;
    DAC0832_CS = 1;
    DAC0832_WR = 1;
}
```

主函数模块代码如下：

```
# include <regx52. h>
# include "Delay. h"
# include "DAC0832. h"
void trian()
{
    unsigned int x;
    for(x = 0;x<125;x + + )
    {
        DAC0832_Conv(x);
    }
    for(x = 125;x>0;x - - )
    {
        DAC0832_Conv(x);
    }
}
```

```
void main()
{
    while(1)
    {trian();}
}
```

示波器的输出波形如图 7-43 所示。

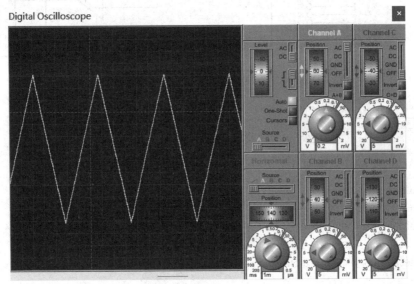

图 7-43 示波器输出三角波形

例 10 得到的三角波为单极性,即电压在 0~5 V 范围内。在很多的实际应用中,会使用到双极性的电压波形,即电压波形在-5~+5 V 之间。若要得到双极性的电压波形,可使用图 7-44 所示的电路图,从图 7-44 可发现,I_{OUT1} 端口信号经反馈电阻通过 VREF 进入集成运算放大器中,从而实现双极性电压波形的产生。

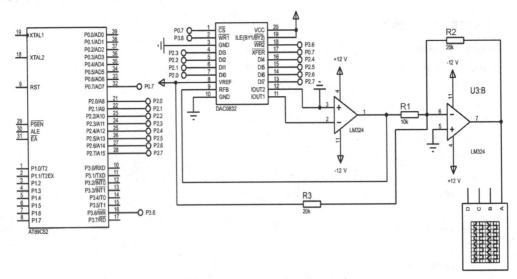

图 7-44 双极性波形输出接口电路

2.双缓冲工作方式

双缓冲方式的最大特点是实现了多个模拟量的同时输出。一般情况下,一路模拟量的输出需要一个 DAC0832 芯片,因此双缓冲工作方式需要多个 DAC0832 芯片。图 7-45 给出了经典二路模拟信号输出的双缓冲方式接口电路,从图 7-45 所示的电路可发现,两个 DAC0832 芯片的数据传送信号 $\overline{XFER}$、信号端口 1 $\overline{WR1}$、信号端口 2 $\overline{WR2}$ 分别连接在一起,但是片选信号 $\overline{CS}$ 并没有连接在一起,使得输入寄存器和 DAC 寄存器被分开控制,实现双缓冲工作方式的同时使得程序代码易于编写。

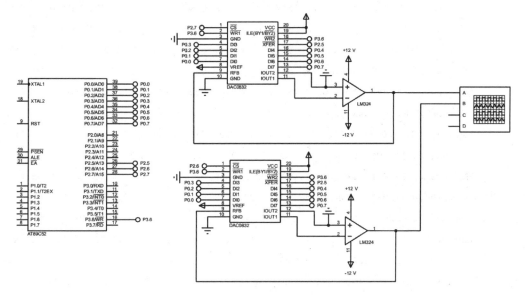

图 7-45 双缓冲方式的 D/A 转换接口电路

例 11 观察图 7-45 所示的由两片 DAC0832 芯片和单片机组成的经典 D/A 信号转换电路图,使两个集成运算放大器输出端同时得到一个正弦波电压波形和一个锯齿波电压波形。要求使用模块化编程方式,用 C 语言完成 D/A 信号转换子函数和功能实现主函数的程序编写。

解:DAC0832 模块代码如下:

```
# include <regx52. h>
# include <absacc. h>
# define DAC1_IN XBYTE[0x7fff]
# define DAC2_IN XBYTE[0xbfff]
# define DAC_OUT XBYTE[0xdfff]
void DAC0832_Conv(unsigned char dat1,unsigned char dat2)
{
    DAC1_IN = dat1;
    DAC2_IN = dat2;
    DAC_OUT = dat1;
}
```

主函数模块代码如下：

```c
#include <regx52.h>
#include "DAC0832.h"
unsigned int code table[] =
{
    0x80,0x83,0x86,0x89,0x8D,0x90,0x93,0x96,0x99,0x9C,0x9F,0xA2,0xA5,0xA8,0xAB,0xAE,
    0xB1,0xB4,0xB7,0xBA,0xBC,0xBF,0xC2,0xC5,0xC7,0xCA,0xCC,0xCF,0xD1,0xD4,0xD6,0xD8,
    0xDA,0xDD,0xDF,0xE1,0xE3,0xE5,0xE7,0xE9,0xEA,0xEC,0xEE,0xEF,0xF1,0xF2,0xF4,0xF5,
    0xF6,0xF7,0xF8,0xF9,0xFA,0xFB,0xFC,0xFD,0xFD,0xFE,0xFF,0xFF,0xFF,0xFF,0xFF,0xFF,0xFF,
    0xFF,0xFF,0xFF,0xFF,0xFF,0xFE,0xFD,0xFD,0xFC,0xFB,0xFA,0xF9,0xF8,0xF7,0xF6,0xF5,0xF4,
    0xF2,0xF1,0xEF,0xEE,0xEC,0xEA,0xE9,0xE7,0xE5,0xE3,0xE1,0xDF,0xDD,0xDA,0xD8,0xD6,
    0xD4,0xD1,0xCF,0xCC,0xCA,0xC7,0xC5,0xC2,0xBF,0xBC,0xBA,0xB7,0xB4,0xB1,0xAE,0xAB,
    0xA8,0xA5,0xA2,0x9F,0x9C,0x99,0x96,0x93,0x90,0x8D,0x89,0x86,0x83,0x80,
    0x80,0x7C,0x79,0x76,0x72,0x6F,0x6C,0x69,0x66,0x63,0x60,0x5D,0x5A,0x57,0x55,0x51,
    0x4E,0x4C,0x48,0x45,0x43,0x40,0x3D,0x3A,0x38,0x35,0x33,0x30,0x2E,0x2B,0x29,0x27,
    0x25,0x22,0x20,0x1E,0x1C,0x1A,0x18,0x16,0x15,0x13,0x11,0x10,0x0E,0x0D,0x0B,0x0A,
    0x09,0x08,0x07,0x06,0x05,0x04,0x03,0x02,0x02,0x01,0x00,0x00,0x00,0x00,0x00,0x00,
    0x00,0x00,0x00,0x00,0x00,0x00,0x01,0x02,0x02,0x03,0x04,0x05,0x06,0x07,0x08,0x09,
    0x0A,0x0B,0x0D,0x0E,0x10,0x11,0x13,0x15,0x16,0x18,0x1A,0x1C,0x1E,0x20,0x22,0x25,
    0x27,0x29,0x2B,0x2E,0x30,0x33,0x35,0x38,0x3A,0x3D,0x40,0x43,0x45,0x48,0x4C,0x4E,
    0x51,0x55,0x57,0x5A,0x5D,0x60,0x63,0x66,0x69,0x6C,0x6F,0x72,0x76,0x79,0x7C,0x7E
};
void sin_stair()
{
    unsigned int i;
    for(i = 0;i<255;i++)
    {
        DAC0832_Conv(i,table[i]);
    }
}
void main()
{
    while(1)
    {
        sin_stair();//正弦
    }
}
```

示波器的输出波形如图 7-46 所示。

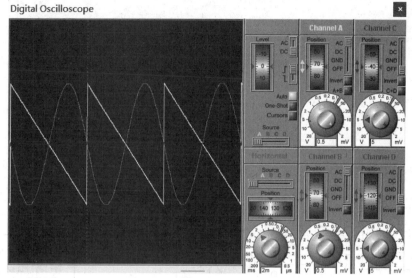

图 7-46　示波器输出的正弦波形和锯齿波形

▶▶▶ 7.5.4　脉冲宽度调制技术 ◀◀◀

对于电机设备,因其在运行中有惯性的作用,所以可以使用数字信号来驱动该设备,并可以通过改变数字信号波形的占空比、周期等参数来对电机设备进行控制。使用程序来控制波形占空比、周期、相位波形的技术称为脉冲宽度调制技术(pulse width modulation,PWM)。相较于 D/A 转换技术,脉冲宽度调制技术不需要专门的芯片,通过编写程序就可以实现对电机的控制,降低了系统的造价成本,因此在电机驱动场合得到了广泛的应用。

PWM 的产生可以利用单片机内部的定时器。定时器的本质是计数器,使计数器进行定时自增,用户设置比较值,当计数器中的数值小于用户设置的比较值时,输出低电平;当计数器中的数值大于用户设置的比较值时,输出高电平。

PMW 占空比的控制通过用户设置的比较值来完成,当这个比较值较小时,低电平占整个周期的时间就较长,表现为数字波形的占空比较小;当比较值较大时,高电平占整个周期的时间就较长,表现为数字波形的占空比较大。控制 PWM 占空比可达到控制电机转速的效果,PWM 占空比越大,加在电机驱动上的高电平时间就越长,电机转速就越快;PWM 占空比越小,加在电机驱动上的高电平时间就越短,电机转速就越慢。

例 12　已知有数码管显示模块 Display. c、按键识别模块 Key. c、延时模块 Delay. c,Delay 延时的最小值为 1 ms。观察图 7-47 所示的电机控制系统,使用 C 语言完成定时器模块和主函数模块的代码,使定时器可完成 $100~\mu s$ 的定时,按键可以控制电机的转速。转速有 4 个不同的挡位,数码管可以显示相应的挡位,假定系统的晶振频率为 12 MHz。

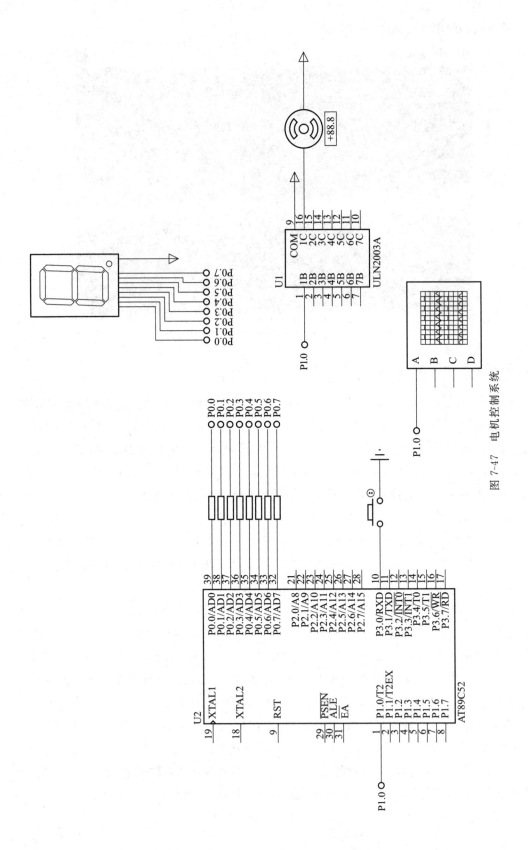

图 7-47　电机控制系统

解:定时器模块代码如下:

```
#include <REGX52.H>
/**
  * @brief   定时器 0 初始化,100μs@12.000 MHz
  * @param   无
  * @retval  无
  */
void Timer0_Init(void)
{
    TMOD &= 0xF0;          //设置定时器模式
    TMOD |= 0x02;          //设置定时器模式
    TL0 = 0x9C;            //设置定时初值
    TH0 = 0x9C;            //设置定时初值
    TF0 = 0;               //清除 TF0 标志
    TR0 = 1;               //定时器 0 开始计时
    ET0 = 1;               //打开定时器 0 的中断允许位
    EA = 1;                //打开中断总允许位
    PT0 = 0;               //设置为高优先级别
}
```

主函数模块代码如下:

```
#include <regx52.h>
#include "Display.h"
#include "Key.h"
#include "Timer0.h"
#include "Delay.h"
unsigned char Counter,Compare;              //设置参数 Counter、Compare 的数据类型
unsigned char KeyNum = 0,Speed = 0;         //设置参数 KeyNum、Speed 的数据类型和初值
void main()
{
    Timer0_Init();                          //调用定时器 0 的初始化模块
    while(1)
    {
        KeyNum = Key();                     //获取按键的值
        if(KeyNum == 1)                     //判断按键是否有按下操作
        {
            Speed++;                        //对 Speed 进行加 1 处理
            Speed = Speed % 4;              //对 Speed 除 4,获取余数
            if(Speed == 0){Compare = 0;}    //挡位 0 的比较值为 0
```

```
                if(Speed = = 1){Compare = 25;}      //挡位 1 的比较值为 25
                if(Speed = = 2){Compare = 50;}      //挡位 2 的比较值为 50
                if(Speed = = 3){Compare = 75;}      //挡位 3 的比较值为 75
            }
            Display(Speed);                         //数码管显示挡位
        }
    }
    void Timer0_Routine() interrupt 1
    {
        Counter + + ;                               //对 Counter 进行加 1 处理
        Counter = Counter % 100;                    //对 Counter 除 100,获取余数
        if(Counter<Compare)                         //判断计数与比较值的大小
            {P1_0 = 1;}                             //输出高电平
        else
            {P1_0 = 0;}                             //输出低电平
    }
```

习题七

1. 机械式按键组成的键盘应如何消除按键抖动?

2. 独立式键盘和矩阵式键盘分别具有什么特点? 适用于什么场合?

3. 试设计一个 LED 显示器/键盘电路。

4. 七段 LED 静态显示和动态显示分别具有什么特点? 实际设计时应如何选择使用?

5. 试为 89C51 微机系统设计一个 LED 显示器接口,该显示器共有 8 位,从左到后分别为 DG1~DG8(共阴极式)。要求将内存 30H~37H 8 个单元中的十进制数(BCD)依次显示在 DG1~DG8 上,画出该接口的硬件连接图并进行接口程序设计。

6. A/D 转换的作用是什么? 在单片机应用系统中,什么场合会用到 A/D 转换?

7. 目前应用较广的 A/D 转换器如何分类? 各有什么特点?

8. 选择 A/D 转换器芯片应主要从哪几个方面考虑?

9. 什么是 A/D 芯片的分辨率? 16 位 A/D 芯片的分辨率是多少?

10. A/D 转换器的分辨率如何表示? 它与精度有何不同?

11. 画出 ADC0808 的典型应用电路,其中 CLK 引脚连接应注意什么问题? EOC 引脚连接在中断和查询工作方式下应如何处理?

12. 什么是 D/A 转换? 组成 D/A 芯片的核心电路是什么?

13. D/A 转换器的主要技术指标有哪些? 分辨率是如何定义的? 参考电压 V_R 的作用如何?

14. DAC0832 与 89C51 单片机接口时有哪些控制信号? 作用分别是什么?

第8章
单片机应用系统的设计与开发

知识与能力目标

- 掌握单片机系统设计开发的基本要求和基本步骤。
- 掌握单片机系统可靠性设计的常用方法。
- 了解单片机低功耗设计和加密设计等实用技术。

思政目标

- 认识单片机系统开发过程的创造性、严谨性、协作性，培养学生的工匠精神、创新精神、合作精神。
- 讲述我国单片机技术发展历程，树立学生责任感、使命感，开展爱国主义教育，增强民族自豪感。

单片机应用系统是指以实现特定功能为目的，以单片机为核心部件构成的计算机应用系统，包括工业控制系统、数据采集系统、智能仪器仪表以及其他使用单片机的系统。单片机应用系统一般由单片机、外围设备和软件构成。

通常我们要求单片机系统应具有可靠性高、抗干扰能力强、性价比高和设计周期短等特点。此外，单片机系统还要具有一定的加密功能以防止被复制抄袭，便携式电池供电设备还要求单片机系统具有低功耗。下面我们将对这几点做详细分析和介绍。

8.1 单片机系统设计过程

▶▶▶ 8.1.1 系统设计的基本要求 ▶▶▶▶

1.可靠性高

在保证单片机应用系统使用功能的同时，应使其具有较高的可靠性。单片机系统完成的任务是系统的控制，一旦发生故障，会造成整个系统的混乱和失控，很可能会产生严重后果。因此，对可靠性的要求应贯穿于单片机应用系统设计的每一个步骤。提高系统的可靠

性通常从以下几个方面考虑：

(1) 使用的元器件具有较高的可靠性。

(2) 系统具有一定的故障自诊断功能。

(3) 设计电路具有较强的环境电磁兼容性。

(4) 软件具有抗干扰功能。

(5) 系统具有故障报警功能。

(6) 系统具有一定的容错功能。

2. 操作维护简单

在总体设计时，应考虑系统的使用和维修，尽量降低对系统使用人员的单片机专业知识的要求，以便于系统的推广应用。系统要设计尽量简单的控制开关，操作顺序不能太复杂，参数的设置和显示要简明直观。同时系统应具有故障诊断功能，一旦发生故障能有效地报告故障位置，以便进行维修。

3. 设计时间短

只有缩短设计周期，才能有效地降低设计费用，充分发挥新系统的技术优势，及早占领市场并具有一定的竞争力。这就需要对系统的软件、硬件采用标准化、模块化设计，平时注重技术的积累与储备，可利用已经成功的技术和经验，摒弃已被证明失败了的做法，少走弯路。适宜地"以软代硬"或"以硬代软"也是提高设计效率的一种选择。另外，在没有特殊要求时，选用自己所熟悉型号的单片机，也有助于缩短设计周期。

4. 性价比高

单片机除体积小、功耗低等特点外，最大的优势在于高性能价格比。一个单片机应用系统能否被广泛使用，性价比是其中一个关键因素。因此，在设计时，除了保持高性能外，还应尽可能降低成本，如简化外围硬件电路，在系统性能和速度允许的情况下尽可能用软件功能取代硬件功能等。

▶▶▶ 8.1.2 系统设计的开发过程 ◀◀◀

1. 总体方案设计

(1) 依据用户的需求，确定设计功能和总体结构。

(2) 把握系统的开发难度，明确技术难点。

(3) 针对技术难点开展调研工作，查找相关资料，初步确定解决方案。

(4) 依据系统总体结构和功能需求确定单片机机型。单片机的选型原则是：第一，单片机的性能和功能要能满足应用需求。第二，能够取得单片机的足够完整的技术资料。第三，开发工具简单、可靠、容易获得。第四，供货稳定充足。第五，性价比要高。第六，近似条件下尽量选择设计者熟悉的单片机。

(5) 单片机应用开发技术是软硬件结合的技术，方案设计要权衡任务的软硬件分工。有时硬件设计会影响到软件程序结构。如果系统中增加某个硬件芯片可以大大简化程序，增加程序的可靠性，那么增加这个硬件是值得的。在不影响性能的情况下，以软件代替硬件能够降低成本。

(6) 尽量采用可借鉴的成熟技术，减少重复性劳动。

2. 硬件电路设计

单片机应用系统的硬件设计是围绕着单片机外部设备功能展开的，以下方面主要涉及外部设备扩展部分的设计。

（1）程序存储器扩展

若单片机内无片内程序存储器或存储容量不够时,需外部扩展程序存储器。外部扩展存储器通常选用 EPROM 或 E2PROM。EPROM 集成度高,价格便宜,E2PROM 则编程容易。当程序量较小时,使用 E2PROM 较方便;当程序量较大时,采用 EPROM 更经济。

（2）数据存储器扩展

数据存储器由 RAM 构成。只有当单片机片内数据存储区不够用时才扩展外部数据存储器。存储器的设计原则是在存储容量满足的前提下,尽可能减少存储芯片的数量,应避免盲目地扩大存储容量。

（3）I/O 接口

外设种类很多,使得单片机与外设之间的接口电路也多种多样。因此,I/O 接口设计也十分复杂。I/O 接口一般可分为并行接口、串行接口、模拟输入接口、模拟输出接口等。目前有些单片机已将上述各接口集成在单片机内部,使 I/O 接口的设计大大简化。系统设计时,可以选择含有所需接口的单片机。

（4）译码电路

当需要扩展外部设备时,经常需要增加译码电路。译码电路要求存储器空间分配合理,译码方式选择得当,简单可靠。译码电路除了可以利用常规的门电路、译码器实现外,还可以利用只读存储器与可编程门阵列来实现,方便修改,增强保密性。

（5）总线驱动器

如果单片机外部扩展的器件较多,就要考虑设计总线驱动器。比如,MCS-51 单片机的 P0 口驱动能力为 8 个 TTL 芯片,P2 口驱动能力为 4 个 TTL 芯片。如果 P0、P2 实际连接的芯片数量超出,就必须在 P0、P2 口增加总线驱动模块来提高它们的负载能力:P0 口可以使用双向数据总线驱动器(如 74LS245),P2 口可使用单向总线驱动器(如 74LS244)。

（6）抗干扰电路

针对可能出现的各种干扰,应设计抗干扰电路,其中不可忽视的抗电源干扰电路详见 8.2 节。另外,可以采用隔离放大器、光电隔离器等抗地干扰;采用差分放大器抗共模干扰;采用平滑滤波器抗白噪声干扰;采用屏蔽手段抗辐射干扰。要强调的是,在设计系统硬件时,要尽可能地使用单片机的片上资源,使设计的电路模块化、标准化,减少干扰。

3. 软件设计

软件是单片机应用系统中的一个重要组成部分。软件设计的关键是确定软件功能及选择相应的软件架构。

（1）确定功能

确定出软件要实现哪些功能。作为实现控制功能的软件应明确被控对象、控制时序和控制信号;作为实现信号处理的软件应明确输入信号是什么、处理算法、输出信号。

设计的软件要具有一定的容错功能,以达到提高软件可靠性的目的;明确软件应达到的精度、速度等指标,比如,程序中数据字长位数,每段程序的运行时长等。对于过程控制、数据处理,速度和精度等指标都是重要的。软件设计的结果不仅要实现预定的功能,还要满足控制精度、处理速度等指标的要求。

（2）软件结构设计

软件结构设计与程序设计技术密切相关,程序设计技术提供了程序设计的基本方法。

在单片机应用系统中,最常用的程序设计方法是模块化程序设计。模块化程序设计具有结构清晰、功能明确、程序模块可通用、便于功能扩展及便于程序维护等特点。为了模块化编制程序,先要将软件划分为若干子功能模块,然后确定出各模块的接口联系。

模块化程序的有效运行,需要有用户监控程序实时协调管理各子模块的工作。在简单系统中,监控程序可采用实时单任务操作系统模式建立,最简单的实时监控程序就是以时间顺序调用各功能模块。在复杂系统中,监控程序可采用实时多任务操作系统模式建立。实际操作中,各功能模块的划分会直接影响实时监控程序的管理效率。模块划分的一般原则是每个模块尽量简短,具有相对独立的功能。

在完成确定功能和结构设计之后开始编写程序。首先依据控制时序、处理算法等设计程序流程图。在编制程序流程图时,要明确数据流向和存储位置。然后着手编写程序,将程序流程图的每一步用相应的代码来实现,就得到了应用系统的程序。

4. 系统的调试

系统调试包括硬件调试和软件调试。硬件调试的任务是排除硬件故障,包括设计的错误和工艺造成的故障。软件调试是利用开发工具进行在线仿真调试,解决软件错误,同时也可以检测硬件问题。

(1) 硬件调试

单片机应用系统的功能是由硬件和软件共同工作实现的,许多硬件的运行状态必须在软件调试时才能出现,因此很多硬件问题都是在软件调试时发现的,但通常是先解决系统中基础的硬件问题后,再结合软件调试。

① 常见的硬件故障

a. 元器件故障。元器件故障的原因有两个方面,一是器件本身已经损坏或性能不达标;二是元器件安装错误造成的元器件失效,如二极管、三极管的引脚焊接错误或芯片安装方向错误等。

b. 逻辑错误。硬件的逻辑错误往往是由于设计错误或加工工艺错误造成的,包括接错线、线开路和短路等几种,其中短路是最常见的故障。

c. 可靠性差。可靠性差因素很多,如接插件松动引起接触不良会造成线路时通时断,工作不稳定;电磁干扰、直流电源纹波过大或器件负载过大等会造成逻辑电平不稳定;另外电路板走线和器件布局不合理等也会引起系统电磁干扰使工作不稳定。

d. 电源故障。若系统中存在电源故障,则通电后可能造成器件损坏。电源故障包括输出电压不达标、电源引出线和插座不对应、电源功率不足和带载能力差等。

② 硬件调试方法

a. 脱机调试。脱机调试是在系统断电条件下,使用万用表等工具,根据硬件电路图和装配图检查线路是否连接错误,并检查元器件的型号、规格和安装是否符合要求。特别要注意检查电源之间的短路和极性是否接反,重点检查系统的各信号线是否接错,是否存在相互的短路。

所用的电源必须先独立调试后才能连接到系统中。通电检查各器件引脚的电位是否正常时,特别要注意单片机插座引脚上的各点电位是否正常。

b. 联机调试。通过脱机调试可解决一些基础性的硬件问题,有些硬件故障需要通过整机调试才能发现和排除。通电后,让单片机对系统的存储器、I/O端口等执行读写和逻辑转换等操作,用示波器等设备观察关键点的波形逻辑电平和时序(如输出波形、有关控制电平),通过对波形的观察分析进行检测和排除故障。

（2）软件调试

软件调试方法与软件结构和程序设计方法有关。如果软件采用模块化设计,则先将各个子模块调试好以后,再进行系统程序总调试;如果是多任务操作系统,一般是逐个任务进行调试。

对于模块结构程序,调试子程序时,一定要符合模块输入和输出条件,调试时可采用单步或者断点运行方式,通过检查系统 CPU 状态、RAM 的内容和 I/O 口的状态,检查子程序执行结果是否达到要求。通过检测,可以发现软件中的局部死循环、转移地址和机器码等错误,同时也可能发现系统中的硬件故障、软件算法错误,在调试过程中不断修正系统的程序和硬件,完成每个程序模块的调试。

每个程序模块调试之后,可以进行整体程序调试。在这一阶段如果发生故障,可以分析子程序模块运行时是否破坏子程序的调用点状态、堆栈区域是否溢出、缓冲单元是否发生冲突或输入输出设备的状态是否正常等。若用户系统是在监控程序下运行的,还要考虑监控程序是否和用户缓冲单元发生冲突。单步和断点调试后,还应进行连续调试,因为单步运行只能检验程序是否正确,而无法检测定时精度、CPU 的实时响应等问题。

实时多任务操作系统的软件调试一般是逐个任务进行调试。在逐个任务调试时,要调试相关的子程序和部分操作系统的程序。各个任务调试完成之后,再同时运行各个任务,如果操作系统中没有故障,系统基本上就可以正常工作。

（3）系统整体调试

系统整体调试是指让用户系统整体实际运行,进行软、硬件综合调试,从中发现软、硬件问题,检验系统整体性能。这是系统检测的重要一步。

系统联调主要解决以下问题:

① 软、硬件能否按设计要求相互配合,找出并解决问题。

② 系统整体运行中是否有潜在的设计时难以检测到的问题,如硬件导致的信号传输太慢造成工作时序错乱、不同硬件模块之间电磁干扰等。

③ 系统整体的速度、精度等动态性能指标的检测。

系统整体调试时,可以采用仿真器单步、断点、连续运行方式调试各软件模块,在各功能独立的情况下,检验各程序段的正确性和软、硬件的配合情况。若发现问题可以更准确地定位错误,找出解决方案。然后将软、硬件按系统工作要求整体运行,采用加断点全速运行方式检测系统全速运行的情况下软、硬件的协调情况以及系统动态性能。系统整体调试完后,将用户程序下载到单片机的程序存储器中。最后将单片机接入系统进行整体调试。

5. 程序的固化

在线仿真运行正常的程序固化到单片机系统后,脱机运行有可能会出现异常。若单片机系统脱机运行有问题,需找出原因并修改软硬件,如总线驱动功率不够、电磁干扰等。

▶▶▶ 8.1.3　系统设计的注意事项 ▶▶▶

1. 尽量降低外部时钟频率

外部时钟是高频的噪声源,除能造成对本应用系统的干扰之外,还可能产生对外界的干扰,在保证指令执行速度的条件下,尽量采用更低频的外部时钟。

2. 监测系统时钟电路、看门狗技术与低电压复位

时钟监控电路发现系统时钟停止工作时会自动让系统复位,恢复系统时钟功能,但是单片机时钟监控功能与省电指令不能同时有效。看门狗技术是监测应用程序中的一段定时中断程序。低电压复位技术是监测单片机电源电压的技术,当电源电压低于阈值时产生单片机复位信号。随着单片机技术的发展,单片机对电源电压的适应范围越来越宽,电源电压从早期的 5 V 降至 3.3 V,并继续下降到 2.7 V、1.8 V 等。在使用低电压复位功能时应根据具体情况进行判断。

3. 应用 EFT (electrical fast transient) 技术

当振荡电路产生的正弦信号受到电磁干扰时,其波形可能会叠加多种毛刺信号,毛刺信号可能导致施密特触发电路误触发,扰乱正常的时钟信号。交替使用施密特触发器和滤波电路,基本上能够滤除这些毛刺或者让其失效,保证系统的时钟信号正确传输不变形,进而提高系统的可靠性。

4. 系统的抗干扰措施

单片机系统应具有较强的抗干扰性能,包括硬件抗干扰性能和软件抗干扰性能等,详细内容如 8.2 节所述。

 ## 8.2 应用系统的抗干扰技术

影响单片机系统可靠运行的因素主要来自系统内部和外部的各种电磁干扰,并受系统结构、元器件、安装、制造工艺的影响。电磁干扰常会导致单片机系统运行异常,轻则影响产品性能,重则可能会引发事故,造成重大经济损失。

形成电磁干扰的基本要素有三个:

(1) 干扰源。指产生干扰的元件、设备或信号。如雷电、继电器、开关电源、电机、高频时钟等都可能成为干扰源。

(2) 传播路径。指干扰从干扰源传播到敏感器件的通路或媒介。典型的干扰传播路径是导线的传导和通过空间的辐射。

(3) 敏感器件。指容易被干扰的对象,如单片机,模拟/数字转换器、模拟芯片、信号放大器等。

▶▶▶ 8.2.1 电源的干扰及其解决措施 ▶▶▶

单片机应用系统的供电电源很大一部分是开关电源。开关电源属于强干扰源,其本身产生的噪声干扰直接危害着电子设备的正常工作。因此,在单片机系统开发过程中需要特别注意抑制开关电源本身的电磁噪声,同时提高其电磁兼容性。

开关电源的干扰一般分为两大类:一是开关电源内部元器件形成的干扰,二是外界因素影响而使开关电源产生的干扰。

开关电源传导噪声的频谱为 10 kHz～30 MHz,部分噪声频谱可达 150 MHz。电源瞬态噪声上升速度快,电压振幅大,随机性强,持续时间短,易对单片机和数字电路产生干扰。

根据传播方向的不同,电源噪声可分为两大类:一类是从电源输入导线引入的外部干扰,另外一类是由负载电子设备产生并通过电源导线传输出去的噪声。

从噪声类型来看,噪声干扰可分为串模干扰与共模干扰两种。共模干扰指的是信号线及其回线(一般称为信号地线)相对附近任何一个物体(金属机箱、大地等为参考电位)的干扰电压形成的干扰,干扰电流回路则是在导线与参考物体间组成的回路。串模干扰是两条电源线之间的噪声。

可以从干扰源、传播途径和被干扰设备三方面抑制电磁干扰。首先应该抑制干扰源,直接消除干扰原因;其次是消除骚扰源和受扰设备之间的耦合和辐射,切断电磁干扰的传播途径;最后是提高受扰设备的抗扰能力,减低其对噪声的敏感度。常用的方法是屏蔽、滤波和接地。

(1)屏蔽。采用良好的导电材料对电场进行屏蔽。用高导磁材料对磁场进行屏蔽,可以有效地抑制开关电源的电磁辐射干扰。

(2)滤波。在电子设备的抗干扰设计中经常采用滤波技术来抑制传导干扰。滤波器可以抑制从电网输入的传导干扰对电源的影响,也可以减小由开关电源产生并向电网和负载传递的干扰。很多专用的滤波元件,如穿心电容器、滤波电感、铁氧体磁环,它们能够改善电路的滤波特性。正确地设计、安装和使用滤波器,是抗干扰技术的重要组成部分。

(3)接地。电源某些部分与大地相连可以起到抑制干扰的作用。在电源系统设计中要避免多点接地形成接地环路,容易形成磁感应噪声,应采用单点接地。但是在实际设计中比较难实现单点接地,为减小接地阻抗,减小分布电容的影响,常常将需要接地的各部分就近接到一个导电平面作为参考地。在同时存在低频和高频的电路系统中,应将低频电路、高频电路、电源电路的地线分别单独连接到公共参考地上。可用旁路电容进一步减小接地回路中返回电流形成的压降。

▶▶▶ 8.2.2　软件抗干扰技术 ▶▶▶

单片机系统中,由于干扰频率分布较广,干扰源复杂多样,只采用硬件抗感染措施无法完全避免干扰进入系统。因此在采用硬件抗干扰技术的同时,还要采用软件抗干扰技术,使两者相互配合。

1.数字滤波技术

数字滤波技术就是指在软件中对采集到的数据进行计算、消除干扰的处理,通过利用计算等技术手段来提高输入和输出信号的精度。当采样数据差值比较大,呈离散型分布时,说明该数据可能受到较强的电磁干扰,不能被系统使用。数字滤波与硬件模拟滤波器相比,具有很多优点:由于采用了软件滤波,无需硬件器件,不受外界的影响,参数稳定,可靠性高;数字滤波可以实现对较低频信号的滤波,而模拟滤波器难以有效滤除低频信号;数字滤波还可以针对不同的信号和干扰,方便灵活地采用不同的滤波算法和参数。虽然数字滤波器速度较慢,但具有上述优点,在单片机控制系统中仍得到了广泛的应用。

(1)算术平均值滤波法

该方法的实质就是在一个周期内采样 N 次信号,然后求信号平均值,优点是能够有效消除周期性的干扰。该方法对具有随机干扰的普通信号进行滤波比较有效,取样信号有一个平均值,数值在其上下波动,也可以推广到在几个连续的周期内取平均值。算术平均值滤波法的缺点是对于偶发脉冲性干扰的抑制不太理想。

(2)中位值平均滤波法

中位值平均滤波法采样若干个周期,并按大小顺序对 N 个采样数值进行排序,剔除掉采样的最大、最小两个极值,然后按照 $N-2$ 个数值求平均值,这种方法可以排除由于偶发脉冲干扰因素引起的采样值偏差。在实际设计中,要适当选择采样的周期,选择的周期太小,去除干扰的作用就不明显;选择的周期太大,数据采集的时间过长,系统的响应就会延迟。

（3）限幅滤波法

限幅滤波法比较两个相邻时刻 $T(m)$ 和 $T(m-1)$ 的采样值 $X(m)$ 和 $X(m-1)$，根据正常值估计并确定两次采样的最大允许误差 B。如果两次采样值的差值超过了最大允许误差 B，就认为发生了随机干扰，并认为后一次采样值 $X(m)$ 为非法值，应予删除，删除 $X(m)$ 后，可用 $X(m-1)$ 代替 $X(m)$；若未超过所允许的最大偏差范围，则认为本次采样值有效。该滤波法的最大优点是克服偶然因素引发的干扰，缺点是无法抑制周期性的干扰，平滑性较差。

2. 软体陷阱技术

当单片机受到干扰程序"跑飞"到非程序区时，指令冗余不起作用，这时可采用软件陷阱和看门狗技术防止程序"跑飞"。所谓软件陷阱就是在非程序区的特定地方设置一条引导指令，强行将"乱飞"的程序引向一个指定的地址，在这个指定的地址有一段程序专门对出错进行处理，并由该程序恢复单片机软件的运行。如果这段程序的入口标号称为 ERROR 的话，软件陷阱即为一条 LJMP ERROR 指令。为增强软件陷阱捕捉效果，一般还在它前面加 2 条 NOP 指令。

3. 看门狗技术

当程序进入到局部的死循环中时，冗余指令和软件陷阱均不起作用，导致系统失效。看门狗技术可以有效地解决这一问题。看门狗（watchdog timer）是一个定时器电路，一般有一个输入（叫"喂狗端"），一个输出到单片机的复位接口，单片机正常工作的时候，每隔一段时间输出一个信号到"喂狗端"，给看门狗定时器清零，如果超过规定的时间不"喂狗"，看门狗定时器超时，就会输出一个复位信号到单片机复位接口，让单片机复位，防止单片机死机。看门狗的作用就是防止程序发生死循环，或者说程序"跑飞"。

▶▶▶ 8.2.3　硬件抗干扰技术 ▶▶▶

针对形成干扰的三要素——干扰源、传播路径、敏感器件，可以采取的硬件抗干扰措施主要有以下几种。

1. 抑制干扰源

抑制干扰源最优先考虑和最重要的原则就是尽可能地减小干扰源的电压和电流变化率，常常能取得明显效果。通过在干扰源两端并联电容来减小干扰源的电压变化率，在干扰源回路串联电感或电阻以及增加续流二极管等来减小干扰源的电流变化率。

抑制干扰源的常用措施如下：

（1）给电机加 LC 滤波电路，注意电容、电感引线要尽量粗短。

（2）电路板上每个芯片电源都并连一个 $0.01\sim0.1~\mu\text{F}$ 去耦电容，以减少电源对芯片的干扰。注意高频电容的连线应靠近芯片电源端并尽量粗短，减小电容的等效串联电阻，改善滤波效果。

（3）PCB 布线时避免小于等于 $90°$ 的折线，减少高频噪声发生。

（4）可控硅两端并接 RC 滤波电路，降低可控硅开通和关断时产生的噪声。

（5）继电器线圈反并联续流二极管，消除线圈电源断开时由自身电感产生的反电动势干扰。在继电器触点两端并联火花抑制电路（通常采用 RC 串联电路，电容一般选 $0.01~\mu\text{F}$，电阻通常选几千欧姆到几十千欧姆），抑制电火花产生。

2. 切断干扰传播路径

电磁干扰按传播路径可分为辐射干扰和传导干扰两类。所谓辐射干扰是指通过空间辐

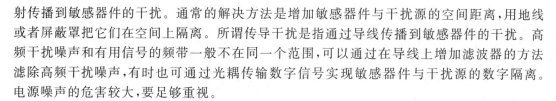

射传播到敏感器件的干扰。通常的解决方法是增加敏感器件与干扰源的空间距离,用地线或者屏蔽罩把它们在空间上隔离。所谓传导干扰是指通过导线传播到敏感器件的干扰。高频干扰噪声和有用信号的频带一般不在同一个范围,可以通过在导线上增加滤波器的方法滤除高频干扰噪声,有时也可通过光耦传输数字信号实现敏感器件与干扰源的数字隔离。电源噪声的危害较大,要足够重视。

3. 提高敏感器件的抗干扰性能

提高敏感器件的抗干扰性能是指采取措施尽量减少敏感器件受干扰噪声的影响,并从异常状态尽快恢复。提高敏感器件抗干扰性能的常用措施如下:

(1) 对于单片机没有使用的引脚,尽量不要悬空,要接地或接电源。其他芯片没有使用的引脚在不改变逻辑的情况下接地或接电源。

(2) 对单片机使用电源监控及看门狗电路可显著提高整个电路的抗干扰性能。

(3) 在能满足需求的前提下,尽量降低数字电路速度和单片机的外部时钟频率。

4. 印制电路板 PCB 设计中的抗干扰技术

在单片机应用系统中,地线的布局将决定电路板的抗干扰能力。地线的种类有很多,有模拟地、数字地、屏蔽地等,在设计地线和接地点的时候,应该将数字地和模拟地分开独立布线,将它们的地线分别与电源地线相连。在设计时,模拟地线应尽量短和粗。地线太细会导致阻抗过大,造成电路接地电位随电流的大小改变而变化,使得信号电平不稳,导致电路容易被干扰。通常单片机电路与输入输出的模拟信号之间最好通过光耦进行隔离。在 PCB 有足够的布线空间条件下,要保证主干地线的宽度在 2 mm 以上,元件引脚上的接地线大于 1 mm。不同频率下电路接地点的选择应当有所区别。当信号频率小于 1 MHz 时,由于布线和元件之间的电磁感应比较微弱,而接地电路形成的环流对干扰的影响较大,要采用单点接地,使其不形成环路;当信号频率大于 10 MHz 时,由于布线的电感效应影响较大,此时接地电路形成的环流相对影响较小,所以应尽量降低地线阻抗,采用多点接地。

在元器件的布局方面,应该尽量把与信号相关的元器件放得距离近一些,例如,晶振、时钟发生器、CPU 的时钟回路都易产生高频噪声,在放置的时候应尽量缩短时钟回路,把它们放得近些。对于易产生噪声的器件、大电流电路、开关电路等,应尽量使其远离单片机的逻辑控制电路和存储电路(ROM、RAM),这样有利于系统抗干扰,提高电路工作的可靠性。

尽量在重要元件,如 ROM、RAM 等芯片的电源端并联去耦电容。为了减少电源噪声,在芯片电源与电源地之间安放一个 $0.01 \sim 0.1\ \mu F$ 的去耦电容。去耦电容一般使用瓷片电容,这是因为瓷片电容的介质在温度和时间上比较稳定,具有较低的高频阻抗和静电损耗。

 # 8.3　实用技术

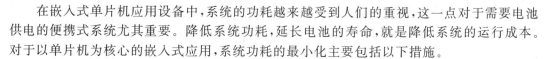

▶▶▶ ‖ **8.3.1　低功耗设计** ▶▶▶ ▶

在嵌入式单片机应用设备中,系统的功耗越来越受到人们的重视,这一点对于需要电池供电的便携式系统尤其重要。降低系统功耗,延长电池的寿命,就是降低系统的运行成本。对于以单片机为核心的嵌入式应用,系统功耗的最小化主要包括以下措施。

1. 选择低电压供电的系统

降低单片机的供电电压可以有效地降低其功耗。当前,单片机从与 TTL 兼容的 5 V 供电降低到 3.3 V、2.7 V 乃至 1.8 V 供电,在不影响系统性能的条件下,尽量选择低电压供电的芯片和电路可以显著降低功耗。

2. 选择带有低功耗模式的系统

低功耗模式指的是系统的等待和停止模式。在系统待机时,处于这类模式下的单片机功耗将大大小于运行模式下的功耗。

3. 控制电源开关

控制系统总电源、(高功耗)外围模块电源的开关,特别是频率低、功耗大的外围模块,不使用时要关闭。

4. 关闭单片机内部没有使用的外设

有些单片机的外设在上电时默认是开启的,没有使用的外设一定要及时关闭,在要用时才开启。

5. 调整时钟频率

控制单片机和数字电路的时钟频率不仅仅是要降频,还要根据实际工作情况(工作模式、时长等)及时调整频率。比如单片机在执行任务 C 时,要求快速处理一段算法,需要调整到更高的频率;而在执行任务 D 时,处理简单任务(例如控制 LED 闪烁),就可以将时钟调整到比较低的状态。另外,还需要结合工作时长,比如上面的任务 C,如果时间很长,这个频率也需要适当调低。

6. 控制单片机的 I/O 状态

现在单片机 I/O 接口基本都有多种状态:开漏输出、复用开漏输出、推挽输出、复用推挽输出、模拟输入、下拉输入、上拉输入、浮空输入,在不同工作条件下需要设置成合理状态。比如,通常在待机时将不用的引脚设置成模拟输入。

7. 硬件检查

检查电路是否存在漏电流,比如不合格三极管、芯片、电容等器件的漏电流。此外,电路板上残存的焊锡、引脚虚焊等情况,都很可能导致漏电流功耗增加。

▶▶▶ 8.3.2 加密技术 ▶▶▶

系统加密是保护单片机产品知识产权不受侵犯的关键技术,加密方法的基本思路是对硬件电路和软件程序采取一定的措施增加其复制难度,防止硬件电路被复制和软件被破解。

1. 软件加密

软件加密就是通过软件的运行来实现加密,不需要加入额外的硬件电路,因此不需要增加成本。

(1) 代码置乱加密技术

代码置乱加密是在程序代码中插入一些加密字节,使整个代码反汇编后变得混乱无序,增加破译难度。

(2) 存入无用的程序代码

在闲置的程序存储器区域中存入无用的程序代码,这些程序代码要尽量接近真实代码,以进一步增加破译程序的难度。

(3) 程序的动态解码

动态解码是指程序运行时,由一段代码专门对特定存储区的加密指令或数据代码进行

动态恢复,当恢复后的代码使用完毕后再将其重新加密,使存储器中的程序代码看上去不完整,可有效防止解密者对程序的静态分析。

2. 单片机系统硬件加密

硬件加密是指通过部分改变单片机系统硬件电路实现加密,一般有以下几种方法。

(1)总线加密技术

总线加密技术将单片机的数据总线或地址总线中的部分线路进行换位连接来改变部分线路的逻辑关系,也就是采用改变总线接线对其中的程序或者数据传输进行加密,特别是在单片机外部扩展程序存储器时,存入的实际代码就要做相应的加密翻译,以使单片机从外部程序存储器中所取的代码正确。

(2)存储器加密方法

近年推出的大多数新型单片机内部都有加密锁定位或加密字节,开发者将调试好的程序下载到单片机内部程序存储器的同时将其锁定,这样就无法使用普通的仿真器或编程器读出其程序代码,这就是所谓的拷贝保护和锁定功能。

(3)软件和硬件相结合加密方法

软件和硬件相结合是目前较为理想的加密手段。硬件主要是指专用加密芯片,数据的输入输出通过加密芯片时,通过加密软件算法来验证是否合法。软件和硬件加密相结合的综合设计方法能广泛地应用于各种单片机系统。同时,在构造过程中只要设计合理,软硬件开销并不大,就能实现高性能的加密,高效稳固地实现系统信息的保护。

 # 8.4　电子密码锁设计

▶▶▶ 8.4.1　课题目的及要求 ▶▶▶ ▶

(1)系统可设置 6 到 8 位由 0~9 几个数字组成的密码,密码通过键盘输入,若密码正确,则继电器接通开锁电源(锁打开)。

(2)若密码输入错误,密码错误次数加 1,蜂鸣器和 LED 灯同时进行发声和闪烁(次数对应密码错误次数),密码输入错误超过 3 次锁定输入密码(蜂鸣器和 LED 灯同时进行声光报警),第一次锁定在 20 s 后解除便可再次输入密码解锁,第二次在 40 s 后解除锁定便可再次输入密码解锁,逐次累加 20 s。

(3)重新设置密码要先输入旧密码然后连续输入两次新密码,若旧密码输错系统会退出修改密码,并且输错密码次数加 1。

(4)在密码重置或输入时可进行重输、退出输入、退格等操作。

(5)系统具有掉电保护密码功能,这样可以防止拔掉电源后再次插上电后重新输入密码。

▶▶▶ 8.4.2　课题设计方案 ▶▶▶ ▶

1. 系统总体结构

根据课题的目的及要求确定系统的总体结构,如图 8-1 所示。系统通过矩阵键盘输入密码,通过显示模块显示输入和输出参数,通过掉电存储模块保存密码,通过蜂鸣器模块实现密码输错报警,通过继电器电路实现开锁功能等。

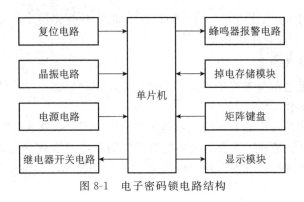

图 8-1　电子密码锁电路结构

2. 硬件设计

（1）单片机选型及最小系统设计

采用 STC89C52 单片机作为主控芯片。STC89C52 是宏晶公司的产品,它是采用 CMOS 工艺的 8 位微控制器。该微控制器片内自带有 8 KB Flash 和 2 KB EEPROM。STC89C52 是一款增强型 51 单片机,其汇编指令以及引脚和经典的 51 系列完全兼容。STC89C52 单片机具有开发简单、可在线编程下载、成本低的优点,是非常不错的选择。最小系统采用 12 M 的石英晶振 Y1。和晶振并联的两个电容 C_2 和 C_3 的大小对振荡频率有微小影响,可以起到频率微调作用。复位电路由复位按键、R_1 和 C_1 组成,具有上电自动复位和开关复位功能。

（2）掉电保护存储器的选择及电路设计

掉电保护存储器采用数据存储芯片 AT24C02。AT24C02 是一个 2 KB 位串行 CMOS E2PROM,内部含有 256 个 8 位字节。先进的 CMOS 技术实质上减少了器件的功耗。AT24C02 有一个 16 字节页写缓冲器。该器件通过 I2C 总线接口进行操作,有专门的写保护功能。AT24C02 时钟芯片引脚功能描述见表 8-1。AT24C02 的存储容量为 2 KB,内容分成 32 页,每页 8 B,共 256 B,操作时有两种寻址方式:芯片寻址和片内子地址寻址。

在本设计中只用到一个 AT24C02 芯片,所以直接将 A0、A1、A2 三个引脚都连接到 GND,而 WP 写保护引脚通用接到 GND 上,这样方便读/写操作,而 SDA 和 SCL 分别接到单片机的 P3.0 和 P3.1 引脚上,具体的电路图如图 8-2 所示。

表 8-1　AT24C02 引脚及功能

引脚	名称	功能
1~3	A0、A1、A2	当这些脚悬空时默认值为 0。当使用 AT24C02 时最多可级联 8 个器件。如果只有一个 AT24C02 被总线寻址,这三个地址输入脚(A0、A1、A2)可悬空或连接到 GND;如果只有一个 AT24C02 被总线寻址,这三个地址输入脚(A0、A1、A2)必须连接到 GND
4	GND	接电源地
5	SDA	双向串行数据/地址管脚,用于器件所有数据的发送或接收,SDA 是一个开漏输出管脚,可与其他开漏输出或集电极开路输出进行线或(wire-or)
6	SCL	串行时钟输入管脚,用于产生器件所有数据发送或接收的时钟,是一个输入管脚
7	WP	如果 WP 管脚连接到 VCC,则所有的内容都被写保护,只能读。当 WP 管脚连接到 GND 或悬空时,允许器件进行正常的读/写操作
8	VCC	接+1.8~6.0 V 电源

（3）显示器的选择和电路设计

采用 LCD1602 液晶显示屏。LCD1602 可以同时显示出 16×2 即 32 个字符,可包括数字、字母、符号或者自定义字符。LCD1602 液晶显示器中的每一个字符都由 5×7 的点阵组成。LCD1602 采用并行数据传输,也可以采用串行数据传输,控制简单。LCD1602 一共具有 11 条指令,单片机发送这些指令到 LCD1602 上就可以完成一些特定的功能,比如清屏、开关显示等。LCD1602 自己带有字库,在显示的时候可以直接调用字库进行显示,当然字库中没有的字符也可以根据需要自定义字符写入 CGROM 中。控制 LCD1602 液晶显示器只要会对 LCD1602 进行读状态操作、写指令操作、读数据操作、写数据操作即可。具体的操作对应的引脚电平如表 8-2 所示。

表 8-2 LCD1602 操作指令对应的引脚电平

	读状态	写指令	读数据	写数据
输入	RS=L, R/W=H, E=H	RS=L, R/W=L, D0~D7=指令码, E=高脉冲	RS=H, R/W=H, E=H	RS=H, R/W=L, D0~D7=数据, E=高脉冲
输出	D0~D7=状态	无	D0~D7=数据	无

表 8-2 中 E 为使能端;RS 为寄存器选择,当 RS=H 时表示选择数据寄存器,RS=L 时选择指令寄存器;R/W 为信号线,R/W=H 时执行读操作,R/W=L 时执行写操作。LCD1602 与单片机的连接电路如图 8-2 所示。

（4）矩阵键盘的设计

为了减少单片机的 I/O 口占用,通常将按键排列成矩阵形式,这就是矩阵键盘。在矩阵键盘中,每条水平线和垂直线在交叉处不直接连通,而是通过一个按键加以连接,这样,一个端口（如 P2 口）就可以构成 4×4=16 个按键,如图 8-2 所示。4×4 矩阵键盘的 16 个按键对应的功能如表 8-3 所示。

表 8-3 矩阵键盘对应功能表

0	1	2	重新输入
3	4	5	输入密码
6	7	8	退出输入
9	清除输入	退格	确定

蜂鸣器电路和继电器驱动电路如图 8-2 所示。

3. 软件设计

本设计程序采用 Keil μVision5 进行 C 语言编程实现。Keil C51 是美国 Keil Software 公司出品的 51 系列兼容单片机 C 语言软件开发系统。与汇编相比,C 语言在功能上、结构性、可读性、可维护性上有明显的优势,因而易学易用。Keil 提供了包括 C 编译器、宏汇编、连接器、库管理和一个功能强大的仿真调试器等在内的完整开发方案,通过一个集成开发环境（μVision）将这些部分组合在一起。运行 Keil 软件可以用 Windows 10 等操作系统。

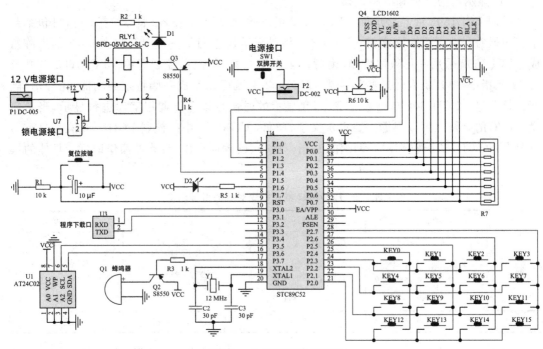

图 8-2　电子密码锁电路图

4. 主函数的设计

void main()主函数是程序的入口函数,用于实现系统的初始化,巡检和处理键盘信息等,具体流程如图 8-3 所示。

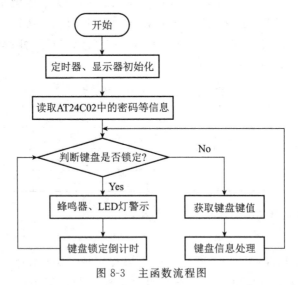

图 8-3　主函数流程图

5. 键值检测函数的设计

具体的矩阵键盘在程序上的检测方法如下:

先将键盘中的全部行线 P2.0～P2.3 置 0,然后检测列线 P2.5～P2.7 中是否出现低电平,如果有一列出现低电平,就证明那一列中的四个按键有一个是被按下的。若列线中都没有出现低电平,则没有按键按下。

在确定有按键被按下后进一步确定具体哪一个键被按下。方法是依次将 4 个行线 P2.0～P2.3 置 0,然后确认在某一根行线为低电平时如果在第一步中得出的列为低电平就能够判断该行线与第一步得出的列线相交的按键就是所按下的那个按键。矩阵键盘检测函数流程如图 8-4 所示。

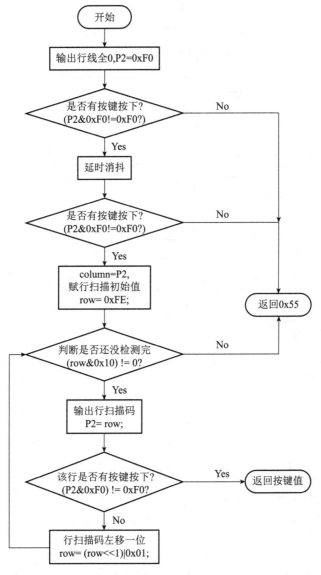

图 8-4 键值检测函数流程图

6. LCD1602 驱动函数的设计

首先将需要显示的地址通过命令写入 LCD1602,然后将数据按顺序写入即可。在写入地址后显示地址会自动加 1。

函数 lcd_write_character(uchar x,uchar y,uchar *str)参数为 x,y,*str,其中 x,y 是在液晶显示屏上的位置坐标,*str 是需要显示的字符数组。软件根据输入需要计算出地址。LCD1602 驱动函数流程如图 8-5 所示，x 代表列偏移量，y 代表行偏移量。

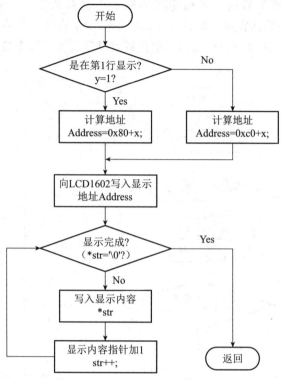

图 8-5　LCD1602 驱动函数流程图

7. 电子密码锁程序

电子密码锁程序代码分为 5 个文件：主程序文件、LCD1602 头文件、键盘头文件、AT24C02 头文件、中断头文件。

```
/ ************************************************************
                         密码锁主程序文件
  ********************************************************** /
# include<reg52. h>                        //头文件
# include<INTERRUPT. h>
# include<LCD1602. h>
# include<AT24C02. h>
# include<KEY. h>


# define uchar unsigned char               //宏定义
# define uint unsigned int
# define ulong unsigned long
/ ******************** 变量定义 ********************** /
uchar key_value;                           //按键值
uchar password_digits;                     //密码位数
uchar new_digits;                          //输入的新密码位数(6～8 位)
bit enter_f;                               //输入密码的标志
```

```
bit reset_f;                                          //重设密码的标志
uchar error_num;                                      //密码错误的次数
uchar reset_num;                                      //修改密码输入次数
uchar lock_time;                                      //记录密码被锁的时间
uchar lock_num;                                       //记录密码被锁的次数
ulong low_password;                                   //解锁密码
uchar password_length;                                //存储密码长度
ulong in_password;                                    //暂存输入的密码
ulong new_password;                                   //暂存输入的新密码
uchar code newpassword[] = "New password：   ";       //新密码
uchar code newpassword2[] = "Confirm Password";       //重新再输一遍
uchar code oldpassword[] = "The old password";        //旧密码
uchar code failed[] = "Setup failed! ";               //重设密码失败
uchar code start[] = " Welcome to use ";              //欢迎使用
uchar code start2[] = "coded lock";                   //密码锁
uchar code Remove_countdown[] = "Remove countdown";   //解除密码锁倒计时
uchar code error[] = "Password Error! ";              //密码错误
uchar code Unlock_success[] = "Unlock success! ";     //解锁成功
uchar code password_lock[] = "Password locked";       //密码已锁
uchar code reset[] = "Reset success";                 //重设密码成功
uchar code Enter_password[] = "Enter password：";      //请输入密码
ulong code power[] = {1,10,100,1000,10000,100000,1000000,10000000,100000000};


/ ******************************************************
函数名称：void display_password()
函数作用：显示输入的数字键信息
参数说明：password_digits 为已输入的密码位数
 ****************************************************** /
void display_password()
{
    uchar i;
    for(i = 0;i<password_digits;i + + )
    {
        if(enter_f = = 1||(reset_f = = 1&&reset_num = = 1))
            LCD_disp_char((16 − password_digits)/2 + i,2,'*');
        else
            LCD_disp_char((16 − password_digits)/2 + i,2,\
            in_password% power[password_digits − i]/ power[password_digits − 1 − i] + 0x30);
    }
}
/ ******************************************************
函数名称：void bibi(uchar i)
函数作用：LED、蜂鸣器鸣叫
```

参数说明:i 为报警次数

```
*************************************************** /
void bibi(uchar k)
{
    uchar i;
    for(j = 0;i<k;i + +);              //循环 k 次,LED、蜂鸣器鸣叫几次
    {
        led = 0;
        bi = 1;
        delay_n40us(10000);
        bi = 0;
        led = 1;
        delay_n40us(10000);
    }
    led = 1;
    bi = 1;                            //响完关闭蜂鸣器、LED 灯
}
/ *************************************************************
函数名称:void key_processing()
函数作用:对按下的按键进行处理
参数说明:
 *************************************************** /
void key_processing()
{
    if(key_down = = 1&&TR0 = = 0)    //先判断是否有按键按下,并且键盘没有锁定
    {
        if(key_value<10 && password_digits<8 &&(enter_f = = 1 ‖ reset_f = = 1))
        //如果输入密码,并且按下数字键,位数未达到最大 8 位
        {
            in_password = in_password * 10 + key_value;       //记录输入的密码
            password_digits + + ;                             //输入的密码个数加 1
            display_password();                               //显示输入的情况
        }
        if(key_value = = 10&&reset_f = = 0&&electric_relay = = 1) //输入密码
        {
            enter_f = 1;                                      //标记进入密码解锁
            if(password_digits = = 0)
            {
                LCD_write_command(0x01);                      //清除显示 LCD1602
                delay_n40us(100);
            }
            lcd_write_character(0,1,Enter_password);          //显示输入密码
        }
```

```
        if(key_value = = 11)                                    //取消输入,关闭门锁
        {
            init_f = 1;                                         //恢复初始界面
        }
        if(key_value = = 12 && enter_f = = 0 && reset_f = = 0)  //重设密码
        {
            reset_f = 1;                                        //标记进入修改密码
            reset_num = 1;          //标记当前处于第 1 阶段:输入旧密码
            password_digits = 0;                               //输入的密码位数清 0
            in_password = 0;                                   //输入的密码清 0
            LCD_write_command(0x01);                           //清除显示 LCD1602
            delay_n40us(100);
            lcd_write_character(0,1,oldpassword);              //显示输入旧密码
        }
        if(key_value = = 13 && (enter_f = = 1 || reset_f = = 1))  //清除输入
        {
            LCD_write_command(0x01);                           //清除显示 LCD1602
            delay_n40us(100);
            password_digits = 0;                               //输入的密码位数清 0
            in_password = 0;                                   //输入的密码清 0
            if(enter_f = = 1)                                  //在输入密码状态
                lcd_write_character(0,1,Enter_password);       //显示输入密码
            if(reset_f = = 1)                                  //在重设密码状态
            {
                if(reset_num = = 1)
                    lcd_write_character(0,1,oldpassword);      //显示输入旧密码
                else
                    if(reset_num = = 2)
                        lcd_write_character(0,1,newpassword);  //显示输入新密码
                    else
                        lcd_write_character(0,1,newpassword2); //显示再次输入新密码
            }
        }
if(key_value = = 14 && (enter_f = = 1 || reset_f = = 1))        //退格
{
    if(password_digits!  = 0)                                  //输入密码个数减 1
        password_digits - - ;
        in_password = in_password/10;
        lcd_write_character(0,2," ");
        display_password();                                    //显示输入的情况
}
if(key_value = = 15 && password_digits> = 6)                    //密码确定
{
```

```
        LCD_write_command(0x01);                              //清除显示 LCD1602
        delay_n40us(100);
        if(reset_f = = 1)                                     //当前处于修改密码状态
        {
            if(reset_num = = 3)                               //再次输入新密码状态
            {
                if(in_password = = new_password&&password_digits = = new_digits)
                            //两次输入的新密码一致,匹配正确
                {
                    reset_num = 0;                            //清除修改密码标志
                    reset_f = 0;
                    low_password = in_password;               //重新记录密码
                    password_length = password_digits;        //重新记录密码位数
                    AT24C_write_data(0,low_password/1000000);
                    //分四部分存储密码
                    AT24C_write_data(1,low_password % 1000000/10000);
                    AT24C_write_data(2,low_password % 10000/100);
                    AT24C_write_data(3,low_password % 100);
                    AT24C_write_data(4,password_length);      //存储密码位数
                    lcd_write_character(0,1,reset);           //显示密码修改成功
                    error_num = 0;
                    AT24C_write_data(6,error_num);            //将错误次数存入 AT24C02
                    lock_num = 0;
                    AT24C_write_data(8,lock_num);             //清除锁定次数
                }
                else                                          //旧密码匹配失败
                {
                    lcd_write_character(0,1,failed);          //显示密码修改失败
                    bibi(1);                                  //进入报警
                    reset_f = 0;
                }
            }
            if(reset_num = = 2)                               //输入新密码状态
            {
                reset_num = 3;                                //进入再次输入新密码阶段
                new_password = in_password;                   //记录输入的新密码
                new_digits = password_digits;                 //记录输入的新密码位数
                lcd_write_character(0,1,newpassword2);        //显示输入新密码
            }
            if(reset_num = = 1)                               //输入密码状态
            {
                if(in_password = = low_password&&password_digits == password_length)
                                                              //旧密码匹配正确
                {
```

```
                reset_num = 2;                              //进入输入新密码阶段
                lcd_write_character(0,1,newpassword);        //显示输入新密码
            }
            else                                            //旧密码匹配失败
            {
                reset_f = 0;                                //结束重置密码
                lcd_write_character(0,1,error);             //显示密码错误
                bibi(3);                                    //进入报警
            }
        }
    }
    else                                                    //解锁区间
    {
        if(in_password = = low_password&&password_digits = = password_length)
                                                            //密码匹配正确
        {
            lcd_write_character(0,1,Unlock_success);         //显示解锁成功
            error_num = 0;
            AT24C_write_data(6,error_num);                  //将错误次数存入 AT24C02
            lock_num = 0;
            AT24C_write_data(8,lock_num);                   //清除锁定次数
            electric_relay = 0;                             //吸合继电器表示打开门
        }
        else                                                //密码匹配错误
        {
            error_num + + ;
            AT24C_write_data(6,error_num);                  //将错误次数存入 AT24C02
            if(error_num = = 4)                             //判断错误次数是否等于 4 次
                lcd_write_character(0,1,password_lock);      //显示密码锁定
            else
                lcd_write_character(0,1,error);              //显示密码错误
                bibi(error_num);
            //输错几次蜂鸣器响几次、LED 亮几次以提示用户
            if(error_num = = 4)                             //如果连续错误次数等于 4 次
            {
                lock_time = 0;                              //开启锁定计时
                TR0 = 1;                                    //开始定时器0,进入锁定倒计时
                if(lock_num<9)                              //最大锁定时间 9×20 秒
                    lock_num + + ;                          //密码被锁次数加 1(最大值:9)
                AT24C_write_data(7,lock_num);
                                                            //锁定时间写入 AT24C02 保存起来
                lcd_write_character(0,1,Remove_countdown);
```

```
                                          //显示解除密码锁定倒计时
                }
            }
            enter_f = 0;                  //清除输入标志
        }
        password_digits = 0;              //清除输入密码位数
        in_password = 0;                  //清除输入密码
    }
    T1_num = 0;
    TR1 = 1;                              //开启定时器,15 秒自动退出初始界面
    key_down = 0;                         //清除按键标志
    }
}
/ ***********************************************************
函数名称:void main()
函数作用:主函数
************************************************************ /
void main()
{
    electric_relay = 1;                       //继电器断开,表示门关着
    LCD_init();                               //初始化 LCD1602
    T0_init();                                //定时器初始化
    low_password = AT24C_read_data(0);        //开机读取密码
    low_password = low_password * 100 + AT24C_read_data(1);
    low_password = low_password * 100 + AT24C_read_data(2);
    low_password = low_password * 100 + AT24C_read_data(3);
    password_length = AT24C_read_data(4);     //开机读取密码位数
    error_num = AT24C_read_data(6);           //开机读取密码错误次数
    lock_time = AT24C_read_data(7);           //读取密码是否被锁,倒计时剩余时间
    lock_num = AT24C_read_data(8);            //读取密码锁定次数
    if(error_num> = 4)                        //历史连续输错三次密码,显示密码键盘已锁
    {
        TR0 = 1;                              //开启定时器 0
        lcd_write_character(0,1,Remove_countdown);  //显示解除锁定倒计时
    }
    else                                      //否则键盘没有锁定
    {
        lcd_write_character(0,1,start);       //显示初始界面
        lcd_write_character(0,2,start2);
    }
    while(1)
    {
        if(TR0 = = 0)                         //如果键盘没有锁定
```

```
    {
        key_value = key_scan();              //矩阵键盘检测
        key_processing();                    //矩阵键盘处理
    }
    else                                     //键盘锁定时间
    {
        AT24C_write_data(7,lock_time);       //将解锁时间存入 AT24C02
        LCD_disp_char(6,2,ASCII[(20 * lock_num - lock_time)/100]);
                                             //显示解除键盘锁定倒计时时间
        LCD_disp_char(7,2,ASCII[(20 * lock_num - lock_time) % 100/10]);
        LCD_disp_char(8,2,ASCII[(20 * lock_num - lock_time) % 10]);
        LCD_disp_char(9,2,'S');
        if(lock_time = = 20 * lock_num)      //解锁时间到
        {
            init_f = 1;                      //锁定时间结束,标记需要恢复初始界面
            error_num = 0;                   //重置连续错误次数
            AT24C_write_data(6,error_num);   //将错误次数存入 AT24C02
        }
    }
    if(init_f = = 1)                         //如果需要则恢复初始界面
    {
        init_f = 0;                          //重置初始界面标志
        bi = 1;                              //关闭声光报警
        led = 1;
        T0_num = 0;
        TR0 = 0;                             //关闭定时器 0
        T1_num = 0;
        TR1 = 0;                             //关闭定时器 1
        password_digits = 0;                 //重置输入的密码位数
        in_password = 0;                     //重置输入的密码
        new_digits = 0;                      //重置新密码输入的位数
        enter_f = 0;                         //重置解锁标志
        reset_f = 0;                         //重置修改密码标志
        reset_num = 0;                       //重置修改密码阶段标志
        electric_relay = 1;                  //关闭继电器门锁
        lcd_write_character(0,1,start);      //显示初始界面
        lcd_write_character(0,2,start2);
    }
    }
}
/ *************************************************************
                        LCD1602 头文件
************************************************************* /
```

```
#ifndef _LCD1602_H_
#define _LCD1602_H_
#include<reg52.h>
#define uchar unsigned char
#define uint unsigned int
/***************** LCD1602 引脚定义 *******************/
#define LCD_DB P0                                    //数据口 D0~D7
sbit LCD_RS = P1^2;                                  //数据/命令选择引脚
sbit LCD_RW = P1^1;                                  //读/写选择引脚
sbit LCD_E  = P1^0;                                  //使能信号引脚
/***************** LCD1602 函数声明 *******************/
void LCD_init(void);                                 //初始化函数
void LCD_write_command(uchar command);               //写指令函数
void LCD_write_data(uchar dat);                      //写数据函数
void LCD_disp_char(uchar x,uchar y,uchar dat);       //显示一个字符
void lcd_write_character(uchar x,uchar y,uchar * s); //显示一个字符串
void delay_n40us(uint n);                            //延时函数
uchar code ASCII[] = {'0','1','2','3','4','5','6','7','8','9','*'}; //LCD1602 显示的字符数组
/**************************************************************
函数名称:void LCD_init(void)
函数作用:LCD1602 初始化函数
  ********************************************************** /
void LCD_init(void)
{
    LCD_write_command(0x38);                         //设置 8 位格式,2 行,5×7
    LCD_write_command(0x38);                         //设置 8 位格式,2 行,5×7
    LCD_write_command(0x38);                         //设置 8 位格式,2 行,5×7
    LCD_write_command(0x0c);                         //整体显示,关光标,不闪烁
    LCD_write_command(0x06);                         //设定输入方式,增量不移位
    LCD_write_command(0x01);                         //清除屏幕显示
    delay_n40us(100);                                //完成清屏指令
}


/**************************************************************
函数名称:void LCD_write_command(uchar dat)
函数作用:LCD1602 写命令
参数说明:dat 为指令,参考数据手册
  ********************************************************** /
void LCD_write_command(uchar dat)
{
    LCD_RS = 0;                                      //指令
    LCD_RW = 0;                                      //写入
    LCD_DB = dat;
```

```
    delay_n40us(3);
    LCD_E = 1;                                          //允许
    delay_n40us(13);
    LCD_E = 0;
}
/ * * * * * * * * * * * * * * * * * * * * * * * * * * * * * * * * * * * * * * * * * * * * * * * * *
函数名称:void LCD_write_data(uchar dat)
函数作用:LCD1602 写数据
 * * * * * * * * * * * * * * * * * * * * * * * * * * * * * * * * * * * * * * * * * * * * * * * * * /
void LCD_write_data(uchar dat)
{
    LCD_RS = 1;                                          //数据
    LCD_RW = 0;                                          //写入
    LCD_DB = dat;
    delay_n40us(3);
    LCD_E = 1;                                          //允许
    delay_n40us(13);
    LCD_E = 0;
}
/ * * * * * * * * * * * * * * * * * * * * * * * * * * * * * * * * * * * * * * * * * * * * * * * * *
函数名称:void LCD_disp_char(uchar x,uchar y,uchar dat)
函数作用:LCD1602 显示一个字符
参数说明:在横坐标 x(0~15),纵坐标 y(1~2)显示一个字符 dat
 * * * * * * * * * * * * * * * * * * * * * * * * * * * * * * * * * * * * * * * * * * * * * * * * * /
void LCD_disp_char(uchar x,uchar y,uchar dat)
{
    uchar add;
    if(y = = 1)                                         //在第 1 行显示
        add = 0x80 + x;
    else                                                //在第 2 行显示
        add = 0xc0 + x;
    LCD_write_command(add);                             //写入需要显示的地址
    LCD_write_data(dat);                                //写入需要显示的内容
}


/ * * * * * * * * * * * * * * * * * * * * * * * * * * * * * * * * * * * * * * * * * * * * * * * * *
函数名称:lcd_write_character(uchar x,uchar y,uchar * str)
函数作用:LCD1602 显示一个字符
参数说明:在横坐标 x(0~15),纵坐标 y(1~2)开始显示字符串 * str
 * * * * * * * * * * * * * * * * * * * * * * * * * * * * * * * * * * * * * * * * * * * * * * * * * /
void lcd_write_character(uchar x,uchar y,uchar * str)
{
    uchar add;                                          //根据显示位置(x,y)确定显示地址
```

```
        if(y = = 1)                              //在第 1 行显示
            add = 0x80 + x;
        else                                     //在第 2 行显示
            add = 0xc0 + x;
            LCD_write_command(add);              //写入需要显示的地址
            while ( * str! = '\0')               //写入需要显示的内容,直到字符串全部显示完成
            {
                LCD_write_data( * str + + );
            }
}
/ * * * * * * * * * * * * * * * * * * * * * * * * * * * * * * * * * * * * * * * * * * * *
函数名称:void delay_n40us(uint n)
函数作用:LCD1602 延时函数
 * * * * * * * * * * * * * * * * * * * * * * * * * * * * * * * * * * * * * * * * * * * * * /
void delay_n40us(uint n)
{
    uint i;
    uchar j;
    for(i = n;i>0;i - - )
        for(j = 0;j<2;j + + );
}
# end if
/ * * * * * * * * * * * * * * * * * * * * * * * * * * * * * * * * * * * * * * * * * * * * * * *
                            矩阵键盘头文件
 * * * * * * * * * * * * * * * * * * * * * * * * * * * * * * * * * * * * * * * * * * * * * * * /
# ifndef _KEY_H_
# define _KEY_H_
# include<reg52. h>
# define uchar unsigned char
# define uint unsigned int
# define Key P2
bit key_down;                                    //有按键按下标志
uchar decode (unsigned char key);                //解码函数,输入按键编码,返回按键位置
void key_delay();                                //延时函数
uchar key_scan(void);                            //按键查询函数,返回矩阵键盘位置
/ * * * * * * * * * * * * * * * * * * * * * * * * * * * * * * * * * * * * * * * * * * * * *
函数名称:uchar decode (unsigned char key)
函数作用:转换按键码为 1～16 的数字
参数说明:返回按下的按键位置
 * * * * * * * * * * * * * * * * * * * * * * * * * * * * * * * * * * * * * * * * * * * * /
uchar decode (unsigned char key)
{
    uchar m;
```

```
    switch(key)
    {
        case 0x18: m = 0; break;
        case 0x28: m = 1; break;
        case 0x48: m = 2; break;
        case 0x88: m = 12; break;
        case 0x11: m = 9; break;
        case 0x21: m = 13; break;
        case 0x41: m = 14; break;
        case 0x81: m = 15; break;
        case 0x12: m = 6; break;
        case 0x22: m = 7; break;
        case 0x42: m = 8; break;
        case 0x82: m = 11; break;
        case 0x14: m = 3; break;
        case 0x24: m = 4; break;
        case 0x44: m = 5; break;
        case 0x84: m = 10; break;
        default: break;
    }
    key_down = 1;
    return m;
}
/*********************************************************
函数名称:void key_delay()
函数作用:延时函数
*********************************************************/
void key_delay()                         //延时子程序
{
    unsigned char n, m;
    for (n = 120; n >0; n--)
    for (m = 250; m >0; m--);
}
/*********************************************************
函数名称:uchar key_scan(void)
函数作用:进行按键扫描
参数说明:返回按键值＝0x55 时表示没有按键按下
*********************************************************/
uchar key_scan(void)   //按键扫描程序,P2.0～P2.3 为行线,P2.4～P2.7 为列线
{
    unsigned char row,column;
    Key = 0xF0;
    if((Key&0xF0) != 0xF0)
```

```
        {
            key_delay();
            if((Key&0xF0)! = 0xF0)
            {
                row = 0xFE;
                while((row&0x10) ! = 0)
                {
                    Key = row;
                    if((Key&0xF0) ! = 0xF0)          //本行有键按下
                    {
                        column = (Key&0xF0)|0x0F;
                        do{;}
                        while((Key&0xF0)! = 0xF0);     //返回键编码
                        return decode((~row) + (~column));
                    }
                    else
                        row = (row<<1)|0x01;
        }}}
        return 0x55;                                  //无键按下,返回值为 0x55
}
# end if




/ * * * * * * * * * * * * * * * * * * * * * * * * * * * * * * * * * * * * * * * * * * * * * * * * * * *
                                AT24C02 头文件
* * * * * * * * * * * * * * * * * * * * * * * * * * * * * * * * * * * * * * * * * * * * * * * * * * * * * /
# ifndef _AT24C02_H_
# define _AT24C02_H_
# include<reg52. h>
# include< intrins. h>
# define uchar unsigned char
# define uint unsigned int
sbit sda = P3^6;
sbit scl = P3^5;
void AT24C_delay(uint n);
void AT24C_start();
void AT24C_stop();
void AT24C_respons();
void AT24C_write(uchar data);
uchar AT24C_read();
void   AT24C_write_data(uchar address,uchar data);
uchar AT24C_read_data(uchar address);
/ * * * * * * * * * * * * * * * * * * * * * * * * * * * * * * * * * * * * * * * * * * * * * * * * *
函数名称:void AT24C_delay(uint n)
```

函数作用:AT24C02 延时函数

参数说明:延时 40 * n 微秒

/ * /

```
void AT24C_delay(uint n)
{
    uint i;
    uchar j;
    for(i = n;i>0;i- -)
    for(j = 0;j<2;j+ +);
}
```

/ *

函数名称:void AT24C_start()

函数作用:AT24C02 开始信号

参数说明:

/ * /

```
void AT24C_start()
{
    sda = 1;_nop_();_nop_();scl = 1;_nop_();_nop_();_nop_();_nop_();sda = 0;_nop_();_nop_();
}
```

/ *

函数名称:void AT24C_stop()

函数作用:AT24C02 停止信号

/ * /

```
void AT24C_stop()
{
    sda = 0;_nop_();_nop_();scl = 1;_nop_();_nop_();_nop_();_nop_();sda = 1;_nop_();_nop_();
}
```

/ *

函数名称:void AT24C_respons()

函数作用:AT24C02 应答信号

/ * /

```
void AT24C_respons()
{
    uchar i;scl = 1;_nop_();_nop_();
    while((sda = 1)&&(i<250))
        i+ +;
    scl = 0;_nop_();_nop_();
}
```

/ *

函数名称:void AT24C_write(uchar data)

```
    函数作用:AT24C02 写一个字节数据
    ************************************************************* /
    void AT24C_write(uchar data)
    {
        uchar i;scl = 0;
        for(i = 0;i<8;i + +)
        {
            sda = (bit)(data&0x80);
            _nop_(); scl = 1;_nop_();_nop_();scl = 0;
            data<< = 1;
        }
    }
    / *************************************************************
    函数名称:uchar AT24C_read()
    函数作用:AT24C02 读一个字节数据
    ************************************************************* /
    uchar AT24C_read()
    {
        uchar i,k;
        for(i = 0;i<8;i + +)
        {
            scl = 1;
            k = (k<<1)|sda;
            scl = 0;
        }
        return k;
    }
    / *************************************************************
    函数名称:void AT24C_write_data(uchar address,uchar data)
    函数作用:AT24C02 写数据
    参数说明:将数据 data 写入 address 地址
    ************************************************************* /
    void AT24C_write_data(uchar address,uchar data)
    {
        AT24C_start();
        AT24C_write(0xa0);
        AT24C_respons();
        AT24C_write(address);
        AT24C_respons();
        AT24C_write(data);
        AT24C_respons();
        AT24C_stop();
        AT24C_delay(150);
```

```
/ ***********************************************************
函数名称:uchar AT24C_read_data(uchar address)
函数作用:AT24C02 读数据
参数说明:向 address 地址里读出一个数据,并返回
  *********************************************************** /
uchar AT24C_read_data(uchar address)
{
    uchar data;
    AT24C_start();
    AT24C_write(0xa0);
    AT24C_respons();
    AT24C_write(address);
    AT24C_respons();
    AT24C_start();
    AT24C_write(0xa1);
    AT24C_respons();
    data = AT24C_read();
    AT24C_stop();
    AT24C_delay(150);
    return data;
}
#end if
/ ************************************************************
                 单片机中断头文件
  ************************************************************ /
#ifndef _INTERRUPT_H_
#define _INTERRUPT_H_
#include<reg52. h>
#define uchar unsigned char
#define uint unsigned int
sbit led = P1^6;
sbit bi = P3^7;
sbit electric_relay = P1^4;
uchar T0_num,T1_num;
extern uchar lock_time;
bit init_f = 0;
/ *******************************************************
函数名称:void T0_init()
函数作用:定时器 0 初始化函数
  ******************************************************* /
void T0_init()
{
```

```
        EA = 1;
        ET0 = 1;
        TMOD = 0x11;
        TH0 = (65536 - 50000)/256;
        TL0 = (65536 - 50000) % 256;
        TR0 = 0;
        ET1 = 1;
        TH1 = (65536 - 50000)/256;
        TL1 = (65536 - 50000) % 256;
        TR1 = 0;
    }
```

```
/ * * * * * * * * * * * * * * * * * * * * * * * * * * * * * * * * * * * * * * * * * * * * * * * * * * * * * *
函数名称:void T1_interrupt(void) interrupt 3
函数作用:定时器 1 中断处理函数
参数说明:用于控制自动退出初始界面
  * * * * * * * * * * * * * * * * * * * * * * * * * * * * * * * * * * * * * * * * * * * * * * * * * * * * * * /
void T1_interrupt(void) interrupt 3
{
    TH1 = (65536 - 50000)/256;
    TL1 = (65536 - 50000) % 256;
    T1_num + + ;
    if(T1_num = = 300)
    {
        T1_num = 0;
        init_f = 1;
    }
}
/ * * * * * * * * * * * * * * * * * * * * * * * * * * * * * * * * * * * * * * * * * * * * * * * * * * * * * *
函数名称:void T0_interrupt(void) interrupt 1 using 0
函数作用:定时器 0 中断处理函数
参数说明:用于控制键盘锁定倒计时
  * * * * * * * * * * * * * * * * * * * * * * * * * * * * * * * * * * * * * * * * * * * * * * * * * * * * * * /
void T0_interrupt(void) interrupt 1 using 0
{
    TH0 = (65536 - 50000)/256;           //定时器 T0 的高 8 位重新赋初值
    TL0 = (65536 - 50000) % 256;         //定时器 T0 的低 8 位重新赋初值
    TR1 = 0;                             //关闭定时器,15 秒自动退出初始界面
    T0_num + + ;                         //计数次数 + 1
    if(T0_num = = 1 || T0_num = = 11)
    {
        bi = ~bi;
        led = ~led;
```

```
    }
    if(T0_num = = 20)                        //定时 20 * 50 ms
    {
        T0_num = 0;
        lock_time + + ;
    }
}
#end if
```

习题八

1. 简述单片机应用系统设计的基本要求。

2. 单片机应用系统的开发主要有哪些基本步骤?

3. 选择单片机的原则是什么?

4. 形成电磁干扰的基本要素有哪些?

5. 简述中位值平均滤波法的基本原理。

6. 某一矩阵式键盘与单片机的接口电路如下图所示,请使用 C 语言编写子函数 Matrix Key 程序,完成对第 1 列按键的识别。要求:未按下按键时,返回 0;按下按键,松手后,返回相对应的键值 1、5、9、13。部分程序已给出:

```
#include <regx52.h>
#include "Delay.h"
unsigned char MatrixKey()
```

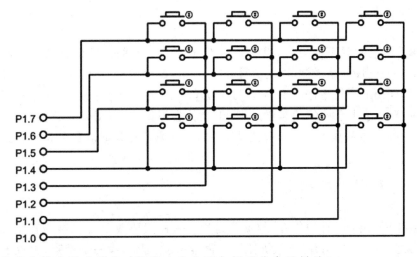

7. 要使单片机应用系统的功耗最小化主要包括哪些常用措施?

8. 综合设计:基于单片机的秒表设计。设计内容:(1)设计精度为 0.1 秒的秒表系统;(2)设置启动、停止、清 0 按钮;(3)设计蜂鸣器提醒功能;(4)秒表最长计时 9:59:59,超过这个长度蜂鸣器报警;(5)设计液晶或者数码管显示时间。

第9章
Keil μVision5 编译环境与 Proteus 仿真应用

 知 识 与 能 力 目 标

- 掌握 Keil μVision5 软件的基本操作方法、调试和应用技巧;
- 掌握 Proteus 仿真软件的基本硬件电路图的绘制方法,相关选项和快捷键的使用,及单片机智能系统模拟的基本使用方法。

 思 政 目 标

- 在软件的学习过程中,强调熟能生巧的重要性,锻炼学生的毅力,培养学生持之以恒的品质。
- 通过 Keil 和 Proteus 软件的学习,使学生具备国际视野,并提高学生的文化自信,增强民族自信心。

随着单片机技术的不断发展,以单片机 C 语言为主流的高级语言被广泛使用。使用 C51 肯定要使用到 Keil 编译器,以便把写好的 C 程序编译为机器码,这样单片机才能执行编写好的程序。Proteus 软件有从 8051 系列 8 位单片机直至 Stm 系列 32 位单片机的多种单片机类型库,有多达十余种的信号激励源,十余种虚拟仪器,可提供完整的软件调试功能。Keil 和 Proteus 软件构成了单片机智能系统设计与仿真的完整虚拟实验室。

 ## 9.1　Keil 软件概述

在微型计算机中,所有的指令、数据都是用二进制代码表示的机器语言(machine language)编写的,为方便使用者,克服机器语言很难识别、记忆、编写的缺点,出现了汇编语言和高级语言。与汇编语言相比较,高级语言是一种面向过程的语言,没有机器种类限制,且语言更接近英语和数学表达式,易于被用户所掌握,所以以单片机 C 语言为主流的高级语言在单片机系统和产品开发中被广泛应用。微型计算机无法识别高级语言,需要将其转换(翻译)为机器语言,转换工具称为编译器。Keil μVision5 是最常用的编译器软件之一,它支持许多著名 IC 制造厂商发布的 8051 内核单片机芯片。

Keil μVision5 是美国 ARM KEIL 公司发布的编译器软件,拥有 C 编译器、宏汇编、链接器、库管理、图形用户界面和一个功能强大的仿真调试器,并通过一个集成开发环境(integrated development environment,IDE)将这些部分有机组合在一起,可完成程序编写、分析、编译、调试、固化等功能。其中 Keil C51 是一种专门为 51 系列单片机设计的高效率 C 语言编译器,符合 ANSI 标准,同时还支持汇编语言程序设计。它的图形用户界面非常友好,易学易用,机器语言转换速度快,所需要的存储器空间小,在调试程序、软件仿真方面也有很强大的功能。运行 Keil 软件需要 Windows XP、Windows 8、Windows 10、Windows 11 等操作系统。

 ## 9.2　Keil C51 工程的创建

▶▶▶9.2.1　关于开发环境 ▶▶ ▶

1. Keil μVision5 编译器

鼠标左键双击 Keil μVision5 编译器,开启界面如图 9-1 所示。

图 9-1　开启界面

打开 μVision5 后的图形化用户界面如图 9-2 所示,在 μVision5 中可以同时打开、浏览多个工程源文件。

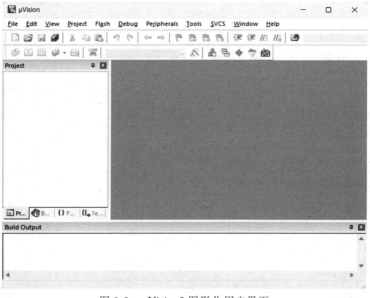

图 9-2　μVision5 图形化用户界面

2.菜单栏描述

Keil μVision5 编译器提供了丰富的菜单栏,包含 File、Edit、View、Project、Debug、Peripherals 等主要菜单项命令,下面的表格罗列出了主要菜单项命令的内容和它们的作用描述。

(1)菜单栏文件命令 File(表 9-1)

表 9-1　菜单栏文件命令 File

菜单	快捷键	作用描述
New…	Ctrl+N	新建一个文件
Open	Ctrl+G	打开一个文件
Close		关闭一个文件
Save	Ctrl+S	保存一个文件
Save as…	Ctrl+C	将文件另存为
Save All		保存所有文件和配置
Device Database…		芯片(驱动)数据库
License Management…		文件许可证管理
Print Setup…		打印配置
Print…	Ctrl+P	打印
Print Preview		打印预览

(2)菜单栏编辑命令 Edit(表 9-2)

表 9-2　菜单栏编辑器命令 Edit

菜单	快捷键	作用描述
Undo	Ctrl+Z	取消前次命令
Redo	Ctrl+Y	重复前次命令
Cut	Ctrl+X	剪切所选中命令
Copy	Ctrl+C	复制所选中命令
Paste	Ctrl+V	从剪切板粘贴命令
Navigate Backwards	Ctrl+−	页面向后导航
Navigate Forwards	Ctrl+Shift+−	页面向前导航
Insert/Remove Bookmark	Ctrl+F2	插入/移除书签
Go To Next Bookmark	F2	转向下一个书签
Go To Previous Bookmark	Shift+F2	转向前一个书签
Clear All Bookmarks	Ctrl+Shift+F2	清除书签
Find…	Ctrl+F2	查找特定的字符
Replace…	Ctrl+H	替换特定的字符
Find in Files…	Ctrl+Shift+F	在多个文件中查找特定的字符
Incremental Find	Ctrl+I	逐个增量查找文本

续表

菜单	快捷键	作用描述
Outlining		显示提纲概要
Advanced		高级功能
Configuration		页面配置功能

（3）菜单栏视图命令 View（表9-3）

表9-3　菜单栏视图命令 View

菜单	描述
Status Bar	状态栏
Toolbars	工具栏
Project Window	工程窗口
Books Window	书籍窗口
Functions Window	函数窗口
Templates Window	模板窗口
Source Browser Window	源代码浏览窗口
Build Output Window	编译信息输出窗口
Error List Window	错误列表窗口
Find in Files Window	搜索窗口

（4）菜单栏项目命令 Project（表9-4）

表9-4　菜单栏项目命令 Project

菜单	快捷键	描述
New μVision Project…		建立一个新工程
New Multi-Project Project Workspace…		建立一个新的工作空间
Open Project…		打开一个工程
Close Project…		关闭一个工程
Export		导出（工程）
Manage		管理（工程）
Select Device for Target		选择目标的驱动
Remove Item		移除一个项目
Options for Target	Alt＋F7	对工程项目进行配置
Clean Target		清除工程
Build Target	F7	编译工程
Rebuild All Target files		重新编译所有的工程文件
Batch Build		多工程编译
Batch Setup		多工程配置
Translate	Ctrl＋F7	编译当前文件
Stop Build		停止编译

（5）菜单栏 Flash 命令 Flash（表 9-5）

表 9-5　菜单栏 Flash 命令 Flash

菜单	快捷键	描述
Download	F8	下载代码
Erase		擦除芯片 Flash
Configure Flash Tools…		配置 Flash 工具

（6）菜单栏调试命令 Debug（表 9-6）

表 9-6　菜单栏调试命令 Debug

菜单	快捷键	描述
Start/Stop Debug Session	Ctrl＋F5	开始/停止调试模式
Energy Measurement Without Debug		能耗测试
Reset CPU		对 CPU 进行复位
Run	F5	运行代码
Stop		停止运行代码
Step	F11	单步调试（在函数内）
Step Over	F10	步进调试
Step Out	Ctrl＋F11	跳出调试
Run to Cursor Line	Ctrl＋F10	运行至光标处
Show Next Statement		显示正在执行的代码行
Breakpoint…	Ctrl＋B	查看工程中的所有断点
Insert/Remove Breakpoint	F9	插入/移除断点
Enable/Disable Breakpoint	Ctrl＋F9	使能/禁止断点
Disable All Breakpoints in Current Target		禁止所有断点
Kill All Breakpoints in Current Target	Ctrl＋Shift＋F9	取消所有断点
OS Support		系统支持
Execution Profiling		执行分析
Memory Map…		内存映射
Inline Assembly…		内联汇编
Function Editor(Open Ini File)…		功能编辑器

（7）菜单栏工具命令 Tool（表 9-7）

表 9-7　菜单栏工具命令 Tool

菜单	描述
Setup PC-Lint…	配置 PC-Lint 程序
Lint	PC-Lint 运行在当前编辑器文件
Lint All C/C++ Source Files	运行所有的 PC-Line C/C++源文件
Configure Merge Tool…	配置合并工具，以帮助迁移 RTE 软件
Customize Tools Menu…	自定义工具菜单

（8）菜单栏窗口命令 Window（表 9-8）

表 9-8　菜单栏窗口命令 Window

菜单	描述
Reset View to Defaults	重置默认窗口布局
Split	编辑器分割成两个水平或垂直窗口
Close All	关闭所有打开的编辑器

（9）菜单栏帮助命令 Help（表 9-9）

表 9-9　菜单栏帮助命令 Help

菜单	描述
μVision 5 Help	打开帮助文档
Open Books Window	打开帮助书籍
Simulated Peripherals for Object	关于外设仿真信息
Contact Suppor	联络支持
Check for Update	检查更新
About μVision	关于版本

9.2.2　μVision5 项目工程的创建步骤

具体创建步骤如下：

（1）双击鼠标左键，打开 Keil 软件，就可以进入软件的初始化界面，如图 9-3 所示。

图 9-3　初始化界面

（2）在菜单栏中单击 Project 选项，会弹出下拉式菜单，在菜单中选择 New μVision Project，如图 9-4 所示。单击选项后，屏幕中会弹出一个文件对话框，如图 9-5 所示。在文件对话框的文件名栏目输入 C51 工程项目名称,我们使用工程名"Project1"。然后单击保存,保存后的项目为"Project1",文件扩展名为 uvproj 或 uvprojx,以后就可以通过单击"Project1"来打开该工程项目。

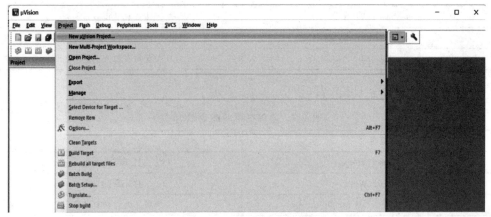

图 9-4　New μVision Project 下拉菜单

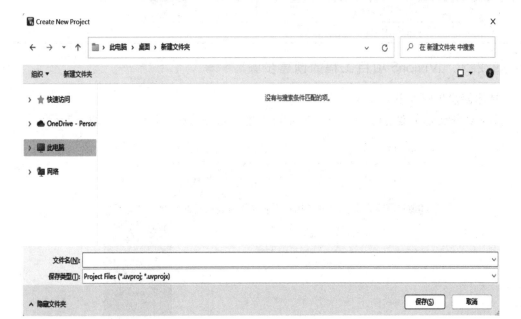

图 9-5　新建工程对话框

保存新建项目"Project1"后,Keil 软件会自动弹出选择"Device"的对话框,在对话框中依据工程需要选择单片机芯片。因 Atmel 公司生产的单片机曾在我国广泛使用,所以选择 Atmel 公司的 AT89C52 芯片。在对话框"Search"栏目中输入 AT89C52 进行搜索,然后单击"OK"确定。"Device"对话框如图 9-6 所示。在图 9-6 中可发现,选择单片机型号后,"Device"对话框会出现有关该型号单片机芯片的具体信息描述。在图 9-6 中单击"OK"确定后,Keil 软件会自动弹出如图 9-7 所示的启动项对话框,询问是否将启动项"ATARTUP. A51"添加到工程中,一般无需进行添加,所以这里选择"否",单击"否"后就完成了工程的新建。

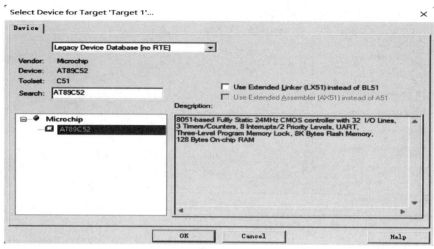

图 9-6　单片机芯片型号的选择

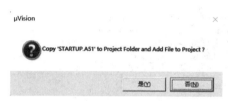

图 9-7　启动项询问对话框

（3）向工程添加 C 语言代码文件。单击鼠标左键选中 Source Group 1 选项，然后单击鼠标右键，出现如图 9-8 所示的对话框，选中栏目"Add New Item Group 'Source Group 1'"后，出现如图 9-9 所示的对话框，在该对话框中单击"C File（.c）"，表示创建一个 C 语言代码文件，并在 Name 栏目中输入自定义代码文件名称"main"。完成代码文件添加后，可发现在 Source Group 1 选项下出现了 main.c 文件，如图 9-10 所示，表示该文件已被成功添加，用户可在 main.c 文档中使用 C 语言进行代码编辑。

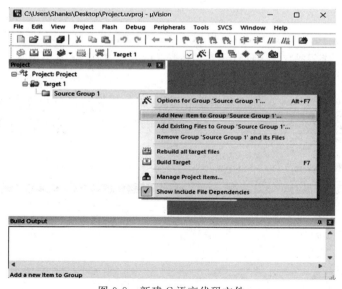

图 9-8　新建 C 语言代码文件

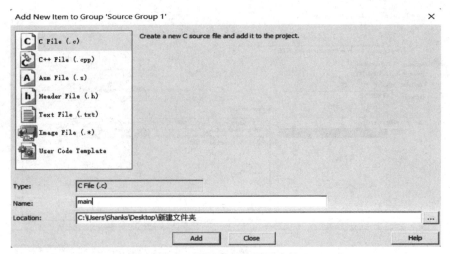

图 9-9 代码文件的配置选择

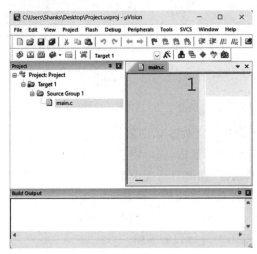

图 9-10 代码编辑文件显示

（4）C 语言代码编写完成后，就可以对工程进行编译，成功编译的结果如图 9-11 所示。从图 9-11 可发现，代码被工程编译后，在"Build Output"栏目框内会出现关键信息"0 Error(s)，0 Warning(s)"，表示 Keil 软件正确地将 C 语言代码转换为机器语言。编译成功后，即可生成 HEX 文件，将 HEX 文件下载到单片机中，单片机就会执行相对应的功能。

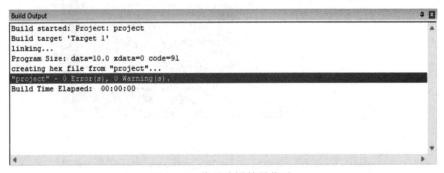

图 9-11 代码编译结果指示

▶▶▶ 9.2.3 工程配置 ▶▶▶

对于不同的工程需求,就会有不同的工程配置。在 Keil 软件的菜单栏中,使用鼠标左键单击 Project/Options for Target 选项,就会出现工程配置对话框,如图 9-12 所示。从图 9-12 可发现,在工程配置对话框中有 Device、Target、Output、Listing、User、C51、A51、BL51 Locate、BL51 Misc、Debug、Utilities 多个选项。在工程配置中,一般使用 Keil 软件默认配置,当有特殊情况需要进行不同配置时,进行相应的设置即可。

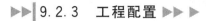

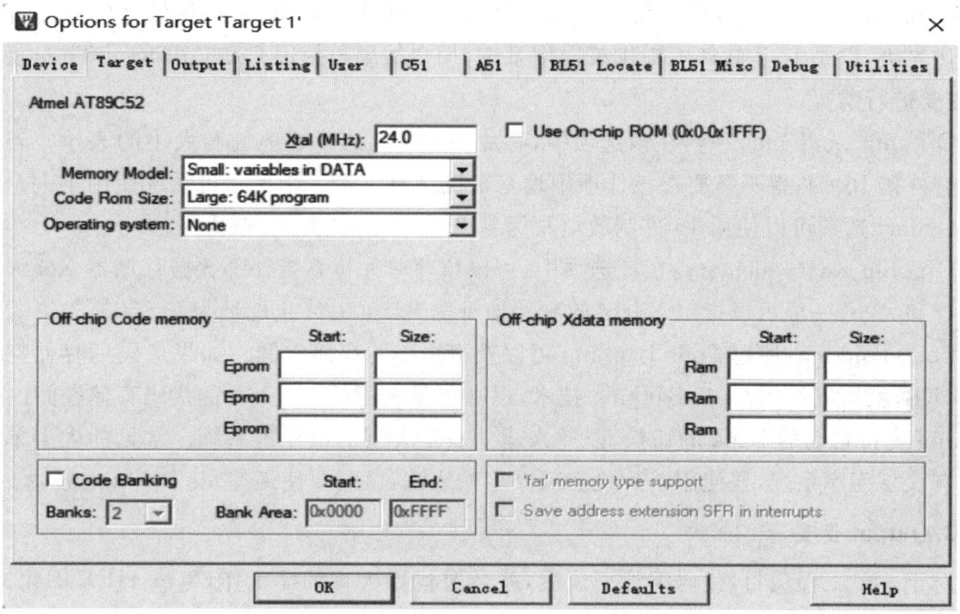

图 9-12 Project/Options for Target 工程配置对话框

1. Target 设置

Xtal(MHZ):设置单片机工作的频率,默认是 24.0 MHz。在一般情况下,51 系列单片机工作的频率是 12 MHz,所以该选项一般填写 12 MHz。

Use On-chip ROM(0x0~0x1FFF):设置是否使用单片机内部的 Flash ROM。若 51 系列单片机的内外选择编程电源 EA 接高电平,就需要选择该选项,表示使用单片机内部的 Flash ROM;若 EA 接低电平,不管单片机是否有内部 ROM,单片机都只会选择访问外部 ROM,该选项就不能被选择。

Memory Model:在该选项中,有三个下拉菜单,分别为:Small,variables in DATA; Compact,variables in PDATA;Large,variables in XDATA。Small 选项表示变量存储在内部 RAM 中;Compact 选项表示变量存储在外部 RAM 中,使用 8 位间接寻址方式;Large 选项表示变量存储在外部 RAM 中,使用 16 位间接寻址方式。

Code Rom Size:在该选项中,有三个下拉菜单,分别为:Small,program 2K or less; Compact,2K functions,64K program;Large,64K program。Small 选项表示单片机只有 2 KB 的代码存储空间,所以跳转地址只有 2 KB,若跳转地址超过 2 KB,超出代码存储空间,就会出错;Compact 选项表示子函数代码存储空间不超过 2 KB,完整工程项目代码存储空间不超过 64 KB;Large 选项表示子函数和完整工程项目存储空间不超过 64 KB,且选择该方式运行速度并不会比 Small 和 Compact 慢很多,所以一般情况下,会将 Code Rom Size 中的内容选择为 Large 模式。

Operating system:在该选项中,有三个下拉菜单,分别为 None、RTX-51Tiny、RTX-51 Full。None 选项表示不使用任何的操作系统,一般在 Operating system 选择中,会选择 None,即不需要使用操作系统;RTX-51Tiny 表示 Tiny 操作系统,Tiny 是一个多任务操作系统,可以使用定时器 0 做任务切换,但是任务切换时间较长,CPU 资源浪费大,极大占用内部 ROM 空间,所以一般情况下很少使用 Tiny 操作系统;RTX-51 Full 表示 C51 Full Real-Time 操作系统,该操作系统需要用户使用外部 RAM 资源,支持多任务的中断方式和任务优先级,但是 Keil 软件不提供该操作系统,用户如果要使用 C51 Full Real-Time 操作系统,需要进行购买。

Off-chip Code memory:在该选项中,有片外 ROM 的开始地址和大小的表示。若单片机没有外接 ROM,就不需要在该选项中填写数据信息。若一个单片机系统使用了一个片外 ROM,Start 选项可以使用 16 进制数填写为 0x8000,Size 为片外 ROM 的大小。

Off-chip Xdata memory:在该选项中,可以填写单片机系统外部数据存储器 Xdata 的起始地址和大小,一般可以指定 Xdata 的起始地址为 0x2000,终止地址为 0x8000。

Code Banking:使用 Code Banking 可以获得更多的存储空间。如果代码的存储空间超过 64 KB,就可以使用 Code Banking 技术,以获得最大不超过 2 MB 的代码存储空间。Code Banking 支持自动的 Bank 的切换,以此来建立一个大型的单片机系统。常见的大型单片机系统有汉字字库系统,要使用单片机实现汉字输入法,就需要使用 Code Banking 技术。

2. Output 设置

对于一个工程项目,代码编写完成后,就会对代码进行编译工作,生成 HEX 固化文件。在 Output 设置对话框内,可以对固化文件进行一系列的配置。Output 设置对话框如图 9-13 所示。

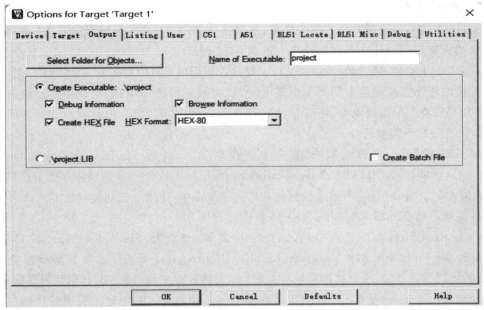

图 9-13　Output 设置对话框

Select Folder for Objects：该选项可以选择编译后生成的固化文件的存放位置，在默认状态下，固化文件存放在工程所在目录中的 Objects 文件夹中。

Name of Executable：该选项可以对生成的固化文件的名字进行设置，若不进行该选项操作，则名字与工程名相同。生成的目标文件的名字，缺省情况下和项目的名字一样。目标文件可以生成库或者 obj、HEX 的格式。

Create Executable：该选项中有 3 个信息，有 Debug Information、Browse Information 和 Create HEX File。选中 Debug Information 和 Browse Information 这两项，在进行代码调试时，Keil 会展示调试所需的信息。若不选中这 2 个信息，调试时将无法看到高级语言写的代码。

Create HEX File：该选项可以对是否要生成扩展名为 .hex 的固化文件进行设置，因该选项在软件默认状态为不选中，所以一定要选中该选项。若用户编译代码后没有在相对应的文件夹中找到 HEX 文件，一般的原因就是没有将该选项进行选中设置。

Create Batch File：该选项可以对是否要进行批量处理文件进行设置，选中该项时，若进行了重新编译，则会编译整个项目工程；没有选中该选项时，不会编译整个项目工程。

3. Listing 设置

如图 9-14 所示。

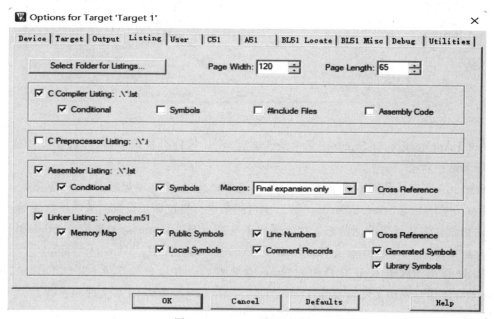

图 9-14　Listing 设置对话框

Keil C51 软件对工程进行编译后，除了生成固化文件之外，还会生成每个子函数和主函数的 *.lst 文件，同时还会生成工程的 *.m51 文件。通过 *.lst 和 *.m51 文件，用户可以知道代码中所用的 idata、data、bit、xdata、code、RAM、ROM、stack 等相关信息，及代码所需的空间大小。

Select Folder for Listings：该选项可以对工程编译中生成的列表文件存放位置进行设置。若用户不对该选项进行设置，在默认状态下，编译中生成的列表文件会被存放在项目工程所在目录的 Listing 文件夹中。

若用户选中 Assembler Code,则 Keil 软件会生成汇编语言的代码。对于用户而言,在某些特殊的情况下,会使用到汇编语言,通过 Assembler Code 选项,可以将源代码中的 C 语言生成汇编语言。汇编语言运行速度快,占用内存小,在工业控制领域中被广泛采用。

4. Debug 设置

如图 9-15 所示为 Debug 设置对话框。在 Debug 设置中有两类仿真方式来选择 Use Simulator 和 Use:Keil Monitor-51 Driver。Simulator 是纯软件仿真,Keil Monitor-51 Driver 是带有 Monitor-51 目标仿真器的仿真。

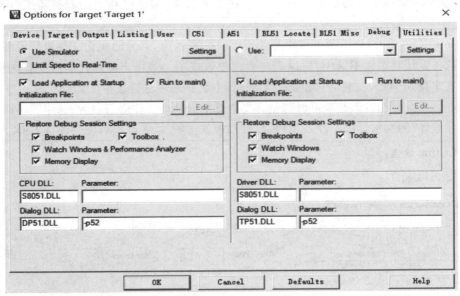

图 9-15　Debug 设置对话框

Load Application at Startup:选中该选项后,Keil 软件会自动装载代码,在默认状态下该选项为选中状态。

Run to main():使用 C 语言编辑代码后,选中该选项,会自动运行到 main 程序处。

Restore Debug Session Setting:该选项可用来进行复位调试设置。选中该选项后,进行复位动作就会恢复到之前的状态。在该选项下有断点 Breakpoints、工具箱 Toolbox 窗口和性能分析器 Watch Windows & Performance Analyzer、内存窗口 Memory Display。

DLL:该选项属于 Keil 自身的配置,不需要修改。在该选项下有:CPU/Driver DLL-Parameter,CPU/驱动文件和参数;Dialog DLL-Parameter,会话 DLL 文件和参数。

9.3　Keil C51 软件的调试

9.3.1　Keil 软件 Debug 的打开

进行软件 Debug 的第一步就是打开调试。首先打开一个已经编译成功的单片机系统项目,如图 9-16 所示,然后选择菜单栏 Debug 下面的 Start/Stop Debug Session 选项,通过该选项可以打开软件调试或者关闭软件调试。当打开软件调试后,就会出现相对应的调试窗口,如图 9-17 所示。

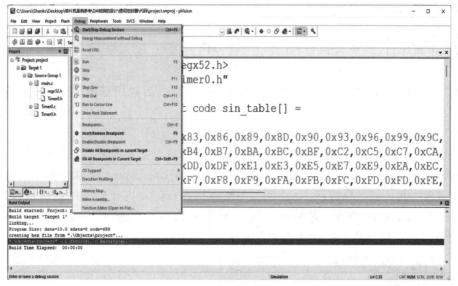

图 9-16 打开调试窗口

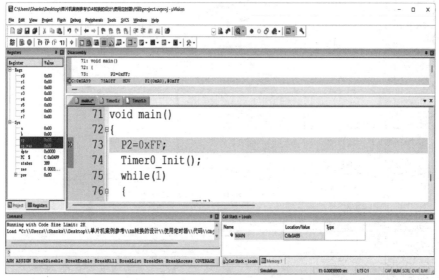

图 9-17 软件调试窗口

9.3.2 常用的调试按钮 ▶▶▶

在进行软件 Debug 中,常常会使用到多种调试按钮,常见的调试按钮如图 9-18 所示。

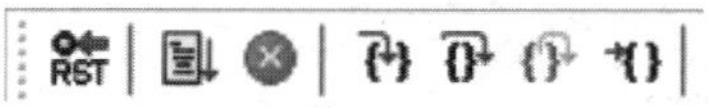

图 9-18 常见的调试按钮

第 1 个按钮:单片机的复位按钮,按下后,所有的单片机系统状态将变成初始状态。
第 2 个按钮:代码全速运行,或者直接运行到断点处,相当于单片机的通电执行。

第 3 个按钮：停止代码全速运行。

第 4 个按钮：代码单步执行，每单击一次，代码运行一步，若遇到函数，则进入函数执行。

第 5 个按钮：代码单行执行，每单击一次，代码运行一行，若遇到函数，则跳过函数执行。

第 6 个按钮：快速执行完当前函数中的剩下语句，然后跳出函数体，准备执行下一条语句。

第 7 个按钮：快速执行完代码至断点处。

在代码调试过程中，若想加入断点，只需要将光标放置在加入断点的代码所在行，然后单击鼠标右键，在弹出的对话框中选中 Insert/Remove Breakpoint 即可。弹出的对话框如图 9-19 所示。加入断点完成后，可发现加入断点所在行的左边处出现红色圆点，即表示成功加入断点，如图 9-20 所示。若想取消断点，采取相同的方法即可。有了断点这个实用功能，就可以监控执行到某代码处时系统的状态。

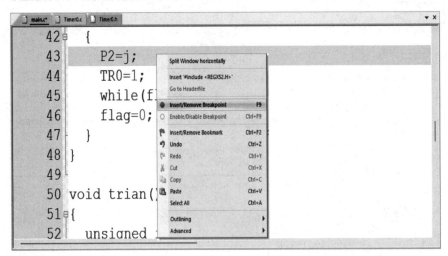

图 9-19　调试程序设置断点

图 9-20　设置断点结果

▶▶▶ 9.3.3 调试中的反汇编功能 ▶▶▶

当打开软件调试功能后,可发现软件调试窗口会出现 Disassembly 窗口,即反汇编窗口。反汇编窗口 Disassembly 用于显示编译器转换源代码产生的汇编语言。用户可以在软件调试窗口中,通过选择 View→Disassembly 命令来打开或者关闭 Disassembly 窗口。Disassembly 窗口如图 9-21 所示。

```
Disassembly
    71: void main()
    72: {
    73:         P2=0xFF;
C:0x0A99  75A0FF    MOV      P2(0xA0),#0xFF
    74:         Timer0_Init();
C:0x0A9C  120A78    LCALL    Timer0_Init(C:0A78)
    75:         while(1)
    76:         {
    77: //          sin();//正弦
    78: //          stair();//锯齿
    79:             trian();//三角
C:0x0A9F  120A00    LCALL    trian(C:0A00)
    80:         }
    81: }
    82:
C:0x0AA2  80FB      SJMP     C:0A9F
    83: void Timer0() interrupt 1
    84: {
    85:
    86:         TR0=0;
C:0x0AA4  C28C      CLR      TR0(0x88.4)
    87:         flag=1;
    88:
C:0x0AA6  750801    MOV      flag(0x08),#0x01
    89: }
C:0x0AA9  32        RETI
C:0x0AAA  00        NOP
```

图 9-21　Disassembly 窗口

反汇编窗口 Disassembly 不仅可以显示汇编代码,还将程序的源代码显示出来,这样可以查看每条语句对应着什么样的汇编代码,结合汇编语句前的地址值、Memory 窗口和Registers窗口可以分析汇编代码的执行情况。

▶▶▶ 9.3.4 相关子窗口的介绍 ▶▶▶

在软件调试窗口中,有很多相关的子窗口,这些子窗口在软件调试中有重要的作用。相关的子窗口有 Register、I/O-Ports、Interrupt、Serial、Timer。

Register 窗口是相关工作寄存器的工作情况,如图 9-22 所示。从图 9-22 中可发现,在 Register 窗口中,主要有 Regs 和 Sys 项。Regs 是片内相关工作寄存器的情况值,Sys 是系统相关累加器和计数器的当前数值。

在 Regs 中,有 r0~r7,表示工作寄存区的 8 个 RAM 单元,可以指向工作寄存区四组中的任意一组。

在 Sys 中,有 a、b、sp、sp_max、dptr、PC $、states、sec、psw,在 psw 中,又有 p、f1、ov、rs、f0、ac、cy。

a:累加器 ACC,通常在运算前会有一个操作数(如被加数)暂存在这里,运算后的结果(如代数和)也保存在这里。

b:寄存器 B,主要用于乘法和除法操作。

sp:堆栈指针。

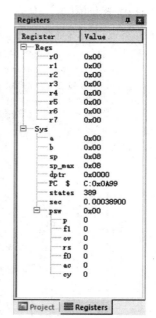

图 9-22　Register 窗口

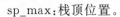
sp_max:栈顶位置。

dptr:数据指针。

PC $:当前程序计数位置。

states:执行指令的数量。

sec:执行指令的时间累计(单位:秒)。

psw:程序状态标志寄存器,因用来存放程序执行中的状态,所以又称为程序状态字。该寄存器是 8 位寄存器,主要用来存放运算结果的一些特征量,如有无进位、借位等。

p:奇偶标志。反映累加器 ACC 中数据的奇偶性,如果 ACC 中的运算结果有偶数个 1(如 11101101B,其中有 6 个 1),则 p 为 0;否则,p 为 1。

ov:溢出标志位。该位可用来判断带符号数的运算结果是否有溢出,有溢出时,该位为1,否则为 0。

rs:工作寄存器选择控制位。工作寄存区有 4 个,但是当前工作寄存区只能使用 1 个,该位可使用数字 0~3 来选择当前的工作寄存区

f1、f0:用户使用状态的标志位,可以进行任意使用。

ac:辅助进位标志,又称半进位标志。在累加器 ACC 中进行加减运算时,若低 4 位相加(或减)有向高位进行进位(或借位)操作,则此位为 1;若没有,则此位为 0。

cy:进位标志。在累加器 ACC 中进行加减运算时,表示运算结果的最高位是否有进位(或借位)。如果最高位有进位(加法)或者借位(减法)动作,则该位为 1,否则为 0。

根据指令执行的不同,在 Register 窗口中的信息数值会发生不同的改变,用户在进行代码调试过程中,可以根据信息数值的不同变化来观看这些在单片机中看不到的信息,从而完成代码的调试。

在进行软件调试中,虽然无法做到硬件调试那样的 I/O 口信号输出,但是依然可以对输出信号的电平进行监控。打开菜单栏中的 Peripherals 选项,选择 I/O-Ports 就可以打开 Port 0~3,如图 9-23 所示,打开后的结果如图 9-24 所示。从图 9-24 中可发现,通过软件调试依然可以实现输出信号的观察。

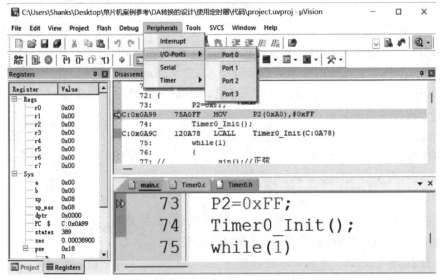

图 9-23 I/O-Ports 的选择

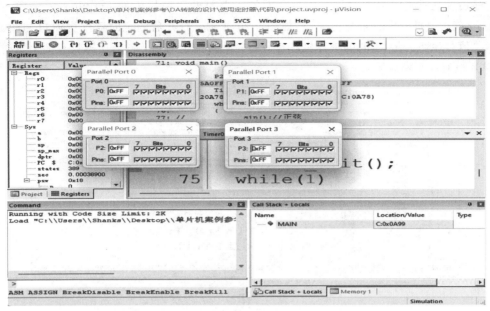

图 9-24 4个 I/O-Ports 窗口

对于单片机系统,实现了对输出信号的监测,接下来就要对输入信号进行配置。打开菜单栏中的 Peripherals 选项,选择 Interrupt 就可以打开输入信号配置窗口,如图 9-25 所示。选择不同的 Int Source 就会有不同的 Selected Interrupt 变化,通过选择与赋值达到单片机系统模拟输入信号配置的目的。

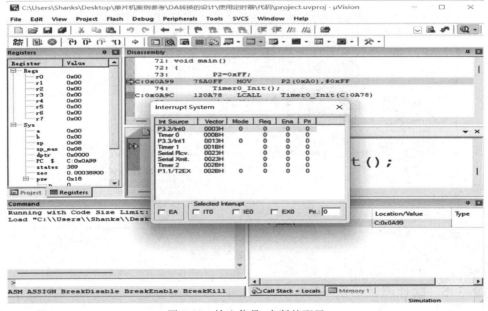

图 9-25 输入信号、中断的配置

接下来就是单片机系统中串口的配置。配置串口依然需要打开菜单栏中的 Peripherals 选项,选择 Serial 就可以打开串口配置窗口,通过在串口配置窗口对相关信息进行设置,就可完成相关功能的设定。

最后就是对定时器的设置。配置定时器需要打开菜单栏中的 Peripherals 选项,选择 Timer0 就可以打开定时器配置窗口,如图 9-26 所示。打开后的定时器配置窗口如图 9-27 所示。值得说明的是,不同的单片机芯片有不同数量的定时器,51 单片机只有 2 个定时器, 52 单片机有 3 个定时器。

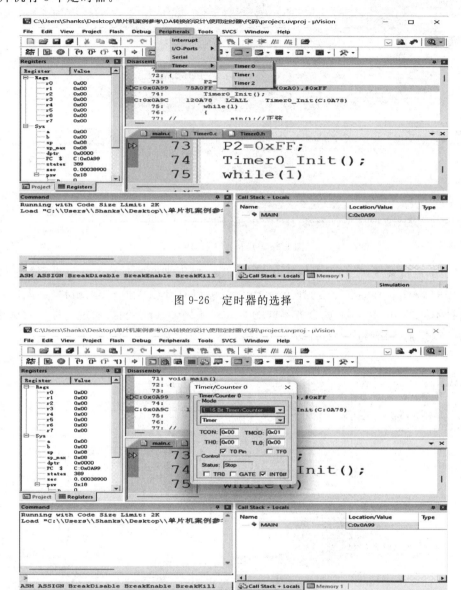

图 9-26　定时器的选择

图 9-27　定时器的配置窗口

▶▶▶ 9.3.5　软件调试举例 ▶▶▶

在本小节,将通过验证延迟函数 Delay500ms( ) 的延迟时间,来举例说明如何进行软件调试。

源代码编写完成,进入 Debug 模式下的窗口,如图 9-28 所示。从图 9-28 所示的窗口中,可发现进入软件调试模式后,在文本编辑窗口中,有一个黄色箭头指向代码第 25 行的位置,Disassembly 窗口也有黄色箭头指向相对应的汇编语言,说明代码从这个位置开始执行。左上角有一些与调试相关的按钮,如"Run""Stop""Step""Step Over""Step Out""Run to Cursor Line"等相关按钮。单击"Step Over"按钮,使得代码可以进行单行执行,单击后的结果如图 9-29 中所示。从图 9-29 发现,黄色箭头指向了第 26 行,Disassembly 窗口的黄色箭头也跳转到下一行指向了 26 行 C 语言代码对应的汇编语言,说明代码进行了单行执行。继续单击"Step Over"按钮,使得函数 Delay500ms()被执行,执行后的结果如图 9-30 所示。在 Registers 窗口中的 Sec 栏可发现,时间变更为 0.5003 s,说明执行该函数所需要的时间大约为 500 ms,从而验证延迟函数 Delay500ms()的延迟时间为 500 ms,函数体内的代码是正确的。若在 Sec 栏中发现时间不是所需的预设时间,可更改函数体内的代码,继续单击"Step Over"按钮进行验证,直至得到所需的预设时间。

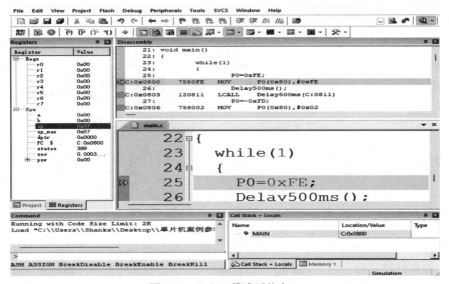

图 9-28　Debug 模式下的窗口

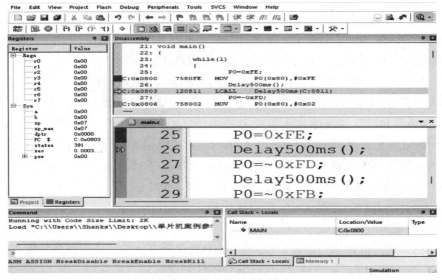

图 9-29　单行执行后的结果

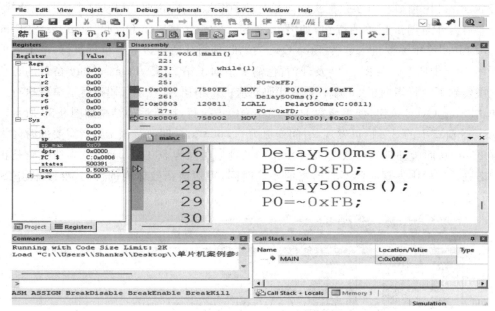

图 9-30　函数执行后的结果

9.4　Proteus 软件概述

9.4.1　Proteus 概述

　　Proteus 是英国 Labcenter Electronics 公司发布的多功能 EDA 软件。Proteus 软件具有丰富的元器件库和仿真模型,元器件库数量多达三十多个,仿真模型多达上千种,同时还可以更新动态器件库和添加外设库。值得说明的是,Proteus 库中数千种仿真模型是依据生产企业提供的数据来建模的。在 Proteus 软件中,可以找到从 80C51 系列的 8 位单片机直至 STM 系列的 32 位单片机的多种单片机类型库。Proteus 软件支持的主流单片机类型有 80C51 系列、STM32 系列、MSP430 系列、AVR 系列、PIC 系列、Arduino 系列、8086 系列以及各种外围芯片。它们是单片机系统设计与仿真的基础。

　　同时,Proteus 软件有多达十余种的信号激励源,十余种虚拟仪器,如示波器、逻辑分析仪、信号发生器等;可提供软件调试功能,即具有模拟电路仿真、数字电路仿真、单片机及其外围电路组成的单片机系统仿真、RS232 动态仿真、I2C 调试器、SPI 调试器、键盘和 LCD 系统仿真功能;还有用来精确测量与分析的 Proteus 高级图表仿真(ASF)和多种类型的传感器。Proteus 软件还支持第三方的软件编译和调试环境,如常见的 Keil C51 μVision5 等软件。它们构成了单片机系统设计与仿真的完整环境。

　　Proteus 软件具有功能很强的智能原理图输入系统,有非常友好的人机互动窗口界面,有丰富的操作菜单与工具。在原理图编辑区中,能方便地完成单片机系统的硬件设计、软件设计、单片机源代码级调试与仿真。Proteus 还有使用极方便的印刷电路板高级布线编辑软件(printed circuit broad)。通过 Proteus 软件的使用能够轻易地获得一个功能齐全、实用方便的单片机系统模拟仿真实验平台。综上所述,Proteus 已成为普遍使用的单片机系统设计与仿真平台,被应用于各种领域设计,且其仿真非常接近实际。

当需要使用Proteus软件时,双击桌面快捷方式Proteus 8 Professional或者在开始栏目中单击Proteus 8 Professional就可以进入开启界面。开启界面如图9-31所示。

图9-31 Proteus 8 Professional 开启界面

Proteus软件开启后,可以得到如图9-32所示的窗口界面。该窗口有七个工作区域,分别为菜单及工作栏、预览区、元器件浏览区、编辑窗口、对象选择区、元器件调整工具栏、运行工具条。

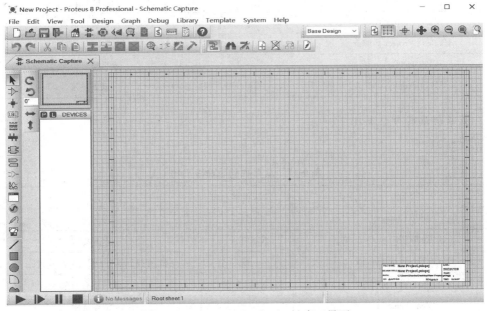

图9-32 Proteus 8 Professional 窗口界面

在菜单及工作栏中,有 File、Edit、View、Tool、Design、Graph、Debug、Library、Template、System、Help 主要菜单项命令,下面分别介绍主要菜单项命令的内容和它们的作用。

▶▶▶ 9.4.2 Proteus 菜单栏命令 ▶▶▶

1. 菜单栏文件命令 File

见表9-10。

表 9-10　菜单栏文件命令 File

菜单	快捷键	作用描述
New Project	Ctrl+N	新建一个电路项目
Open Project	Ctrl+O	打开一个电路项目
Open Sample Project		打开一个样本电路项目
Import Legacy Project		导入一个旧版本电路项目
Import ECAD Files		导入一个 ECAD 电路项目
Save Project	Ctrl+S	保存一个电路项目
Save Project As		将电路项目另存为
Close Project		关闭一个电路项目
Import Image		导入图像
Import Project Clip		导入部分电路项目
Export Graphics		导出图形
Export Graphics Clip		导出部分图形
Print Design		打印参数设计
Print Setup		打印配置
Printer Information		打印机信息
Mark Output Area		标记输出区域
Explore Project Folder		浏览项目文件夹
Edit Project Description		编辑项目说明
Exit Application	Alt+F4	退出应用

2. 菜单栏编辑命令 Edit

见表 9-11。

表 9-11　菜单栏编辑命令 Edit

菜单	快捷键	作用描述
Undo Changes	Ctrl+Z	撤销更改
Redo Changes	Ctrl+Y	重复更改
Find/Edit Component	E	寻找元器件/更改元器件属性
Select All Objects		选中所有对象
Clear Selection		清除选中
Cut to Clipboard		剪切至剪贴板
Copy to Clipboard		复制至剪贴板
Paste From Clipboard		从剪贴板粘贴
Align Objects	Ctrl+A	对齐对象
Send to Back	Ctrl+B	置为底层
Bring to Front	Ctrl+F	置为顶层
Tidy Design		清理无效的元器件

3.菜单栏视图命令 View

见表9-12。

表 9-12 菜单栏视图命令 View

菜单	快捷键	作用描述
Redraw Display	R	显示重绘
Toggle Grid	G	开启网格
Toggle False Origin	O	伪坐标原点切换
Toggle X-Cursor	X	光标形状切换
Snap 10th	Ctrl＋F1	10毫英寸的捕捉栅格
Snap 50th	F2	50毫英寸的捕捉栅格
Snap 0.1 in	F3	0.1英寸的捕捉栅格
Snap 0.5 in	F4	0.5英寸的捕捉栅格
Center At Cursor	F5	以当前光标为中心进行刷新
Zoom In	F6	放大
Zoom Out	F7	缩小
Zoom To View Entire Sheet	F8	导出部分图形
Zoom To Area		选择区域放大
Toolbar Configuration		工具栏管理

4.菜单栏工具命令 Tool

见表9-13。

表 9-13 菜单栏工具命令 Tool

菜单	快捷键	作用描述
Wire Autorouter	W	自动连线器
Search ＆Tag	T	查找并标记
Property Assignment Tool	A	属性分配工具
Global Annotator		全局元器件标注
ASCII Data Import Tool		ASCII数据导入工具
Electrical Rules Check		电器规则检查
Netlist Compiler		网络表编译器
Model Compiler		模型编译器

5.菜单栏设计命令 Design

见表9-14。

表 9-14 菜单栏设计命令 Design

菜单	快捷键	作用描述
Edit Design Properties		编辑设计属性
Edit Sheet Properties		编辑子图属性

续表

菜单	快捷键	作用描述
Edit Design Notes		编辑设计标注
Configure Power Rails		电源配置
New(Root) Sheet		新建设计图纸
Remove/Delete Sheet		删除设计图纸
Goto Previous Root or Sub-sheet	Page Up	上一个图纸/子图
Goto Next Root or Sub-sheet	Page Down	下一个图纸/子图
Exit to Parent Sheet	Ctrl+X	退出子图到父图
Goto Sheet		到指定页

6. 菜单栏图形命令 Graph

见表9-15。

表 9-15　菜单栏图形命令 Graph

菜单	快捷键	作用描述
Edit Graph…		编辑图标
Add Traces…	Ctrl+T	添加仿真曲线
Simulate Graph	Space	仿真图形
View Simulation Log	Ctrl+V	查看仿真日志
Export Graph Data…		导出仿真数据
Clear Graph Data…		清除仿真数据
Verify Graphs	Ctrl+X	一致性分析
Verify Files		批处理一致性分析

7. 菜单栏调试命令 Debug

见表9-16。

表 9-16　菜单栏调试命令 Debug

菜单	快捷键	作用描述
Start VSM Debugging	Ctrl+F12	启动 VSM 仿真
Pause VSM Debugging	Pause	暂停 VSM 仿真
Stop VSM Debugging	Shift+Pause	停止 VSM 仿真
Run Simulation	F12	运行仿真
Run Simulation(no breakpoints)	Alt+F12	运行仿真(无断点)
Run Simulation(timed breakpoints)		运行仿真(定时断点)
Step over Source Line	F10	跳过函数调试
Step into Source Line	F11	函数内部调试
Step Out from Source Line	Ctrl+F11	跳出函数
Run to Source Line	Ctrl+F10	执行到指定行
Animated Single Step	Alt+F11	自动单步执行

续表

菜单	快捷键	作用描述
Reset Debug Popup Windows		复位弹出窗口
Reset Persistent Model Data		复位永久模型数据
Configure Diagnostics		配置诊断信息
Enable Remove Debug Monitor		远程调试
Horz Tile Popup Windows		水平排列窗口
Vertical Tile Popup Windows		竖直排列窗口

8.菜单栏元器件库命令 Library

见表9-17。

表 9-17　菜单栏元器件库命令 Library

菜单	快捷键	作用描述
Pick Parts	P	选取元器件
Import Parts		输出元器件
Make Device		制作元器件驱动
Make Symbol		制作元器件符号
Packaging Tool		封装工具
Decompose		分解元器件
Compile to Library		编译到库
Place Library		放置到库
Verify Packagings		封装验证
Manage Changes		管理系统改变
Library Manager		库管理器

9.菜单栏模板命令 Template

见表9-18。

表 9-18　菜单栏模板命令 Template

菜单	作用描述
Go to Master Sheet	转到当前模板
Set Design Colours	原理图颜色设置
Set Graph & Trace Colours	图表颜色设置
Set Graphic Styles	二维图形风格设置
Set Text Styles	文本风格设置
Set 2D Graphics Defaults	二维图形默认参数
Set Junction Dot Style	接电风格设置
Apply Styles from Template	导入模板设计风格
Save Design as Template	将设计另存为模板

10. 菜单栏系统命令 System

见表 9-19。

表 9-19　菜单栏系统命令 System

菜单	作用描述
System Setting	系统配置
Text Viewer	文本浏览器
Set Display Options	设置显示选项
Set KeyBoard Mapping	设置键盘映射
Set Property Definitions	设置特性定义
Set Sheet Sizes	设置子图大小
Set Text Editor	设置文本编辑
Set Animation Options	设置动画选项
Set Simulation Options	设置模拟选项
Restore Default Settings	恢复默认配置

11. 菜单栏帮助命令 Help

见表 9-20。

表 9-20　菜单栏帮助命令 Help

菜单	快捷键	作用描述
Overview	F1	软件概况
About Proteus 8		Proteus 8 信息说明
About Qt		Qt 说明
Schematic Capture Help	F1	原理图绘制帮助信息
Schematic Capture Tutorial		原理图绘制说明书
Simulation Help		仿真帮助
VSM Model/SDK Help		VSM 帮助

9.5　Proteus 软件设计仿真实例

9.5.1　设计仿真实例

使用 Proteus 软件设计一个简单的单片机矩阵键盘显示电路,结果如图 9-33 所示。从图 9-33 中可发现,该矩阵键盘显示电路的核心是单片机 AT89C52,由晶振 X1 和瓷片电容 C1、C2 构成单片机的振荡电路,由轻触按键、电解电容 C3、电阻 R1 和 R2 构成单片机的复位电路,16 个轻触按键构成矩阵键盘,显示器使用液晶显示器 LCM1602。

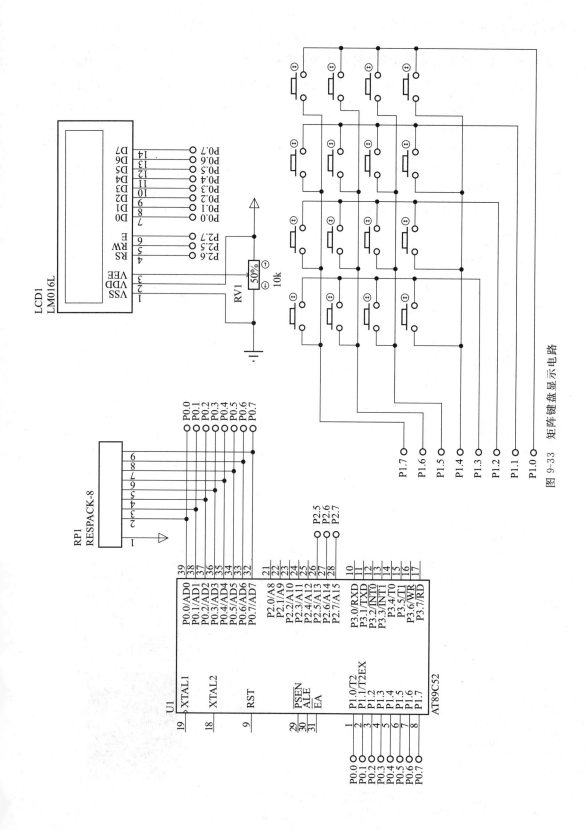

图 9-33　矩阵键盘显示电路

▶▶▶ 9.5.2　原理图的绘制 ▶▶▶ ▶

1. 将需要用到的元器件加载到对象选择器窗口

在菜单栏中找到"Library"项目,在该项目中选中"Pick Parts"或者使用快捷键 P 进入元器件选择界面。元器件选择界面如图 9-34 所示,在该界面中的左上方有"Keywords"输入栏,在输入栏中输入单片机的具体型号 AT89C52,完成后可在"Results"中发现 AT89C52,如图 9-35 所示。使用鼠标左键双击 AT89C52,然后该器件就会出现在元器件浏览区中,如图 9-36 所示。然后采用相同的方法,依次将元器件 BUTTON(轻触按键)、CAP(无极性电容)、CAP-ELEC(有极性电容)、CRYSTAL(晶体振荡器)、LM016L(液晶显示器 1602)、POT-HG(电位器)、RES(电阻)、RESPACK-8(排阻)添加到元器件浏览区中,添加完成后的工具栏如图 9-37 所示。

图 9-34　Pick Devices 界面

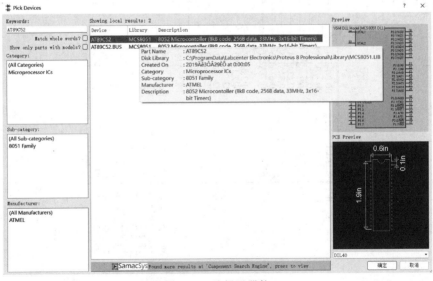

图 9-35　选择元器件

图 9-36 选择单片机后的工具栏

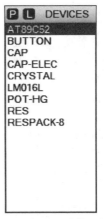

图 9-37 选择完整元器件后的工具栏

2. 将元器件放置到图形编辑窗口

将完整的元器件添加到对象选择器窗口后,在对象选择器窗口内,选中 AT89C52,然后将鼠标放置在图形编辑窗口,单击就可将 AT89C52 放置在图形编辑区域中。如果元器件的方向不符合要求,可在选中元器件后,单击鼠标右键,就会弹出如图 9-38 所示的菜单栏。在弹出的菜单栏中选择 Rotate Clockwise 可对元器件进行顺时针旋转 90°操作;选择 Rotate Anti-Clockwise 可对元器件进行逆时针旋转 90°操作;选择 Rotate 180 degrees 可对元器件进行旋转 180°操作;选择 X-Mirror 可使元器件在 X 轴方向进行镜像翻转;选择 Y-Mirror 可使元器件在 Y 轴方向进行镜像翻转。元器件方向符合要求后,调整元器件的位置,将元器件放置在合适的位置,然后采用相同的方法,将 16 个 BUTTON(轻触按键)、2 个 CAP(无极性电容)、1 个 CAP-ELEC(有极性电容)、1 个 CRYSTAL(晶体振荡器)、1 个 LM016L(液晶显示器 1602)、1 个 POT-HG(电位器)、2 个 RES(电阻)、1 个 RESPACK-8(排阻)放置在图形编辑区域中,并调整元器件的方向和位置,使它们被放置在合适的位置。同时,在对象拾取区选择电源和接地,将电源符号和接地符号也放置在图形编辑区中,并调整位置和方向。在放置轻触按键时,要注意将 16 个矩阵按键排列成矩阵样式;放置排阻时,注意放置的位置接近单片机的 P0 口方向;放置有极性电容时,注意电容的方向。位置和方向调整好的电路如图 9-39 所示。从图 9-39 可发现,放置好后的元器件已经被自动编码,然后就可以修改元器件的参数。修改元器件参数的方法:在图形编辑窗口中双击元器件,就会弹出"Edit Component"对话框,如图 9-40 所示。更改对话框中"Resistance"中的数值即可更改电阻的属性,然后只需重复以上步骤就可对其他元器件的参数进行修改。

图 9-38 右键菜单栏

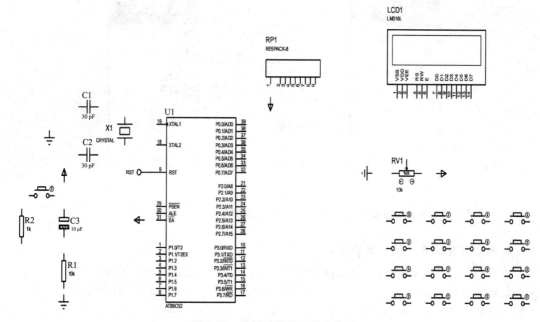

图 9-39　放置元器件后的电路图

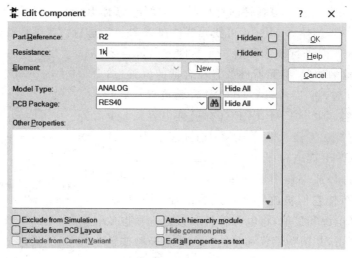

图 9-40　元器件属性编辑对话框

3. 元器件之间的电气连接

电路元器件被合理放置和更改属性后,就可以进行元器件与元器件的电气连接。Proteus 软件具有自动线路功能(wire auto router),如图 9-41 所示,当鼠标移动至接地端引脚的连接点时,引脚连接点会出现红色方框,同时鼠标指针会变更为画笔状态。在红色方框处鼠标单击,然后移动鼠标就会出现电气连接线,将连接线连接到电位器元器件的引脚连接点处,单击鼠标左键即可完成接地端和电位器的电气连接,结果如图 9-42 所示。使用相同的方法,就可以完成其他元器件的电气连接。在此过程中,可以按下 Esc 键或者单击鼠标右键来放弃连线,重新规划线路。

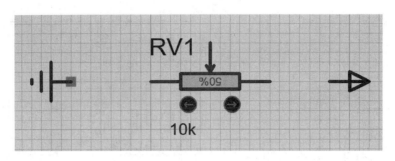

图 9-41 红色方框连接点

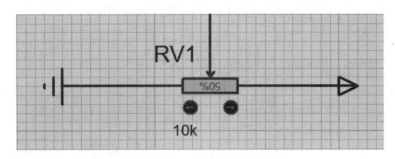

图 9-42 电气连接结果

4. 放置网络标号

在进行元器件与元器件之间的电气连接时,有时会遇到连接线较多使得连接线空间安排不合理的情况,若在空间安排不合理的情况下强制继续布线,布线结果就会如图 9-43 所示,连接线非常凌乱且不美观,同时会对电路调试造成较大的影响。在这种情况下,可以使用网络标号来简化布线。单击绘图工具栏中的 Terminals Mode 选项,就会出现如图9-44 所示的 TERMINALS 窗口,在该窗口中找到 DEFAULT 按钮,单击该按钮就可获取网络标号。对图 9-43 中的电路图重新规划连接线,删除部分凌乱不美观的连接线,重新规划结果如图 9-45 所示。图 9-45 中的电路有部分元器件未进行电气连接,使用网络标号来完成电气连接。单击DEFAULT 按钮,获取网络标号,将网络标号放置在未电气连接的引脚处,放置好网络标号后,还需要添加网络标号名称。双击网络标号,会弹出如图 9-46 所示的"Edit Terminal Label"对话框,在"String"中输入网络标号名称(如 P1.0),单击"OK"按钮,即完成该引脚连接处网络标号的放置,在与该引脚连接处有电气连接需要的其他元器件处也采取相同的操作,并添加相同的网络标号名称。对于网络标号,有相同的网络标号名称,即代表它们进行了电气连接。对于其他元器件引脚的连接,采用相同的方法即可完成电气连接的操作。完成后的电路图如图

图 9-44 TERMINALS 窗口

9-33 所示,从图 9-33 中可发现,使用网络标号完成的电路图,连接线简单,清晰明了,易于电路的调试。

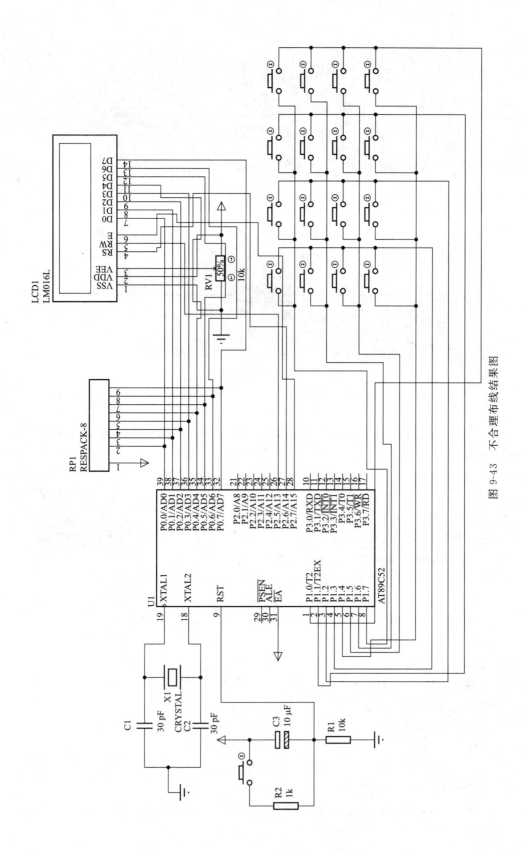

图 9-43　不合理布线结果图

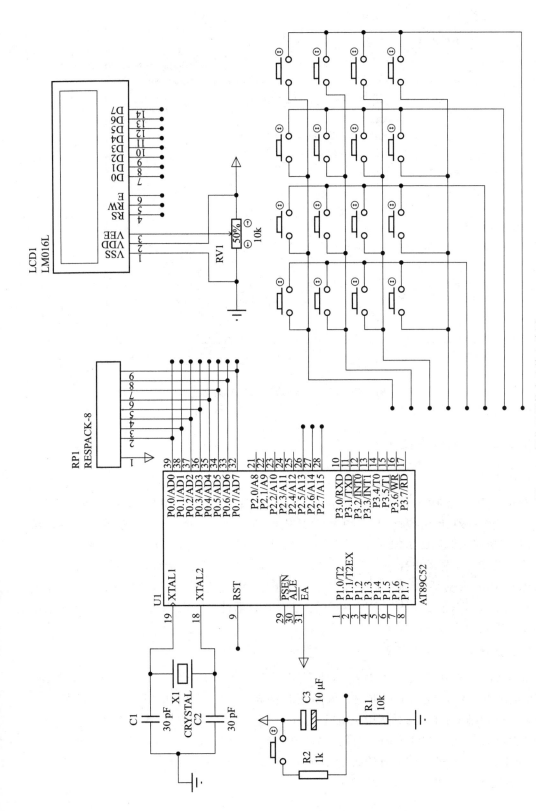

图 9-45　部分元器件未连接电路图

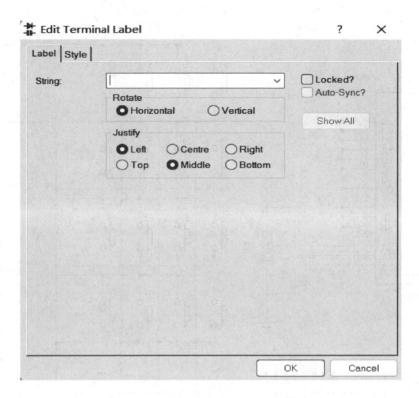

图 9-46   Edit Terminal Label 对话框

▶▶▶ 9.5.3   电路的调试 ▶▶▶ ▶

1. 编译程序

Proteus 软件自带编译器,能支持 8051、8086、ARDUINO、ARM7、AVR、Cortex 系列、MSP430、PIC 系列、Raspberry Pi 等主流单片机的编译器。使用 Proteus 软件自带的汇编器,需要首先在工作桌面添加 8051 系列单片机,然后鼠标右键单击单片机,出现如图 9-47 所示的快捷菜单,选择快捷菜单底部的"Edit Source Code",出现如图 9-48 所示的 New Firmware Project 对话框,如果需要使用 C 语言来编写程序代码,则需要在"Compiler"中选择"Keil for 8051",最后单击"OK"按钮,就会出现编译器的界面,如图 9-49 所示。在界面中就可以使用 C 语言来编写代码。

2. 加载程序

编译程序完成后,会生成固化文件,即 HEX 文档。若要 Proteus 软件仿真出预设结果,则需要将固化文件加载到单片机中。鼠标左键双击单片机,会出现如图 9-50 所示的 Edit Component 对话框,在该对话框中点击"Program File"栏目的文件夹,找到编译成功的固化文件并打开,然后单击"OK"按钮就可以模拟单片机系统的预设功能。在 Proteus 软件的主界面,单击调试控制按钮的运行按钮,进入调试状态,这时可以看到单片机每一个引脚电平的变化,红色代表高电平,蓝色代表低电平。

图 9-47 快捷菜单

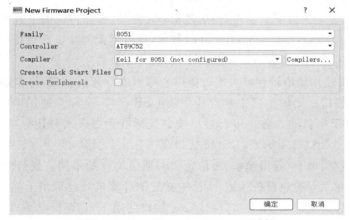

图 9-48 New Firmware Project 对话框

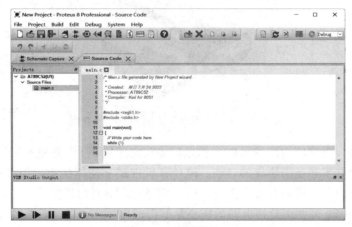

图 9-49 编译器界面

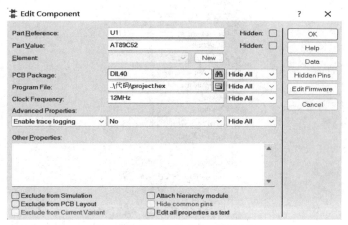

图 9-50　Edit Component 对话框

9.6　程序下载

当源程序代码编译完成,生成固化文件后,就需要将固化文件下载到单片机中,固化文件的下载过程也被称为烧写。传统的固化文件下载过程需要将单片机从电路系统中取下,放置到下载器中,才能进行下载动作,使用过程非常麻烦,所以传统的下载方法已经被淘汰。取而代之的是 ISP(in system programming)技术,该技术无需从电路系统中取下单片机,只需使用几根导线连接单片机即可下载源程序代码。

ISP 技术需要使用到串行接口。串行接口全称为串行通信接口,简称串口,是采用串行通信方式的扩展接口。比如生活中常常使用的 USB 接口,全称为通用串行总线(universal serial bus),就属于串口的一种。串行接口按电气标准和协议来分还包括 UART、RS232、RS422、RS485 等。RS232、RS422、RS485 接口都拥有 9 个引脚,实物均如图 9-51 所示,它们的不同之处在于逻辑电平、通信速率、通信距离和通信协议的不同。现行的 RS232、RS422、RS485 接口常用在工业控制设备领域,生活中常见的计算机均已取消上述三种接口。51 系列单片机中的串口类型是 UART 接口,UART 接口使用 TTL 逻辑电平。

图 9-51　RS232、RS422、RS485 接口实物图

不同串行接口类型使用的逻辑电平和通信协议是不同的,想使用不同的串行接口进行通信就需要逻辑电平和通信协议的转换。因计算机中最常使用的串口类型是 USB,所以在从计算机中下载源程序代码时常常需要进行 USB 到 UART 的转换。常用的转换电路如图 9-52 所示,从图 9-52 可发现转换电路的核心是 FT232R 芯片。转换电路的实物如图 9-53 所示。常用的 USB 接口类型有 Type A、Micro A、Mini A、Type C 等,图 9-53 所示为 Type A

接口,图 9-54 所示为 Mini A 接口,图 9-55 所示为 Micro A 接口,图 9-56 所示为 Type C 接口。

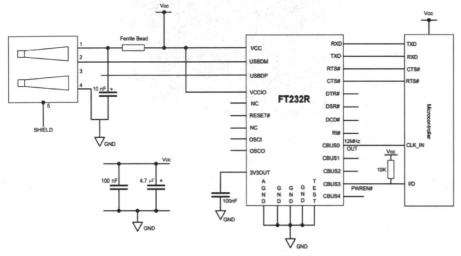

图 9-52　USB 到 UART 转换电路

图 9-53　USB Type A 到 UART 转换串口模块

图 9-54　USB Mini A 到 UART 转换串口模块

图 9-55　USB Micro A 到 UART 转换串口模块

图 9-56　USB Type C 到 UART 转换串口模块

　　一般情况下,USB 是最常用的串口类型,但是 USB 的通信距离一般只有 3～5 m,不适用于工业控制设备领域。因此在工业控制设备领域,一般会使用 RS232、RS422、RS485 类型的串行接口。图 9-57 为 RS232 到 UART 的转换电路模块实物图。

图 9-57　RS232 到 UART 转换串口模块

ISP 技术的完成不仅需要使用到串行接口的转换,还需要在线下载软件。值得注意的是,对于不同的单片机生产制造公司和不同型号的单片机,它们对应的在线下载软件是不同的。因在我国大规模使用的单片机主要是 STC 公司生产制造的,所以以下介绍 STC 公司发布的 ISP 软件。

51 系列单片机的 ISP 下载是通过 P1.5(MOSI)、P1.6(MISO)、P1.7(SCK)、RST 引脚来下载的,而 STC 公司设计制造的单片机具有串口 ISP 功能,可直接使用串口将程序下载进单片机,即将 USB 到 UART 转换串口模块电路中的 TXD 接单片机的 RXD,RXD 接单片机的 TXD。STC 公司设计制造的单片机在上电的时候会执行在 ISP FLASH 的 ISP 程序,需要在串口上收到连续的 0x7F 信号,才会进入 ISP 模式,所以 STC 单片机下载程序时,需要先在计算机端在线下载软件中单击“下载”按钮,然后给单片机上电,才能进行固化文件的下载。STC 公司发布的专用在线下载软件 STC-ISP(V6.88L 版本)界面如图 9-58 所示。

图 9-58　STC-ISP 软件界面

STC-ISP 软件的使用方法如下:

(1) 在“芯片型号”选项中,设置具体的单片机型号;

(2) 在“串口”选项中,选择可与单片机连接的串口号;

（3）单击打开"程序文件"按钮，将固化文件进行装载；

（4）单击"下载"；

（5）给单片机上电；

（6）下载完成。

固化文件下载完成后，STC-ISP 软件会显示如图 9-59 所示的界面。从图 9-59 可发现，当固化文件下载完成后，STC-ISP 软件会显示"操作成功"字样。值得注意的是，下载程序时，如果使用 USB 接口转 UART 串口，需安装对应驱动（如 PL2303、CH340 等）。安装好驱动后连接上单片机开发板或下载线，可以在计算机的设备管理器中看到相应的串口信息，即在端口下会有 USB-SERIAL 等串口信息，如图 9-60 所示。一般出现固化文件下载不成功的原因是单片机与计算机没有正确连接，串口信息无法被获取，正确安装驱动文件即可解决该问题。

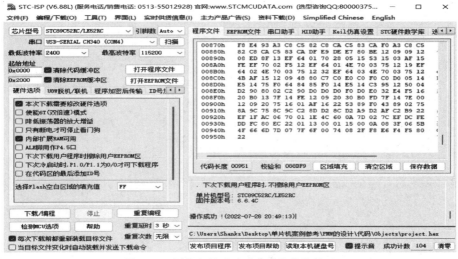

图 9-59 固化文件成功下载时的软件界面

图 9-60 设备管理器中的串口信息

习题九

1. 简述 Keil 工程的创建步骤。

2. 在 Keil 的调试状态下，如何设置断点和删除断点？

3. 利用 Keil 开发环境完成流水灯程序设计，并进行在线调试。

4. 利用 Proteus 软件完成单片机最小系统设计。

5. 如图 9-33 所示，使用 Proteus 软件设计一个简单的单片机矩阵键盘显示电路。